FOS · BOS 12

Fachabitur-Prüfungs-
aufgaben mit Lösungen

2015

Mathematik

Ausbildungsrichtung Nichttechnik

Bayern

2009–2014

mit CD-ROM

STARK

ISBN 978-3-8490-1222-9

35. ergänzte Auflage
www.stark-verlag.de

Inhalt

Merkhilfe Mathematik / Nichttechnik

Die CD-ROM enthält Übungsaufgaben zu den Teilgebieten Analysis und Stochastik für eine gezielte Vorbereitung auf die schriftlichen Leistungsnachweise während des Schuljahres.

Sitzen die grundlegenden mathematischen Begriffe?
Unter www.stark-verlag.de/mathematik-glossar/ finden Sie ein kostenloses Glossar zum schnellen Nachschlagen aller wichtigen Definitionen mitsamt hilfreichen Abbildungen und Erläuterungen.

Jeweils im Herbst erscheinen die neuen Ausgaben der Fachabiturprüfungsaufgaben mit Lösungen.

Lösungen der Aufgaben:

Prüfungsaufgaben: StD Friedrich Schmidt und OStR Georg Ott (2014)
StD Eberhard Lehmann und StD Friedrich Schmidt (bis 2013)
Übungsaufgaben (auf CD-ROM): StD Eberhard Lehmann und StD Friedrich Schmidt

Vorwort

Liebe Schülerinnen und Schüler,

das vorliegende Buch bietet Ihnen zusammen mit der beiliegenden CD-ROM die Möglichkeit, sich optimal und zielgerichtet auf die **Fachabiturprüfung in Mathematik** vorzubereiten.

Das Buch selbst enthält die **offiziellen schriftlichen Prüfungsaufgaben zum Erwerb der Fachhochschulreife**, die vom Land Bayern in den letzten Jahren gestellt wurden. Diesen Prüfungsaufgaben folgen **vollständige Lösungsvorschläge**. Zwischen der Angabe und den Lösungen sind zusätzlich für jede Teilaufgabe separate **Tipps und Lösungshinweise** eingefügt, die Ihnen das selbstständige Lösen der Aufgaben erleichtern. Diese **Tipps und Hinweise** liefern Denkanstöße zur Lösung, sie sind durch eine graue Raute am linken Textrand gekennzeichnet. Es ist sinnvoll, die Tipps und Hinweise in Verbindung mit dem Stichwortverzeichnis zu verwenden.
Zudem ist am Ende des Buches die Merkhilfe Mathematik/Nichttechnik abgedruckt, sodass Sie den Umgang mit der Merkhilfe beim Arbeiten mit diesem Buch noch leichter üben können.
Mit diesem Buch gewinnen Sie schrittweise einen unmittelbaren Eindruck von dem Anforderungsniveau sowie dem Inhalt und dem Umfang der Prüfungsaufgaben. Die ausführlichen Lösungen ermöglichen es Ihnen, geeignete Rechenverfahren und grundlegende Strategien zu üben. Die dargestellten Lösungen zeigen einen möglichen Weg zum Erreichen des Ergebnisses auf.

Das vorliegende Buch ist als **unterrichtsbegleitendes Übungsbuch** anzusehen, das Sie bei der systematischen Vorbereitung auf Schulaufgaben und die Fachabiturprüfung im Fach Mathematik unterstützen soll. Am Ende der intensiven Arbeit mit diesem Buch steht die weitgehend selbstständige Bearbeitung der Aufgaben, bei der Sie die ausführlichen Lösungswege nur noch zur Kontrolle Ihrer eigenen Ergebnisse heranziehen.

Auf der beiliegenden CD-ROM sind **41 Übungsaufgaben** zu den Teilgebieten Analysis und Stochastik enthalten, deren Bearbeitung für die gezielte Vorbereitung auf die schriftlichen Leistungsnachweise während des Schuljahres sehr hilfreich und wichtig ist. Diese Übungsaufgaben sind den einzelnen Lerninhalten des derzeit gültigen Lehrplans zugeordnet und können somit im Unterschied zu den Prüfungsaufgaben von Beginn des Schuljahres an eigenständig bearbeitet werden. Sie bieten ein umfassendes Übungsmaterial, um sich intensiv auf die Schulaufgaben und die Fachabiturprüfung vorzubereiten. Die ausführlichen Lösungen der Übungsaufgaben mit allen erforderlichen Rechenschritten folgen jeweils direkt auf die entsprechende Übungsaufgabe.

Sollten nach Erscheinen dieses Bandes noch wichtige Änderungen in der Fachabiturprüfung 2015 (Nichttechnische Ausbildungsrichtung) vom Bayerischen Staatsministerium für Bildung und Kultus, Wissenschaft und Kunst bekannt gegeben werden, finden Sie aktuelle Informationen dazu im Internet unter: www.stark-verlag.de/pruefung-aktuell

Wir hoffen, dass Sie sich mithilfe dieser Aufgabensammlung sehr gut auf die bevorstehende Fachabiturprüfung vorbereiten können, und wünschen Ihnen viel Erfolg!

Friedrich Schmidt
Eberhard Lehmann
Georg Ott

Stichwortverzeichnis

Zum Gebrauch des Stichwortverzeichnisses:
09 A I 5.1 bedeutet Jahrgang 2009, Aufgabe Analysis A I, Teilaufgabe 5.1

Analysis

Stochastik

Hinweise und Tipps zum Fachabitur

Aufgabe der Fachoberschule und der Berufsoberschule

Ziel der Fachoberschule (FOS) ist es, Schülerinnen und Schüler mit einem mittleren Schulabschluss innerhalb von zwei Schuljahren (Jahrgangsstufen 11 und 12) zum Fachabitur (Fachhochschulreife) zu führen, das zum Studium an Fachhochschulen berechtigt. An der Fachoberschule werden fünf Ausbildungsrichtungen geführt: Technik; Wirtschaft, Verwaltung und Rechtspflege; Sozialwesen; Agrarwirtschaft; Gestaltung.

Der Besuch der Fachoberschule schließt mit der Fachabiturprüfung (Fachhochschulreife) ab. Dabei sind in allen Ausbildungsrichtungen in den Fächern Deutsch, Englisch, Mathematik sowie in dem für die jeweilige Ausbildungsrichtung spezifischen Profilfach schriftliche Prüfungsaufgaben zu bearbeiten (in der Ausbildungsrichtung Technik in Physik; in der Ausbildungsrichtung Wirtschaft, Verwaltung und Rechtspflege in Betriebswirtschaftslehre mit Rechnungswesen; in der Ausbildungsrichtung Sozialwesen in Pädagogik /Psychologie; in der Ausbildungsrichtung Agrarwirtschaft in Biologie; in der Ausbildungsrichtung Gestaltung eine praktische Prüfung im Fach Darstellung).

Ziel der Berufsoberschule (BOS) ist es, Schülerinnen und Schüler mit einem mittleren Schulabschluss und einer Berufsausbildung innerhalb von zwei Schuljahren (Jahrgangsstufen 12 und 13) in den Ausbildungsrichtungen Technik, Wirtschaft und Sozialwesen zur fachgebundenen Hochschulreife (nur Englisch als Fremdsprache) oder auch zur allgemeinen Hochschulreife (mit einer zweiten Fremdsprache) zu führen. Seit dem Schuljahr 1998 /1999 können die Schüler der Berufsoberschule nach der 12. Jahrgangsstufe an der Fachabiturprüfung zum Erwerb der Fachhochschulreife teilnehmen und mit diesem Abschluss die Schule verlassen. Dies wurde durch die weitgehende Abstimmung der Lehrpläne und Stundentafeln für die 12. Jahrgangsstufe der Fachoberschule und der Berufsoberschule ermöglicht.

Bei der Prüfung in Mathematik werden für die technische und die nichttechnische Ausbildungsrichtung, in der Sozialwesen bzw. Wirtschaft, Verwaltung und Rechtspflege zusammengefasst sind, unterschiedliche Prüfungsaufgaben gestellt.

Die schriftliche Fachabiturprüfung in Mathematik

Aufbau und Auswahl der Prüfungsaufgaben

Die Aufgaben werden einheitlich vom Bayerischen Staatsministerium für Bildung und Kultus, Wissenschaft und Kunst gestellt.
Die Auswahl je einer Aufgabe aus den Aufgabengruppen A (Analysis) und S (Stochastik) trifft die Schule; der Schüler hat keine Wahlmöglichkeit.
Die Bearbeitungszeit für die beiden Aufgaben beträgt 180 Minuten.

Bewertung der Prüfungsaufgaben

Bei jeder Teilaufgabe sind die erreichbaren Bewertungseinheiten (BE) angegeben.
Es sind maximal 100 BE zu erreichen; davon werden auf die Aufgabe A (Analysis) 60 BE, auf die Aufgabe S (Stochastik) 40 BE verteilt.

Die erreichten Bewertungseinheiten werden nach dem folgenden verbindlichen Schlüssel den Punkten und Notenstufen zugeordnet:

Bewertungs-einheiten	100–96	95–91	90–86	85–81	80–76	75–71	70–66	65–61	60–56	55–51	50–46	45–41	40–34	33–27	26–20	19–0
Punkte	15	14	13	12	11	10	9	8	7	6	5	4	3	2	1	0
Noten		1			2			3			4			5		6

Sämtliche Entwürfe und Aufzeichnungen dürfen nur auf Papier, das den Stempel der Schule trägt, angefertigt werden.

Zugelassene Hilfsmittel

Zugelassen ist die Merkhilfe Mathematik/Nichttechnik für Berufliche Oberschulen und *eines* der beiden Tabellenwerke zur Stochastik: „Stochastik-Tabellen“ v. Barth u. a. (München: Ehrenwirth-Verlag); „Tafelwerk zur Stochastik“ v. Wörle/Mühlbauer (München: Bayerischer Schulbuch-Verlag). Im Fach Mathematik ist die Verwendung von elektronischen Taschenrechnern gestattet, die nicht programmierbar und nicht grafikfähig sind.
Die Merkhilfe Mathematik/Nichttechnik wurde von den Fachmitarbeitern der Dienststellen der Ministerialbeauftragten für die Beruflichen Oberschulen des Bayerischen Staatsministeriums für Bildung und Kultus, Wissenschaft und Kunst erarbeitet. Sie ist zu finden auf der Website des Staatsinstituts für Schulqualität und Bildungsforschung sowie am Ende dieses Buches.

Inhalte und Schwerpunktthemen

In der folgenden Übersicht sind die wesentlichen Schwerpunktthemen für die schriftliche Fachabiturprüfung stichpunktartig aufgeführt. Diese Auflistung soll Ihnen einen Überblick über den prüfungsrelevanten Lehrstoff vermitteln, sie ersetzt jedoch nicht den ausführlichen Lehrplan für das Fach Mathematik. Die Zusammenstellung kann Ihnen jedoch bei der Vorbereitung auf die Fachabiturprüfung als Leitfaden für die verbindlichen Inhalte und wichtigsten mathematischen Begriffe dienen.

Analysis

Grundbegriffe bei reellen Funktionen

Grundlagen
- Zahlenmengen $\mathbb{N}$, $\mathbb{Z}$, $\mathbb{Q}$, $\mathbb{R}$ und ihre Eigenschaften
- Reelle Funktionen: Funktionsterm, Funktionsgleichung, Definitions- und Wertemenge, Funktionsgraph
- Lineare Funktionen und lineare Ungleichungen
- Quadratische Funktionen und quadratische Ungleichungen
- Potenzfunktionen mit Exponenten $n \in \{3, 4, -1\}$

Ganzrationale Funktionen (Polynomfunktionen)
- Verknüpfung von Funktionen: Summe, Differenz, Produkt und Quotient
- Nullstellenbestimmung unter Verwendung von Polynomdivision und Substitution
- Faktorisierung des Funktionsterms und Vielfachheit der Nullstellen
- Symmetrie des Funktionsgraphen (Achsensymmetrie zur y-Achse und Punktsymmetrie zum Koordinatenursprung)

Mathematische Modellbildung
- Anwendungsbeispiele mit ganzrationalen Funktionen
- Abschnittsweise definierte Funktionen

Grenzwert und Stetigkeit

Grenzwert
- Grenzwert einer Funktion für $x \to \pm\infty$ bzw. $x \to x_0$
- Grenzwertsätze für Summe, Differenz, Produkt und Quotient von Funktionen

Stetigkeit
- Stetigkeit einer Funktion an einer Stelle
- Stetigkeit einer Funktion in einem Intervall
- Stetigkeitssätze: Zwischenwertsatz, Nullstellensatz, Extremwertsatz

Differenzialrechnung
- Differenzenquotient, Differenzialquotient, Differenzierbarkeit und Ableitungsfunktion
- Tangente
- Änderungsrate einer Größe
- Zusammenhang zwischen den Graphen von Funktionen und deren Ableitungsfunktionen
- Ableitung einer Funktion mit konstantem Faktor, Summenregel, Ableitung der Polynomfunktionen
- Stetigkeit als notwendige Voraussetzung für Differenzierbarkeit
- Monotoniedefinition, Monotoniekriterium, maximale Monotonieintervalle
- Links- und Rechtskrümmung, maximale Krümmungsintervalle
- Extrempunkte, Wendepunkte, Randextrema und absolute Extrema
- Kurvendiskussion von ganzrationalen Funktionen und einparametrigen Funktionenscharen
- Aufstellen des Funktionsterms bei vorgegebenen Eigenschaften
- Anwendungsaufgaben, Optimierungsprobleme

Integralrechnung
- Stammfunktion einer Funktion
- Unbestimmtes Integral
- Definition und Eigenschaften des bestimmten Integrals
- Deutung des bestimmten Integrals als Flächenbilanz
- Berechnung von bestimmten Integralen und Flächeninhalten ohne Parameter

Stochastik

Zufallsexperiment und Ereignis
- Ergebnisraum Ω eines ein- bzw. mehrstufigen Zufallsexperimentes
- Baumdiagramm eines mehrstufigen Zufallsexperimentes
- Ereignis als Teilmenge des Ergebnisraumes
- Venn-Diagramme
- Elementarereignis, sicheres und unmögliches Ereignis, Gegenereignis
- Verknüpfung von Ereignissen, Gesetze von De Morgan
- Unvereinbarkeit von Ereignissen

Relative Häufigkeit und Wahrscheinlichkeit
- Relative Häufigkeit eines Ereignisses und deren Eigenschaften
- Empirisches Gesetz der großen Zahlen
- Laplace-Experiment, Laplace-Wahrscheinlichkeit
- Rechnen mit Wahrscheinlichkeiten, Wahrscheinlichkeitsverteilung
- Satz von Sylvester für zwei Ereignisse
- Vierfeldertafel
- Stochastische Abhängigkeit bzw. Unabhängigkeit zweier Ereignisse

Berechnung von Wahrscheinlichkeiten
- Baumdiagramm bei mehrstufigen Zufallsexperimenten
- Pfadregeln, Urnenmodell
- Allgemeines Zählprinzip
- n! und Binomialkoeffizient
- Berechnung von Wahrscheinlichkeiten bei Bernoulli-Ketten
- Verwendung eines Tafelwerkes

Zufallsgröße und Wahrscheinlichkeitsverteilung
- Zufallsgröße und Zufallswert
- Wahrscheinlichkeitsverteilung einer Zufallsgröße
  - in Tabellenform
  - in grafischer Darstellung, Histogramm u. a.
- Erwartungswert, Varianz und Standardabweichung einer Zufallsgröße
- Verschiebungsformel zur Berechnung der Varianz
- Binomialverteilte Zufallsgröße und ihre charakteristischen Maßzahlen
- Kumulative Verteilungsfunktion der Binomialverteilung

Testen von Hypothesen
- Ziel eines Hypothesentests
- Stichprobe und Testgröße
- Nullhypothese und Gegenhypothese
- Entscheidungsregel
- Ablehnungsbereich der Nullhypothese
- Fehler 1. und 2. Art
- Signifikanzniveau
- Einseitiger Signifikanztest bei zugrunde liegender Binomialverteilung

Methodische Hinweise und allgemeine Tipps zur schriftlichen Prüfung

Vorbereitung

Folgende Vorgehensweise bei der Prüfungsvorbereitung hat sich als vorteilhaft erwiesen.
- Eine gründliche und kontinuierliche Vorbereitung ist die Voraussetzung, um das notwendige mathematische Wissen und Verständnis für eine erfolgreiche Fachabiturprüfung zu erwerben. Um Ihnen die Prüfungsvorbereitung zu erleichtern, bietet Ihnen dieses Buch eine umfangreiche Zusammenstellung der **vollständigen schriftlichen Fachabiturprüfungen** der letzten Jahre.
- Der Aufgabenstellung folgt jeweils ein **komplett ausgearbeiteter Lösungsvorschlag** mit umfangreichen Erläuterungen zu jedem einzelnen Lösungsschritt. Diese kommentierten Lösungsvorschläge stellen jedoch nur einen möglichen Weg dar, um das Ergebnis zu erreichen. Es ist möglich, dass Sie bei der selbstständigen Bearbeitung einer Teilaufgabe auf einem anderen Weg zum selben Ziel kommen.

- Die auf der beiliegenden CD-ROM zusammengestellten **41 Übungsaufgaben** mit ausführlichen Musterlösungen ermöglichen eine unterrichtsbegleitende Vorbereitung auf die Schulaufgaben und dienen gleichermaßen zur systematischen Wiederholung der Schwerpunktthemen der Fachabiturprüfung. So werden beispielsweise bei den Aufgaben zur Nullstellenbestimmung sämtliche vom Lehrplan verlangten Verfahren angewandt.
  Zugleich sind die Übungsaufgaben im Schwierigkeitsgrad dem Prüfungsniveau angeglichen. Somit können Sie dieses Buch nicht erst vor der Fachabiturprüfung, sondern bereits während der gesamten Vorbereitungszeit sinnvoll einsetzen.
- Um einen **optimalen Lernerfolg** zu erreichen, empfiehlt es sich, das Lern- und Übungspensum langfristig zu planen.
  Es ist zweckmäßig, alle eigenen schriftlichen Bearbeitungen der Aufgaben übersichtlich aufzubewahren. Dies erleichtert Ihnen spätere Wiederholungen und ermöglicht eine unmittelbare Übersicht über die von Ihnen bereits bearbeiteten Inhalte und Themenbereiche.
- Das **Stichwortverzeichnis** hilft Ihnen während des Schuljahres – entsprechend dem behandelten Lernstoff – die passenden Fachabiturprüfungsaufgaben zu finden. Gleiches gilt auch für das auf der **CD-ROM** angelegte Stichwortverzeichnis und die Übungsaufgaben.
  Beispielsweise sind unter dem Stichwort *„Aufstellen von Funktionstermen"* die Nummern aller betreffenden Prüfungsaufgaben aufgelistet, die Ihnen eine umfassende und zusammenhängende Bearbeitung des Themengebietes ermöglichen. Die Nummern der betreffenden Übungsaufgaben finden Sie, indem Sie von der CD-ROM das Stichwortverzeichnis aufrufen und dann auf das Stichwort *„Aufstellen von Funktionstermen"* klicken. Hier haben Sie sogar noch den Vorteil, dass Sie durch Klicken auf die Übungsaufgaben-Nummern direkt zu den entsprechenden Übungsaufgaben gelangen.
- Es empfiehlt sich, während der Prüfungsvorbereitung stets die **Hilfsmittel** zu verwenden, die auch in der Fachabiturprüfung zugelassen sind. Dies führt zur Vertrautheit mit der Merkhilfe und mit den verwendeten Funktionen des Taschenrechners.
- Teilen Sie die Vorbereitung zur Fachabiturprüfung in einzelne **Phasen** ein. Versuchen Sie, von der ersten Übungsphase bis zur letzten Übungsphase schrittweise das angestrebte Ziel zu erreichen, eine Prüfungsaufgabe in der dafür vorgegebenen Zeit selbstständig zu lösen. Simulieren Sie selbst eine Prüfungssituation unter Bedingungen wie im „Ernstfall".
- Bei der **selbstständigen Bearbeitung** der Übungs- und Prüfungsaufgaben sollten Sie zunächst versuchen, allein mit der Aufgabenstellung zurechtzukommen. Finden Sie jedoch bei einer Teilaufgabe keinen eigenen Lösungsansatz oder geraten Sie ins Stocken, so nutzen Sie zuerst die **Tipps und Hinweise**, die zwischen den Angaben und den Lösungen eingefügt sind. Diese sollen Ihnen einen Denkanstoß geben, der Ihnen weiterhilft, ohne die Lösung vorwegzunehmen. Gehen Sie dabei schrittweise vor, indem Sie jeden einzelnen Tipp erst bei Bedarf lesen.
  Schlagen Sie im Lösungsteil erst nach, wenn Ihnen alle zur Aufgabe gehörenden Tipps nicht weiterhelfen oder Sie Ihre selbst erarbeitete Lösung mit der im Buch dargestellten vergleichen wollen. Die ausgearbeiteten Lösungsvorschläge dienen vor allem zur Kontrolle, ob Ihre Ergebnisse richtig und vollständig sind. An vielen Stellen zeigen Ihnen die von den Autoren entworfenen Lösungswege aber auch bewährte und übersichtliche mathematische Verfahren, die Ihnen hilfreich sein können.

Denken Sie daran: Wer sich gut vorbereitet hat, kann optimistisch und gelassen in die Fachabiturprüfung gehen.

Bearbeitung der Prüfungsaufgaben

Erinnern Sie sich in der Prüfungssituation an folgende Ratschläge und Tipps:

- Beginnen Sie nach einem kurzen **Überblick** mit der Bearbeitung des Themenbereichs (Analysis oder Stochastik), den Sie am besten beherrschen. Als sehr vorteilhaft hat es sich erwiesen, sich mit dem jeweiligen Themenbereich intensiv zu beschäftigen und nicht immer wieder von dem einen Themenbereich zum anderen zu wechseln.
  Dies sollten Sie nur dann tun, falls Sie mit einer Aufgabe gar nicht weiterkommen und die nächste Teilaufgabe bzw. die restlichen Aufgaben aus demselben Themenbereich ebenfalls nicht bearbeiten können. Halten Sie sich nicht zu lange an einer Aufgabe auf, bei der Sie nicht weiterkommen. Kommen Sie nach Bearbeitung aller restlichen Aufgaben nochmals auf die angefangene Aufgabe zurück und versuchen Sie in Ruhe, eine Lösung zu finden.
- Lesen Sie den Aufgabentext konzentriert und markieren Sie dabei die **Schlüsselwörter** wie beispielsweise *Nullstellen* oder *Testgröße.* Wichtig sind dabei vor allem genaue Unterscheidungen innerhalb der Aufgabenstellung wie z. B. *mindestens eine Nullstelle* oder *genau eine Nullstelle.*
- Um den Lösungsansatz zu einer Aufgabe zu finden oder die gegebene Problemstellung zu veranschaulichen, kann das **Anfertigen einer Skizze** nützlich sein.
- Beachten Sie, dass in manchen Teilaufgaben „**Zwischenlösungen**“ angegeben sind, die Ihnen als Kontrolle dienen bzw. mit denen Sie weiterarbeiten können.
- Orientieren Sie sich an der angegebenen **Zahl der Bewertungseinheiten (BE)**: Je mehr Bewertungseinheiten eine Aufgabe ergibt, desto mehr Zeit sollte für die Bearbeitung eingeplant werden.
- Die einzelnen Teilaufgaben sind oftmals inhaltlich eng miteinander verbunden. Daraus ergibt sich eine sinnvolle Bearbeitung in der vorgegebenen nummerierten **Reihenfolge der Teilaufgaben**.
  So kann beispielsweise eine durchgeführte Fallunterscheidung bei einem Parameter wertvolle Hinweise für die Lösung einer anderen Teilaufgabe mit einem speziellen Parameterwert geben.
- Sie dürfen die **Merkhilfe** und das Tafelwerk zur Stochastik benutzen. Dabei ist es wichtig, dass Sie die Merkhilfe lediglich als eine Gedächtnisstütze verstehen, mit deren Umgang Sie sich bereits während der Prüfungsvorbereitung vertraut gemacht haben. Es hilft wenig, wenn Sie auf der Merkhilfe beispielsweise zum Begriff *Symmetrie* eine Formel finden, deren Anwendung Sie bei der Vorbereitung auf die Fachabiturprüfung nicht geübt haben.
- Bemühen Sie sich um eine **ordentliche äußere Form** der Prüfungsarbeit. Schreiben und zeichnen Sie deutlich und übersichtlich, streichen Sie fehlerhafte Stellen mit einem Lineal durch und fügen Sie Ihre Korrektur ein. Nummerieren Sie die beschriebenen Seiten, um spätere Verweise und Korrekturen einfacher zuordnen zu können.
- Achten Sie bei der Aufgabenstellung auch auf die verwendeten **Operatoren** (Handlungsanweisungen). Diese geben Ihnen zusammen mit den zu erzielenden Bewertungseinheiten einen Überblick über den notwendigen Umfang der erwarteten Lösung. So verlangt beispielsweise die Aufgabenstellung *„Berechnen Sie die Wahrscheinlichkeit …“*, dass Sie anhand einer Formel oder eines Baumdiagramms per Hand rechnen, eine Stochastik-Tabelle oder einen Taschenrechner zu Hilfe nehmen und so lange wie möglich exakt rechnen. Die Aufgabenstellung *„Geben Sie die Koordinaten des Hochpunktes an …“* verlangt dagegen unter Umständen keine Rechnung, weil sich das Ergebnis eventuell aus der Lösung einer vorangehenden Teilaufgabe unmittelbar ergibt.

- Beachten Sie, dass es zu einer Aufgabe nur **einen** Lösungsvorschlag gibt. Das Ergebnis muss eindeutig sein und lässt somit keine Auswahlmöglichkeit zu.
- Die Verteilung der zu erzielenden **Bewertungseinheiten** der Themengebiete Analysis und Stochastik im Verhältnis 60 : 40 kann als Anhaltspunkt für die Aufteilung der zur Verfügung stehenden Arbeitszeit von 180 Minuten angesehen werden.

Lösungsplan

Aufgrund des Umfangs und der Komplexität von Aufgaben auf Fachabiturniveau empfiehlt es sich, beim Lösen systematisch zu arbeiten. Folgende Vorgehensweise hilft Ihnen dabei:

Schritt 1:
Nehmen Sie sich ausreichend Zeit zum **Analysieren** der Aufgabenstellung. Stellen Sie fest, zu welchem Themenbereich die Aufgabe gehört. Sammeln Sie alle Informationen, die direkt gegeben sind, und achten Sie darauf, ob eventuell versteckte Informationen enthalten sind.

Schritt 2:
Markieren Sie die **Operatoren** in der Aufgabenstellung. Diese geben an, was in der Aufgabe von Ihnen verlangt wird. Vergegenwärtigen Sie sich die Bedeutung der verwendeten Fachbegriffe.

Schritt 3:
Versuchen Sie, den Sachverhalt zu **veranschaulichen**. Fertigen Sie gegebenenfalls mithilfe der Angaben und Zwischenergebnisse aus vorherigen Teilaufgaben eine **Skizze** an.

Schritt 4:
Erarbeiten Sie nun schrittweise den **Lösungsplan**, um aus den gegebenen Größen die gesuchte Größe zu erhalten. Notieren Sie sich, welche Einzel- bzw. Zwischenschritte auf dem Lösungsweg notwendig sind. Prinzipiell haben Sie zwei Möglichkeiten, oft hilft auch eine Kombination beider Vorgehensweisen:
- Sie gehen vom Gegebenen aus und versuchen, das Gesuchte zu erschließen.
- Sie gehen von dem Gesuchten aus und überlegen „rückwärts“, wie Sie zur Ausgangssituation kommen.

Bei diesem Schritt wird dann sukzessive die **Lösung dargestellt**.

Schritt 5:
Suchen Sie nach geeigneten Möglichkeiten, das Endergebnis zu **kontrollieren**. Oftmals sind bereits Überschlagsrechnungen, Punktproben oder Grobskizzen ausreichend.

Anhand der folgenden **Beispielaufgabe** werden diese Schritte veranschaulicht:

Gegeben ist eine Schar von reellen Funktionen f_k durch die Gleichung $f_k(x) = kx^3 + 4x^2$ mit $k \in \mathbb{R} \setminus \{0\}$. Der Graph von f_k in einem kartesischen Koordinatensystem heißt G_k.

a) Bestimmen Sie die Koordinaten und die Art der relativen Extrempunkte von G_k.

b) Zeigen Sie: $F_k(x) = \frac{k}{4}x^4 + \frac{4}{3}x^3$ ist eine Stammfunktion der Schar.
   Berechnen Sie für $k = -1$ die Fläche, die G_k mit der x-Achse einschließt.

Lösungsvorschlag für Teilaufgabe a:

Schritt 1:

- Themenbereich: Kurvendiskussion einer Funktionenschar
- Der Funktionsterm weist einen Parameter k auf. Dieser Parameter bereitet jedoch beim Rechnen keine Probleme, solange er nicht im Nenner, unter einer Wurzel usw. steht. Er wird ganz normal wie eine Zahl behandelt.
- Der Definitionsbereich ist nicht angegeben, daher wird $\mathbb{R}$ als der größtmögliche angenommen.

Schritt 2:

- Der Operator „Bestimmen Sie" bedeutet, dass die Lösungen durch Berechnungen und durch Überlegungen gefunden werden können.
- Unter Extrempunkten versteht man Hoch- oder Tiefpunkte.

Schritt 3:

Eine Veranschaulichung ist aufgrund des Parameters k nur schwer möglich. Anzahl, Art und Lage der Extrempunkte können zudem von k abhängen. Eine Skizze ist daher wenig sinnvoll.

Schritt 4:

Ausgehend von der gegebenen Funktionenschar werden mögliche Extremstellen berechnet und damit Art und Lage der Extrempunkte bestimmt:

- f_k ist ein Polynom und lässt sich trotz Parameter leicht ableiten (Summenregel, Faktorregel, Potenzregel):

  $$f_k'(x) = 3kx^2 + 8x$$

  Die Nullstellen der Ableitung sind mögliche Extremstellen:

  $$3kx^2 + 8x = x \cdot (3kx + 8) = 0 \quad \overset{k \neq 0}{\Leftrightarrow} \quad x = 0 \vee x = -\frac{8}{3k}$$

- Ob tatsächlich Extremstellen vorliegen, lässt sich durch Einsetzen in die zweite Ableitung überprüfen:

  $$f_k''(x) = 6kx + 8$$

  $$f_k''(0) = 8 > 0 \quad \Rightarrow \quad \text{Minimum bei } x = 0$$

  $$f_k''\left(-\frac{8}{3k}\right) = 6k\left(-\frac{8}{3k}\right) + 8 = -8 < 0 \quad \Rightarrow \quad \text{Maximum bei } x = -\frac{8}{3k}$$

- Um die Lage angeben zu können, braucht man noch die y-Koordinate. Dazu werden die Extremstellen in den Funktionsterm f_k eingesetzt:

  $$f_k(0) = 0$$

  $$f_k\left(-\frac{8}{3k}\right) = k\left(-\frac{8}{3k}\right)^3 + 4\left(-\frac{8}{3k}\right)^2 = -\frac{512}{27k^2} + \frac{256 \cdot 3}{3 \cdot 9k^2} = \frac{256}{27k^2}$$

- Ergebnis:

  $$\text{Tiefpunkt } (0 \mid 0) \text{ und Hochpunkt } \left(-\frac{8}{3k} \;\middle|\; \frac{256}{27k^2}\right)$$

Schritt 5:

Um das Ergebnis zu überprüfen, könnte man die Funktion f_k für ein gewähltes k skizzieren. Dazu muss eine Wertetabelle erstellt werden. Ablesen der Extrempunkte aus dem Graphen ermöglicht einen Vergleich mit den berechneten Punkten.

Lösungsvorschlag für Teilaufgabe b:

Schritt 1:

- Themenbereich: Flächenberechnung mithilfe des Integrals
- Es sind die Funktion, die Stammfunktion und der Parameterwert $k=-1$ gegeben. Weiter ist implizit gegeben, dass die Funktion mindestens zwei verschiedene Nullstellen hat, weil der Graph eine Fläche mit der x-Achse einschließt.

Schritt 2:

- Der erste Operator ist „Zeigen Sie“, das bedeutet, dass Sie die Aussage mithilfe von Berechnungen bestätigen sollen. Die Funktion und die zugehörige Stammfunktion sind dabei gegeben.
- Um zu zeigen, dass F eine Stammfunktion von f ist, kann entweder f integriert oder F abgeleitet werden. Es muss dann $F'(x)=f(x)$ gelten. Da das Bilden der Ableitung leichter ist, als die Funktion zu integrieren, bietet es sich hier an, die Stammfunktion abzuleiten.

$$F(x)=\frac{k}{4}x^4+\frac{4}{3}x^3$$

$$F'(x)=kx^3+4x^2 \quad \Rightarrow \quad F'(x)=f(x) \quad \text{q. e. d.}$$

- Der zweite Operator in der Aufgabe ist „Berechnen Sie“, das bedeutet, dass Sie das Ergebnis durch Berechnungen erzielen sollen.

Schritt 3:
Nutzen Sie die Lage des Hochpunkts und die Vorgabe $k=-1$ für die Skizze des Graphen.

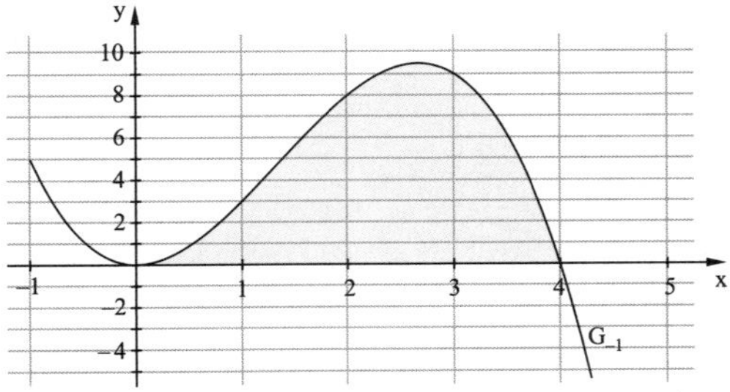

Schritt 4:
Wie Sie an der Lösungsskizze erkennen, brauchen Sie für die Bestimmung der Fläche die beiden Nullstellen:

$$-x^3+4x^2=0 \quad \Leftrightarrow \quad x^2(-x+4)=0 \quad \Leftrightarrow \quad x_1=0 \ \vee \ x_2=4$$

Für die Berechnung der Fläche benötigen Sie die Stammfunktion der angegebenen Funktion:

$$\int_0^4 f(x)\,dx=[F(x)]_0^4=\left[-\frac{1}{4}x^4+\frac{4}{3}x^3\right]_0^4=-\frac{256}{4}+\frac{256}{3}=\frac{256}{12}=\frac{64}{3}$$

Schritt 5:
Um die Fläche abzuschätzen, können Sie in der Skizze die Kästchen abzählen, die von dem Graphen und der x-Achse eingeschlossen werden. Man erhält ca. 21 Kästchen, das passt gut zu dem errechneten Wert.

„Ohne Fleiß kein Preis!“
Nach diesem Motto wird Ihre Ausdauer bei der Bearbeitung der Aufgaben mit vielen Punkten bei der Fachabiturprüfung belohnt.

Bayern – FOS · BOS 12 – Fachabiturprüfung 2009
Mathematik (Nichttechnische Ausbildungsrichtungen) – Analysis A I

1.0 Von der ganzrationalen Funktion $f\colon\ x \mapsto f(x),\ D_f = \mathbb{R}$ dritten Grades ist die zweite Ableitung $f''(x) = \frac{3}{2}x - \frac{9}{2}$ gegeben.

Der Graph G_f schneidet die x-Achse an der Stelle $x_1 = -1$ und die y-Achse im Punkt $P\left(0 \,\middle|\, \frac{5}{4}\right)$.

Bestimmen Sie den Funktionsterm f(x). (5 BE)

2.0 Gegeben sind die Funktionen

$g_a\colon\ x \mapsto \frac{1}{4}(x+1)(x^2 - 10x + a)$ mit $D_{g_a} = \mathbb{R}$ und $a \in \mathbb{R}$ und $a > 0$.

2.1 Zeigen Sie, dass sich $g_a(x)$ auch in der Form

$g_a(x) = \frac{1}{4}(x^3 - 9x^2 + ax - 10x + a)$ darstellen lässt und dass für $a = 5$ gilt:

$g_5(x) = f(x)$ mit der Funktion f aus Teilaufgabe 1. (3 BE)

2.2 Berechnen Sie, für welche Werte von a der Graph der Funktion g_a keinen Extrempunkt besitzt. (6 BE)

Für die folgenden Teilaufgaben ist $a = 25$ mit $g_{25}(x) = \frac{1}{4}(x^3 - 9x^2 + 15x + 25)$.

2.3 Bestimmen Sie die Nullstellen der Funktion g_{25}. (3 BE)

2.4 Ermitteln Sie Art und Koordinaten sämtlicher Extrempunkte des Graphen der Funktion g_{25}. (6 BE)

2.5 Bestimmen Sie die maximalen Intervalle, in denen der Graph der Funktion g_{25} rechts- bzw. linksgekrümmt ist sowie die Koordinaten seines Wendepunktes. (4BE)

2.6 Zeichnen Sie den Graphen der Funktion g_{25} im Bereich $-1 \le x \le 7$ mithilfe vorliegender Ergebnisse und geeigneter Funktionswerte in ein Koordinatensystem. Maßstab auf beiden Achsen: 1 LE = 1 cm (5 BE)

3.0 Gegeben ist weiter die Funktion

$p\colon\ x \mapsto \frac{1}{4}(x-5)^2 - (x-5)$ mit $D_p = \mathbb{R}$.

3.1 Bestimmen Sie die Koordinaten der Schnittpunkte der Graphen der Funktionen g_{25} und p. (7 BE)

3.2 Zeichnen Sie den Graphen der Funktion p im Bereich $0 \le x \le 10$ in das vorhandene Koordinatensystem ein. (3 BE)

3.3 Die Graphen der Funktion g_{25} und p schließen zwei endliche Flächenstücke ein. Berechnen Sie die Flächenmaßzahl des weiter links liegenden Flächenstücks. (5 BE)

4 Gegeben ist nun die Funktion

$$h:\ x \mapsto \begin{cases} g_{25}(x) & \text{für } x \leq 5 \\ p(x) & \text{für } x > 5 \end{cases}$$

Die Funktion h ist stetig bei $x_0 = 5$ (Nachweis nicht erforderlich!). Untersuchen Sie, ob h an der Stelle $x_0 = 5$ differenzierbar ist. (4 BE)

5.0 Eine zylinderförmige Trommel (siehe Skizze) besitzt die Gesamtoberfläche $2\,400 \cdot \pi\,\text{cm}^2$. Der Klang der Trommel hängt auch von der Oberfläche und dem Volumen ab. Die Boden- und Deckfläche der Trommel sind mit Fell bespannt. Durch die erhältlichen Fellgrößen ergibt sich, dass ein Radius r von 12 cm bis 30 cm möglich ist.
Führen Sie die folgenden Rechnungen ohne Einheiten durch.

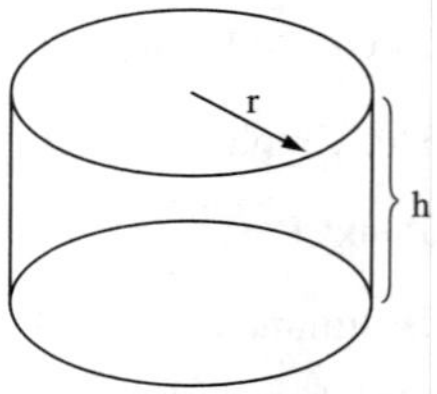

5.1 Stellen Sie eine Gleichung für das Volumen V(r) der Trommel in Abhängigkeit von r auf.
[Ergebnis: $V(r) = \pi \cdot (1\,200\,r - r^3)$] (4 BE)

5.2 Berechnen Sie r so, dass das Volumen der Trommel den größten Wert (und damit die Trommel den tiefsten Ton) annimmt. (5 BE)

(60 BE)

Tipps und Hinweise zur Lösung von Aufgabe A I

Teilaufgabe 1.1

Integrieren Sie f" zweimal und ermitteln Sie die auftretenden Integrationskonstanten anhand der gegebenen Eigenschaften.

Teilaufgabe 2.1

Zeigen Sie durch Ausmultiplizieren die Äquivalenz der Funktionsterme.

Teilaufgabe 2.2

Ermitteln Sie mithilfe der notwendigen Bedingung die gesuchten Werte von a.

Teilaufgabe 2.3

Bestimmen Sie eine Nullstelle der Funktion g_{25} durch sinnvolles Probieren und führen Sie eine Polynomdivision durch.

Teilaufgabe 2.4

Ermitteln Sie mithilfe der notwendigen und hinreichenden Bedingungen die Art und die Koordinaten der Extrempunkte des Graphen.

Teilaufgabe 2.5

- Das Krümmungsverhalten des Graphen ermitteln Sie mithilfe der zweiten Ableitung.
- Das Vorzeichen von g''_{25} bestimmt das Krümmungsverhalten in einem Intervall. Aus der Änderung des Krümmungsverhaltens ergibt sich der Wendepunkt des Graphen.

Teilaufgabe 2.6

- Zeichnen Sie den Graphen der Funktion g_{25} mithilfe vorliegender Ergebnisse und Berechnung zusätzlicher geeigneter Funktionswerte.

Teilaufgabe 3.1

- Gleichsetzen der Funktionsterme führt auf eine Gleichung 3. Grades.
- Bestimmen Sie eine Lösung dieser Gleichung durch sinnvolles Probieren und führen Sie eine Polynomdivision durch.

Teilaufgabe 3.2

- Zeichnen Sie den Graphen der Funktion p in das Koordinatensystem von Teilaufgabe 2.6 ein.

Teilaufgabe 3.3

- Berechnen Sie die Maßzahl des Flächeninhalts unter Verwendung des bestimmten Integrals.

Teilaufgabe 4

- Bilden Sie die Ableitung der abschnittsweise definierten Funktion h.
- Untersuchen Sie, ob die Differenzierbarkeitsbedingung an der Nahtstelle erfüllt ist.

Teilaufgabe 5.1

- Verwenden Sie die Volumenformel für den Inhalt des Zylinders.
- Ermitteln Sie mithilfe der gegebenen Nebenbedingung das Volumen V in Abhängigkeit vom Radius r.

Teilaufgabe 5.2

- Bestimmen Sie zunächst das relative Maximum der Funktion V(r).
- Zeigen Sie, dass das relative Maximum das absolute ist.

Lösung

1. $f''(x) = \frac{3}{2}x - \frac{9}{2}$

f' ergibt sich durch Integration:

$$f'(x) = \int f''(x)\,dx = \int \left(\frac{3}{2}x - \frac{9}{2}\right) dx$$

$$f'(x) = \frac{3}{4}x^2 - \frac{9}{2}x + C$$

f ergibt sich durch nochmalige Integration:

$$f(x) = \int f'(x)\,dx = \int \left(\frac{3}{4}x^2 - \frac{9}{2}x + C\right) dx$$

$$f(x) = \frac{1}{4}x^3 - \frac{9}{4}x^2 + Cx + D$$

Bestimmung der Integrationskonstanten C und D
Die gegebenen Bedingungen führen zu folgenden Gleichungen:

$$\text{I}\quad f(-1) = 0 \quad\Rightarrow\quad \frac{1}{4}\cdot(-1)^3 - \frac{9}{4}\cdot(-1)^2 + C\cdot(-1) + D = 0$$

$$\text{II}\quad f(0) = \frac{5}{4} \quad\Rightarrow\quad \frac{1}{4}\cdot 0^3 - \frac{9}{4}\cdot 0^2 + C\cdot 0 + D = \frac{5}{4}$$

Vereinfacht:

$$\text{I'}\quad -\frac{1}{4} - \frac{9}{4} - C + D = 0$$

$$\text{II'}\quad D = \frac{5}{4} \quad \text{in I' eingesetzt ergibt}$$

$$\text{I''}\quad -\frac{1}{4} - \frac{9}{4} - C + \frac{5}{4} = 0 \quad\Leftrightarrow\quad C = -\frac{5}{4}$$

Ergebnis:

$$f(x) = \frac{1}{4}x^3 - \frac{9}{4}x^2 - \frac{5}{4}x + \frac{5}{4}$$

$$f(x) = \frac{1}{4}(x^3 - 9x^2 - 5x + 5)$$

2.1 $g_a(x) = \frac{1}{4}(x+1)(x^2 - 10x + a); \quad D_{g_a} = \mathbb{R};\ a \in \mathbb{R} \wedge a > 0$

Ausmultiplizieren der Klammerterme ergibt:

$$g_a(x) = \frac{1}{4}(x^3 - 10x^2 + ax + x^2 - 10x + a)$$

$$g_a(x) = \frac{1}{4}(x^3 - 9x^2 + ax - 10x + a)$$

Für $a = 5$ ergibt sich:

$$g_5(x) = \frac{1}{4}(x^3 - 9x^2 + 5x - 10x + 5)$$

$$g_5(x) = \frac{1}{4}(x^3 - 9x^2 - 5x + 5)$$

Somit gilt:

$g_5(x) = f(x)$

2.2 $$g_a(x) = \frac{1}{4}(x^3 - 9x^2 + ax - 10x + a)$$

$$g_a'(x) = \frac{1}{4}(3x^2 - 18x + a - 10)$$

Relative Extrempunkte

Notwendige Bedingung:

$$g_a'(x) = 0 \quad \Leftrightarrow$$

$$\frac{1}{4}(3x^2 - 18x + a - 10) = 0 \quad \Leftrightarrow$$

$$3x^2 - 18x + a - 10 = 0$$

Für die Diskriminante D der quadratischen Gleichung ergibt sich:

$D = (-18)^2 - 4 \cdot 3 \cdot (a - 10) \quad \Leftrightarrow$

$D = 324 - 12a + 120 \quad \Leftrightarrow$

$D = -12a + 444$

Es gibt keine Extrempunkte, wenn g_a' entweder eine doppelte oder keine Nullstelle besitzt.

Dies ist der Fall für $D \leq 0$.

Somit folgt:

$-12a + 444 \leq 0 \quad \Leftrightarrow$

$a \geq 37$

2.3 $$g_{25}(x) = \frac{1}{4}(x^3 - 9x^2 + 15x + 25)$$

Nullstellen

$$g_{25}(x) = 0 \quad \Leftrightarrow$$

$$\frac{1}{4}(x^3 - 9x^2 + 15x + 25) = 0 \quad \Leftrightarrow$$

$$x^3 - 9x^2 + 15x + 25 = 0$$

$x_1 = -1$ ist eine Lösung dieser Gleichung (sinnvolles Probieren oder Produktform des Funktionsterms in 2.0).

Polynomdivision

$$\begin{array}{l} (x^3-9x^2+15x+25):(x+1)=x^2-10x+25 \\ -\underline{(x^3+\ x^2)} \\ \quad -10x^2+15x \\ \quad -\underline{(-10x^2-10x)} \\ \qquad\qquad 25x+25 \\ \qquad\quad -\underline{(25x+25)} \\ \qquad\qquad\qquad 0 \end{array}$$

Weitere Nullstellen

$$\begin{aligned} x^2-10x+25&=0 \quad\Leftrightarrow \\ (x-5)^2&=0 \quad\Leftrightarrow \\ x_{2,3}&=5 \end{aligned}$$

2.4 $g_{25}(x)=\frac{1}{4}(x^3-9x^2+15x+25)$

$g'_{25}(x)=\frac{1}{4}(3x^2-18x+15)$

$g''_{25}(x)=\frac{1}{4}(6x-18)$

Relative Extrempunkte
Notwendige Bedingung:

$$\begin{aligned} g'_{25}(x)&=0 \quad\Leftrightarrow \\ \frac{1}{4}(3x^2-18x+15)&=0 \quad\Leftrightarrow \\ x^2-6x+5&=0 \end{aligned}$$

Diskriminante der quadratischen Gleichung:

$D=(-6)^2-4\cdot 1\cdot 5=16=4^2>0$

$x_{1,2}=\frac{6\pm 4}{2} \quad\Leftrightarrow$

$x_1=1 \vee x_2=5$

Hinreichende Bedingung:

$g''_{25}(1)=-3<0 \quad\Rightarrow \begin{cases} g_{25} \text{ hat bei } x_1=1 \text{ ein relatives Maximum} \\ H(1;8) \text{ relativer Hochpunkt} \end{cases}$

$g''_{25}(5)=3>0 \quad\Rightarrow \begin{cases} g_{25} \text{ hat bei } x_2=5 \text{ ein relatives Minimum} \\ T(5;0) \text{ relativer Tiefpunkt} \end{cases}$

2.5 Das **Krümmungsverhalten** wird mit der 2. Ableitung ermittelt:

$g_{25}''(x) = \frac{1}{4}(6x - 18)$ (siehe Teilaufgabe 2.4)

Rechtskrümmung: $g_{25}''(x) < 0$

$\frac{1}{4}(6x - 18) < 0 \quad \Leftrightarrow$

$x < 3$

g_{25}' ist im gesamten Definitionsbereich stetig, somit folgt:

$G_{g_{25}}$ ist rechtsgekrümmt im Intervall $]-\infty; 3]$.

Linkskrümmung: $g_{25}''(x) > 0$

$\frac{1}{4}(6x - 18) > 0 \quad \Leftrightarrow$

$x > 3$

g_{25}' ist im gesamten Definitionsbereich stetig, somit folgt:

$G_{g_{25}}$ ist linksgekrümmt im Intervall $[3; \infty[$.

Aus der Änderung des Krümmungsverhaltens an der Stelle $x = 3$ folgt der **Wendepunkt** W(3; 4).

2.6 Wertetabelle für $G_{g_{25}}$:

	NSt.		HP		WP		TP		
x	–1	0	1	2	3	4	5	6	7
$g_{25}(x)$	0	6,25	8	6,75	4	1,25	0	1,75	8

Wertetabelle für G_p:

							SP			
x	0	1	2	3	4	5	6	7	8	9	10
p(x)	11,25	8	5,25	3	1,25	0	–0,75	–1	–0,75	0	1,25

Grafik zu 2.6 und 3.2:

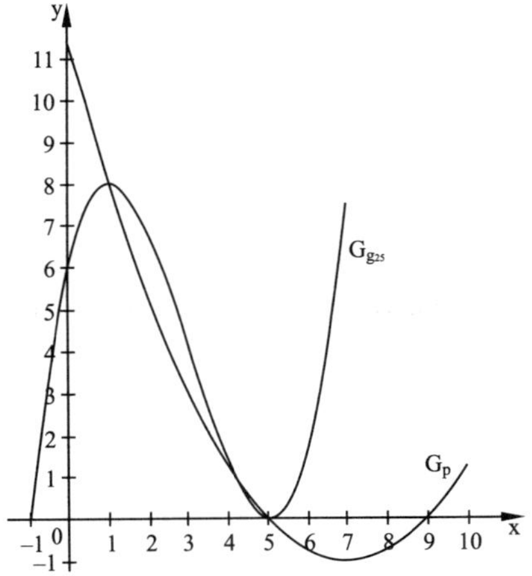

3.1 $p(x) = \frac{1}{4}(x-5)^2 - (x-5)$

Umformen ergibt:

$p(x) = \frac{1}{4}(x^2 - 10x + 25) - x + 5$

$p(x) = \frac{1}{4}(x^2 - 14x + 45)$

Gleichsetzten der Funktionsterme:

$$g_{25}(x) = p(x)$$

$$\frac{1}{4}(x^3 - 9x^2 + 15x + 25) = \frac{1}{4}(x^2 - 14x + 45) \quad \Leftrightarrow$$

$$\frac{1}{4}(x^3 - 10x^2 + 29x - 20) = 0 \quad \Leftrightarrow$$

$$x^3 - 10x^2 + 29x - 20 = 0$$

$x_1 = 1$ ist eine Lösung dieser Gleichung (sinnvolles Probieren).

Polynomdivision

$$\begin{array}{l} (x^3 - 10x^2 + 29x - 20) : (x - 1) = x^2 - 9x + 20 \\ \underline{-(x^3 - \quad x^2)} \\ \qquad -9x^2 + 29x \\ \qquad \underline{-(-9x^2 + \quad 9x)} \\ \qquad\qquad 20x - 20 \\ \qquad\qquad \underline{-(20x - 20)} \\ \qquad\qquad\qquad 0 \end{array}$$

Weitere Nullstellen

$x^2 - 9x + 20 = 0$

Diskriminante D der quadratischen Gleichung:

$D = (-9)^2 - 4 \cdot 1 \cdot 20 = 1 = 1^2 > 0$

$x_{2,3} = \frac{9 \pm 1}{2} \quad \Leftrightarrow$

$x_2 = 5 \vee x_3 = 4$

Koordinaten der Schnittpunkte:

$S_1(1; 8),\ S_2(5; 0),\ S_3(4; 1{,}25)$

3.2 Der Graph ist in das Koordinatensystem von Teilaufgabe 2.6 auf der vorangehenden Seite eingezeichnet.

3.3 Wegen der Teilaufgabe 3.1 bzw. 3.2 sind die relevanten Schnittpunkte der Graphen von g_{25} und p die Punkte $S_1(1; 8)$ und $S_3(4; 1{,}25)$.
Die Schnittstellen sind die Integrationsgrenzen.

Es gilt:

$$A = \int_1^4 (g_{25}(x) - p(x))\,dx$$

$$A = \int_1^4 \frac{1}{4}(x^3 - 10x^2 + 29x - 20)\,dx$$

$$A = \frac{1}{4}\left[\frac{1}{4}x^4 - \frac{10}{3}x^3 + \frac{29}{2}x^2 - 20x\right]_1^4$$

$$A = \frac{1}{4}\left[\frac{1}{4}\cdot 4^4 - \frac{10}{3}\cdot 4^3 + \frac{29}{2}\cdot 4^2 - 20\cdot 4\right] - \frac{1}{4}\left[\frac{1}{4}\cdot 1^4 - \frac{10}{3}\cdot 1^3 + \frac{29}{2}\cdot 1^2 - 20\cdot 1\right]$$

$$A = \frac{1}{4}\left[\frac{8}{3} + \frac{103}{12}\right]$$

$$A = \frac{45}{16}$$

4 $$h(x) = \begin{cases} \frac{1}{4}(x^3 - 9x^2 + 15x + 25) & \text{für } x \le 5 \\ \frac{1}{4}(x-5)^2 - (x-5) & \text{für } x > 5 \end{cases}$$

Differenzierbarkeit

Es muss gelten: $\lim\limits_{x \overset{<}{\to} 5} h'(x) = \lim\limits_{x \overset{>}{\to} 5} h'(x)$

Für die Ableitung gilt:

$$h'(x) = \begin{cases} \frac{1}{4}(3x^2 - 18x + 15) & \text{für } x < 5 \\ \frac{1}{2}(x-5) - 1 & \text{für } x > 5 \end{cases}$$

Somit folgt:

$$\lim_{x \overset{<}{\to} 5} h'(x) = \lim_{x \overset{<}{\to} 5}\left[\frac{1}{4}(3x^2 - 18x + 15)\right] = \lim_{h \to 0}\left[\frac{1}{4}(3(5-h)^2 - 18(5-h) + 15)\right] = 0$$

$$\lim_{x \overset{>}{\to} 5} h'(x) = \lim_{x \overset{>}{\to} 5}\left[\frac{1}{2}(x-5) - 1\right] = \lim_{h \to 0}\left[\frac{1}{2}(5+h-5) - 1\right] = -1$$

Ergebnis:

Die Funktion h ist an der Nullstelle $x_0 = 5$ nicht differenzierbar (der Graph von h hat bei $x_0 = 5$ eine „Knickstelle").

5.1 Für die Volumenmaßzahl V des Zylinders gilt:

$V(r;\, h) = r^2\pi h$

Für die Oberflächenmaßzahl S des Zylinders gilt:

$S(r;\, h) = 2r\pi h + 2r^2\pi$

Nebenbedingung:

$2r\pi h + 2r^2\pi = 2\,400\,\pi$

Auflösen nach h ergibt:

$$h = \frac{2\,400\pi - 2r^2\pi}{2r\pi} \quad \Leftrightarrow$$

$$h = \frac{1\,200}{r} - r$$

Einsetzen in V(r; h) ergibt:

$$V(r) = r^2\pi\left(\frac{1\,200}{r} - r\right)$$

$$V(r) = \pi(1\,200r - r^3)$$

$$V(r) = 1\,200\pi r - \pi r^3$$

5.2 $V(r) = 1\,200\pi r - \pi r^3, \qquad D_V = [12;\, 30]$

$$V'(r) = \frac{dV(r)}{dr} = 1\,200\pi - 3\pi r^2, \quad D_{V'} = [12;\, 30]$$

$$V''(r) = \frac{d^2V(r)}{dr^2} = -6\pi r \qquad D_{V''} = [12;\, 30]$$

Relative Extrempunkte
Notwendige Bedingung:

$$V'(r) = 0 \quad \Rightarrow$$

$$1\,200\pi - 3\pi r^2 = 0 \quad \Leftrightarrow$$

$$r^2 = 400 \quad \Leftrightarrow \quad r_1 = 20 \ \vee \ r_2 = -20 \notin D_V$$

Hinreichende Bedingung: $V''(r) < 0$

$V''(20) = -120\pi < 0$

$\Rightarrow$ Die Funktion V hat bei $r_1 = 20$ ein relatives Maximum.

Absolutes Maximum
Die Funktion V'(r) hat im Intervall [12; 30] nur eine Nullstelle, somit tritt keine weitere Änderung des Monotonieverhaltens im angegebenen Bereich auf. Das relative Maximum ist somit absolutes Maximum der Funktion V(r).

Bayern – FOS · BOS 12 – Fachabiturprüfung 2009
Mathematik (Nichttechnische Ausbildungsrichtungen) – Analysis A II

1.0 Gegeben sind die reellen Funktionen

$$f_k:\ x \mapsto x \cdot \left(\frac{x^2}{k} - k - 1 \right) \text{ mit } k \in \mathbb{R} \wedge k \neq 0 \text{ und } D_{f_k} = \mathbb{R}.$$

Der Graph einer solchen Funktion wird mit G_{f_k} bezeichnet.

1.1 Berechnen Sie die Nullstellen der Funktion f_k in Abhängigkeit von k. Geben Sie auch die zugehörigen Vielfachheiten an. (8 BE)

1.2 Begründen Sie (z. B. mithilfe von Aufgabe 1.1), für welchen Wert k_0 der zugehörige Graph einen Terrassenpunkt besitzt. (2 BE)

1.3 Bestimmen Sie die Werte von k so, dass der jeweils zugehörige Graph G_{f_k} durch den Punkt $P(-3\,|\,3)$ geht. (4 BE)

2.0 Nun sei $k = 3$. Man erhält die Funktion f_3 mit $f_3(x) = \frac{x^3}{3} - 4x$.

2.1 Ermitteln Sie die maximalen Intervalle, in denen die Funktion f_3 echt monoton zunimmt bzw. abnimmt. Bestimmen Sie Art und Koordinaten aller relativen Extrempunkte des Graphen. (6 BE)

2.2 Berechnen Sie die x-Koordinate desjenigen Punktes, in dem der Graph G_{f_3} die kleinstmögliche Steigung besitzt. Begründen Sie auch, warum es keinen Punkt gibt, in dem der Graph größtmögliche Steigung besitzt. (5 BE)

2.3 Geben Sie die Nullstellen von f_3 an und zeichnen Sie unter Verwendung der bisherigen Ergebnisse und geeigneter Funktionswerte den Graphen der Funktion für $-4 \leq x \leq 4$ in ein Koordinatensystem. Maßstab: 1 LE = 1 cm. (5 BE)

2.4 Der Graph G_{f_3} und die x-Achse schließen im IV. Quadranten ein Flächenstück ein. Berechnen Sie die Maßzahl seines Flächeninhalts. (4 BE)

3.0 Nebenstehende Zeichnung gibt den Graphen der Ableitungsfunktion g' einer ganzrationalen Funktion g dritten Grades an.

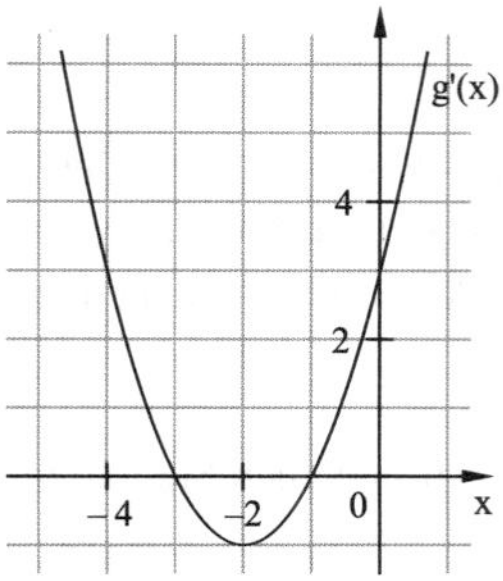

3.1 Begründen Sie anhand der Zeichnung, an welcher Stelle (Abszisse) der Graph der Funktion g einen Hochpunkt, an welcher Stelle er einen Tiefpunkt und an welcher Stelle er einen Wendepunkt besitzt. (7 BE)

3.2 Berechnen Sie mithilfe geeigneter aus der Zeichnung abgelesener Punktkoordinaten den Funktionsterm g'(x) und anschließend den Funktionsterm g(x) derjenigen Funktion g, deren Wendepunkt auf der x-Achse liegt. (7 BE)

4.0 Die Gebührenordnung des Paketdienstes „Paket Ahoi" enthält folgende Klausel: „Bei Päckchen in Zylinderform darf die Summe aus der Höhe h des Zylinders und dem Durchmesser d des Grundkreises 100 cm nicht überschreiten." Auf Einheiten wird im Folgenden verzichtet!

4.1 Berechnen Sie das Volumen V(d) eines solchen Päckchens, wenn die in der Gebührenordnung erwähnte Summe genau 100 cm beträgt. Geben Sie auch eine geeignete Definitionsmenge an. (5 BE)

[Mögliches Teilergebnis: $V(d) = \pi \cdot (25d^2 - \frac{1}{4}d^3)$]

4.2 Bestimmen Sie nun die Maße desjenigen zylinderförmigen Päckchens, das dabei maximales Volumen aufweist. (7 BE)

(60 BE)

Tipps und Hinweise zur Lösung von Aufgabe A II

Teilaufgabe 1.1

- Ermitteln Sie mithilfe der Nullproduktregel die Nullstellen in Abhängigkeit von k und geben Sie deren Vielfachheiten an.
- Führen Sie eine Fallunterscheidung für k durch.

Teilaufgabe 1.2

- Beachten Sie den Zusammenhang zwischen der Vielfachheit einer Nullstelle und einer Terrassenstelle.

Teilaufgabe 1.3

- Setzen Sie die Koordinaten des gegebenen Punktes in die Funktionsgleichung von f_k ein.

Teilaufgabe 2.1

- Das Monotonieverhalten von f_3 ermitteln Sie mithilfe der ersten Ableitung.
- Das Vorzeichen von $f_3'(x)$ bestimmt das Monotonieverhalten in einem Intervall.
- Aus der Änderung des Monotonieverhaltens ergibt sich die Art der relativen Extrempunkte.

Teilaufgabe 2.2

- Die Stelle mit der kleinstmöglichen Steigung ist eine Extremstelle der ersten Ableitung.

Teilaufgabe 2.3

- Faktorisieren Sie den Funktionsterm und ermitteln Sie mithilfe der Nullproduktregel die Nullstellen.
- Zeichnen Sie den Graphen der Funktion in ein Koordinatensystem.

Teilaufgabe 2.4

Berechnen Sie die Maßzahl des Flächeninhalts unter Verwendung des bestimmten Integrals und des absoluten Betrages.

Teilaufgabe 3.1

Entnehmen Sie dem Graphen der ersten Ableitungsfunktion g' die Koordinaten markanter Punkte.

Bestimmen Sie damit die Extremstellen und die Wendestelle des Graphen der Funktion g.

Teilaufgabe 3.2

Ermitteln sie die Funktionsgleichung der Ableitungsfunktion g' unter Verwendung des Graphen.

Integrieren Sie g' und ermitteln Sie die auftretende Integrationskonstante anhand der gegebenen Eigenschaft.

Teilaufgabe 4.1

Verwenden Sie die Volumenformel für den Inhalt des Zylinders.

Ermitteln Sie mithilfe der gegebenen Nebenbedingung das Volumen V in Abhängigkeit vom Durchmesser d.

Teilaufgabe 4.2

Bestimmen Sie zunächst das relative Maximum der Funktion V(d).

Zeigen Sie, dass das relative Maximum das absolute ist. Bestimmen Sie d_{max} und h_{max}.

Lösung

1.1 **Nullstellen**

$$f_k(x) = 0 \quad \Leftrightarrow$$

$$x \cdot \left(\frac{x^2}{k} - k - 1\right) = 0$$

Mit dem Satz vom Nullprodukt (Nullproduktregel) folgt:

$$x_1 = 0 \ \vee \ \frac{x^2}{k} - k - 1 = 0 \qquad \Leftrightarrow$$

$$x^2 = k(k+1) \quad (*)$$

Fallunterscheidung für die Gleichung (*)

Fall 1:

$$k(k+1) < 0 \qquad \Leftrightarrow$$

$$(k > 0 \wedge k+1 < 0) \ \vee \ (k < 0 \wedge k+1 > 0) \qquad \Leftrightarrow$$

$$(k > 0 \wedge k < -1) \ \vee \ (k < 0 \wedge k > -1) \qquad \Leftrightarrow$$

$$\{\} \ \vee \ -1 < k < 0$$

Die quadratische Gleichung (*) hat keine reelle Lösung für $k \in \,]-1;\, 0[$.
f_k hat für $k \in \,]-1;\, 0[$ eine einfache Nullstelle bei $x_1 = 0$.

Fall 2:
$k(k+1)=0$
Wegen $k \neq 0$ folgt $k+1=0 \quad \Leftrightarrow$
$k=-1$
Die quadratische Gleichung (*) hat eine Doppellösung für $k=-1$ mit $x_{2,3}=0$.
f_{-1} hat somit eine dreifache Nullstelle $x_{1,2,3}=0$.

Fall 3:
$$k(k+1)>0 \quad \Leftrightarrow$$
$$(k>0 \wedge k+1>0) \vee (k<0 \wedge k+1<0) \quad \Leftrightarrow$$
$$(k>0 \wedge k>-1) \vee (k<0 \wedge k<-1) \quad \Leftrightarrow$$
$$k>0 \vee k<-1$$
Die quadratische Gleichung (*) hat für $k<-1 \vee k>0$ zwei reelle Lösungen
$x_{2,3}=\pm\sqrt{k^2+k}$.
f_k hat für $k<-1 \vee k>1$ bei $x_1=0$ und $x_{2,3}=\pm\sqrt{k^2+k}$ jeweils einfache Nullstellen.

1.2 Für $k_0=-1$ gilt:
$f_{-1}(x)=-x^3$
Die Funktion f_{-1} hat bei $x_{1,2,3}=0$ eine dreifache Nullstelle.
Somit ist der Punkt W(0; 0) Terrassenpunkt des Graphen von f_{-1}.

1.3 Es soll gelten:
$f_k(-3)=3$
Somit folgt:
$$(-3)\left(\frac{(-3)^2}{k}-k-1\right)=3 \quad \Leftrightarrow$$
$$\frac{9}{k}-k-1=-1 \quad \Leftrightarrow$$
$$\frac{9}{k}-k=0 \quad \Leftrightarrow$$
$$k^2=9 \quad \Leftrightarrow$$
$$k_1=3 \vee k_2=-3$$

2.1 Das **Monotonieverhalten** wird mit der ersten Ableitung ermittelt:
$$f_3(x)=\frac{x^3}{3}-4x$$
$$f_3'(x)=x^2-4$$
Faktorisierung des Funktionsterms ergibt:
$$f_3'(x)=(x+2)(x-2)$$

Streng monoton zunehmend

$f_3'(x) > 0$

$$(x+2)(x-2) > 0 \quad \Leftrightarrow$$
$$(x+2>0 \ \wedge \ x-2>0) \ \vee \ (x+2<0 \ \wedge \ x-2<0) \quad \Leftrightarrow$$
$$(x>-2 \ \wedge \ x>2) \ \vee \ (x<-2 \ \wedge \ x<2) \quad \Leftrightarrow$$
$$x>2 \ \vee \ x<-2$$

f_3 ist im gesamten Definitionsbereich stetig, somit folgt:
f_3 ist streng monoton zunehmend im Intervall $]-\infty; -2]$ sowie im Intervall $[2; \infty[$.

Streng monoton abnehmend

$f_3'(x) < 0$

$$(x+2)(x-2) < 0 \quad \Leftrightarrow$$
$$(x+2>0 \ \wedge \ x-2<0) \ \vee \ (x+2<0 \ \wedge \ x-2>0) \quad \Leftrightarrow$$
$$(x>-2 \ \wedge \ x<2) \ \vee \ (x<-2 \ \wedge \ x>2) \quad \Leftrightarrow$$
$$-2<x<2 \ \vee \ \{\}$$

f_3 ist im gesamten Definitionsbereich stetig, somit folgt:
f_3 ist streng monoton abnehmend im Intervall $[-2; 2]$.

Aus dem Monotonieverhalten ergibt sich die **Art der relativen Extrempunkte**:

$$\left.\begin{array}{l} f_3'(x) > 0 \text{ für } x < -2 \\ f_3'(-2) = 0 \\ f_3'(x) < 0 \text{ für } -2 < x < 2 \end{array}\right\} \Rightarrow \left\{\begin{array}{l} f_3 \text{ hat bei } x = -2 \text{ ein relatives Maximum} \\ H\left(-2; \frac{16}{3}\right) \text{ relativer Hochpunkt von } G_{f_3} \end{array}\right.$$

sowie

$$\left.\begin{array}{l} f_3'(x) < 0 \text{ für } -2 < x < 2 \\ f_3'(2) = 0 \\ f_3'(x) > 0 \text{ für } x > 2 \end{array}\right\} \Rightarrow \left\{\begin{array}{l} f_3 \text{ hat bei } x = 2 \text{ ein relatives Minimum} \\ T\left(2; -\frac{16}{3}\right) \text{ relativer Tiefpunkt von } G_{f_3} \end{array}\right.$$

2.2 Es ist die Minimalstelle der Ableitungsfunktion f_3' zu bestimmen.

$f_3'(x) = x^2 - 4$

$f_3''(x) = 2x$

$f_3'''(x) = 2$

Relative Extremstelle von f_3':

Notwendige Bedingung: $f_3''(x) = 0 \quad \Rightarrow$

$$2x = 0 \quad \Leftrightarrow$$
$$x = 0$$

Hinreichende Bedingung:

$f_3'''(0) = 2 > 0 \quad \Rightarrow \quad f_3'$ hat bei $x = 0$ ein relatives Minimum.

Die Funktion f_3'' hat im gesamten Definitionsbereich nur eine Nullstelle, somit tritt keine Änderung des Monotonieverhaltens im Definitionsbereich auf. Das relative Minimum ist somit absolutes Minimum.

Wegen

$$\lim_{x \to \pm\infty} f_3'(x) = \lim_{x \to \pm\infty} (x^2 - 4) = \infty$$

ergibt sich, dass f_3' keine Maximalstelle hat, da die Steigung gegen unendlich strebt.

2.3 $f_3(x) = \frac{x^3}{3} - 4x$

Nullstellen

$$f_3(x) = 0 \quad \Rightarrow$$

$$\frac{x^3}{3} - 4x = 0 \quad \Leftrightarrow$$

$$x\left(\frac{x^2}{3} - 4\right) = 0$$

Mit dem Satz vom Nullprodukt (Nullproduktregel) folgt:

$$x_1 = 0 \ \vee \ \frac{x^2}{3} - 4 = 0 \quad \Leftrightarrow$$

$$x^2 = 12 \quad \Leftrightarrow$$

$$x_2 = \sqrt{12} \ \vee \ x_3 = -\sqrt{12}$$

Wertetabelle für G_{f_3}:

		$-\sqrt{12}$		H		W		T		$\sqrt{12}$	
x	–4	–3,46	–3	–2	–1	0	1	2	3	3,46	4
$f_3(x)$	–5,33	0	3	5,33	3,67	0	–3,67	–5,33	–3	0	5,33

Grafik zu 2.3

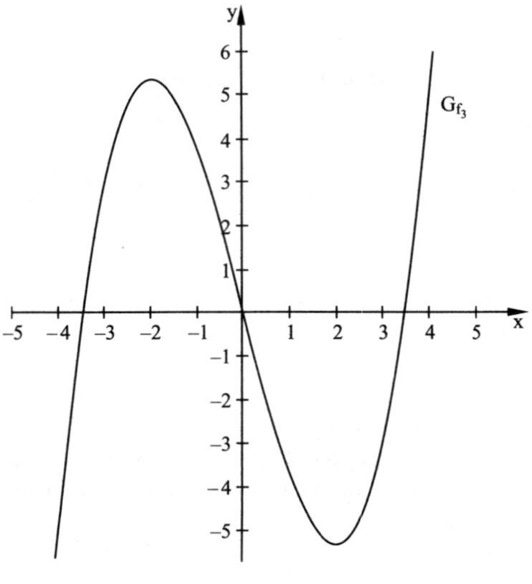

2.4 $A = \left| \int_0^{\sqrt{12}} \left(\frac{1}{3}x^3 - 4x\right) dx \right|$

$A = \left| \left[\frac{1}{12}x^4 - 2x^2 \right]_0^{\sqrt{12}} \right|$

$A = \left| \left[\frac{1}{12} \cdot (\sqrt{12})^4 - 2 \cdot (\sqrt{12})^2 - \left(\frac{1}{12} \cdot 0^4 - 2 \cdot 0^2 \right) \right] \right|$

$A = |12 - 24|$

$A = |-12|$

$A = 12$

3.1 $\left.\begin{array}{l} g'(x) > 0 \text{ für } x \in \,]-\infty; -3[\\ g'(-3) = 0 \\ g'(x) < 0 \text{ für } x \in \,]-3; -1[\end{array}\right\} \Rightarrow \left\{\begin{array}{l} \text{g hat bei } x_1 = -3 \text{ ein relatives Maximum} \\ H(-3;\, y_H) \text{ relativer Hochpunkt} \end{array}\right.$

bzw.

$\left.\begin{array}{l} g'(x) < 0 \text{ für } x \in \,]-3; -1[\\ g'(-1) = 0 \\ g'(x) > 0 \text{ für } x \in \,]-1; \infty[\end{array}\right\} \Rightarrow \left\{\begin{array}{l} \text{g hat bei } x_2 = -1 \text{ ein relatives Minimum} \\ T(-1;\, y_T) \text{ relativer Tiefpunkt} \end{array}\right.$

$x_3 = -2$ ist eine Minimalstelle von g';
deshalb hat der Graph von g bei $x_3 = -2$ eine Wendestelle.

3.2 Aus der Zeichnung ergibt sich:

$g'(x) = a(x+2)^2 - 1$ (Scheitelform)

Mit $g'(0) = 3$ folgt:

$a(0+2)^2 - 1 = 3 \quad \Leftrightarrow$

$a = 1$

Also

$g'(x) = 1 \cdot (x+2)^2 - 1$

oder

$g'(x) = x^2 + 4x + 3$

g ergibt sich durch Integration:

$g(x) = \int g'(x)\, dx$

$g(x) = \int (x^2 + 4x + 3)\, dx$

$g(x) = \frac{1}{3}x^3 + 2x^2 + 3x + C$

Bestimmung der Integrationskonstanten C

Mit Teilaufgabe 3.1 ist die Wendestelle $x_3 = -2$, somit ergibt sich für den Wendepunkt W(–2; 0).

Es gilt:

$g(-2) = 0$

$$g(-2)=\frac{1}{3}(-2)^3+2(-2)^2+3(-2)+C=0 \quad \Leftrightarrow$$

$$-\frac{8}{3}+8-6+C=0 \quad \Leftrightarrow$$

$$C=\frac{2}{3}$$

Ergebnis:

$$g(x)=\frac{1}{3}x^3+2x^2+3x+\frac{2}{3}$$

4.1 Für die Volumenmaßzahl V des Zylinders gilt:

$V(r;h)=r^2\pi h$; mit $r=\frac{d}{2}$ folgt:

$$V(d;h)=\frac{d^2}{4}\pi h$$

Nebenbedingung:

$$d+h=100 \quad \Leftrightarrow$$

$$h=100-d \quad (*)$$

Eingesetzt in V(d; h) ergibt:

$$V(d)=\frac{d^2}{4}\pi(100-d)$$

$$V(d)=\pi\left(25d^2-\frac{1}{4}d^3\right)$$

Wegen $h>0$ folgt aus (*):

$100-d>0 \quad \Leftrightarrow \quad d<100$

Für die Definitionsmenge D_V ergibt sich wegen $d>0$:

$D_V=]0;100[$

4.2 $V'(d)=\pi\left(50d-\frac{3}{4}d^2\right)$, $D_{V'}=]0;100[$

$V''(d)=\pi\left(50-\frac{3}{2}d\right)$, $D_{V''}=]0;100[$

Relatives Maximum

Notwendige Bedingung: $V'(d)=0 \quad \Rightarrow$

$$\pi\left(50d-\frac{3}{4}d^2\right)=0 \quad \Leftrightarrow$$

$$d\left(50-\frac{3}{4}d\right)=0 \quad \Leftrightarrow$$

$$d_1=0 \vee d_2=\frac{200}{3}$$

$$d_1 \notin D_V$$

Hinreichende Bedingung: $V''(d_2) < 0 \quad \Rightarrow$

$$V''\left(\frac{200}{3}\right) = \pi\left(50 - \frac{3}{2} \cdot \frac{200}{3}\right) = -50\pi < 0$$

$\Rightarrow$ Die Funktion V hat bei $d_2 = \frac{200}{3}$ ein relatives Maximum.

Absolutes Maximum

Die Funktion V'(d) hat im Intervall $]0;\ 100[$ nur eine Nullstelle, somit tritt keine weitere Änderung des Monotonieverhaltens im angegebenen Bereich auf.
Das relative Maximum ist somit absolutes Maximum der Funktion V(d).

Maximaler Durchmesser:

$d_{max} = d_2$

Berechnung der maximalen Höhe h_{max}:

$h_{max} = 100 - d_2$

$$h_{max} = 100 - \frac{200}{3}$$

$$h_{max} = \frac{100}{3}$$

Bayern – FOS · BOS 12 – Fachabiturprüfung 2009
Mathematik (Nichttechnische Ausbildungsrichtungen) – Stochastik S I

1.0 Für eine statistische Untersuchung wurden in der Kfz-Zulassungsstelle einer großen Stadt in einem bestimmten Zeitraum Aufzeichnungen über die Anzahl der Neuzulassungen von Pkw mit Diesel (D)- bzw. Benzin (B)-Motor geführt. Weiterhin wurden drei Fahrzeugklassen erfasst: Kleinwagen (K), Mittelklassewagen (M) und Oberklassewagen (O). Von den Kleinwagen hatten 20 % und von der Mittelklasse 50 % einen Dieselmotor. Von den insgesamt 80 000 erfassten Pkw in dieser Untersuchung waren 45 % mit einem Dieselmotor ausgerüstet, 16 000 waren Kleinwagen und 8 000 Pkw der Oberklasse.
Die Bestimmung der Fahrzeugklasse sowie der Motorart eines zufällig herausgegriffenen Pkws dieser Untersuchung wird als Zufallsexperiment aufgefasst. Die relativen Häufigkeiten werden als Wahrscheinlichkeiten interpretiert.

1.1 Bestimmen Sie z. B mithilfe eines Baumdiagramms die Wahrscheinlichkeiten aller sechs Elementarereignisse dieses Zufallsexperiments.
[Teilergebnis: $P(\{OD\}) = 0{,}06$] (6 BE)

1.2 Betrachtet werden nun folgende Ereignisse:
E_1: „Ein zufällig ausgewähltes Fahrzeug ist kein Mittelklassewagen."
E_2: „Ein zufällig ausgewähltes Fahrzeug besitzt einen Dieselmotor."
Geben Sie beide Ereignisse in der aufzählenden Mengenschreibweise an und untersuchen Sie E_1 und E_2 auf stochastische Unabhängigkeit. (4 BE)

2.0 An einer Tankstelle werden die Fahrzeuge in der Reihenfolge ihres Eintreffens bezüglich der Motorart registriert. Untersuchungen zeigen, dass die Wahrscheinlichkeit für das Eintreffen eines Dieselfahrzeugs 0,45 und für das Eintreffen eines Benzinfahrzeugs 0,55 beträgt.

2.1 Berechnen Sie die Wahrscheinlichkeiten folgender Ereignisse auf vier Nachkommastellen:
E_3: „Von 12 Fahrzeugen sind genau die ersten 6 Dieselfahrzeuge."
E_4: „Unter 12 Fahrzeugen sind genau 5 Benzinfahrzeuge." (3 BE)

2.2 Bestimmen Sie die Wahrscheinlichkeit dafür, dass sich unter 20 Fahrzeugen mehr als 5, aber weniger als 15 Dieselfahrzeuge befinden. (3 BE)

2.3 Die Wahrscheinlichkeit für das Eintreffen eines Dieselfahrzeugs an der Tankstelle sei nun p. Die Wahrscheinlichkeit dafür, dass von 2 nacheinander eintreffenden Fahrzeugen genau eines einen Dieselmotor besitzt, beträgt 0,18. Berechnen Sie p (2 Lösungen!). (4 BE)

3.0 In einer Zulassungsstelle werden Fahrzeuge in fünf Leistungsklassen erfasst. Die Zufallsgröße X gibt die Leistungsklasse eines zufällig ausgewählten Fahrzeugs an. Mit den Parametern $a, b \in \mathbb{R}$ ergibt sich folgende Wahrscheinlichkeitsverteilung:

x	1	2	3	4	5
P(X = x)	a	b	0,18	0,13	0,14

3.1 Berechnen Sie a und b für den Fall, dass für den Erwartungswert E(X) gilt: $E(X) = 2{,}48$.
[Teilergebnis: $a = 0{,}38$] (4 BE)

3.2 Zeichnen Sie ein Histogramm der Wahrscheinlichkeitsverteilung. (2 BE)

3.3 Berechnen Sie die Wahrscheinlichkeit, mit der die Zufallswerte innerhalb der einfachen Standardabweichung um den Erwartungswert liegen.
Schraffieren Sie die zu dieser Wahrscheinlichkeit gehörende Fläche im Histogramm von Teilaufgabe 3.2. (6 BE)

4.0 Jemand vermutet, dass sich der Anteil der silberfarbigen Pkw von bisher 50 % inzwischen modebedingt erhöht hat (Gegenhypothese). Er möchte dies anhand von 50 vorbeifahrenden Autos testen.

4.1 Geben Sie die Testgröße sowie die Nullhypothese an. Berechnen Sie den maximalen Ablehnungsbereich der Nullhypothese auf dem 5 %-Niveau.
Welche Entscheidung legt der Test nahe, wenn 30 silberfarbige Pkw gezählt werden? (6 BE)

4.2 Erklären Sie kurz, worin bei diesem Test der Fehler 2. Art besteht. (2 BE)
(40 BE)

Tipps und Hinweise zur Lösung von Aufgabe S I

Teilaufgabe 1.1

- Es liegt ein zweistufiges Zufallsexperiment vor. Ermitteln Sie die Wahrscheinlichkeiten der ersten Stufe mithilfe der Verzweigungsregel.
- Tragen Sie in das Baumdiagramm die ermittelten Wahrscheinlichkeiten ein und wenden Sie die Pfadregeln an.

Teilaufgabe 1.2

- Die beiden Ereignisse E_1 und E_2 sind stochastisch unabhängig, wenn die Produktregel $P(E_1 \cap E_2) = P(E_1) \cdot P(E_2)$ erfüllt ist.

Teilaufgabe 2.1

- Es liegt eine Bernoulli-Kette vor, überlegen Sie sich Länge und Trefferwahrscheinlichkeit.
- Es liegt eine bestimmte Serie vor (Ereignis E_3).
- Verwenden Sie die Formel für genau k Treffer (Ereignis E_4).

Teilaufgabe 2.2

- Berechnen Sie $P(5 < X < 15)$.

Teilaufgabe 2.3

- Verwenden Sie die Bernoulli-Formel und bestimmen Sie den Parameter p.

Teilaufgabe 3.1

- Stellen Sie ein lineares Gleichungssystem mithilfe der Normierungsbedingung $\sum_{i=1}^{n} W(x_i) = 1$ und den weiteren Eigenschaften auf.

Teilaufgabe 3.2

Verwenden Sie $\Delta x = 1$.

Teilaufgabe 3.3

Ermitteln Sie mithilfe der Verschiebungsfromel die Varianz und die Standardabweichung der Zufallsgröße X.

Teilaufgabe 4.1

Der Ablehnungsbereich der Nullhypothese hat die Gestalt $\overline{A} = \{k+1; \ldots; 50\}$.

Ermitteln Sie mithilfe der kumulativen Tabelle den Randwert.

Teilaufgabe 4.2

Der Fehler 2. Art besteht darin, dass die Nullhypothese H_0 nicht abgelehnt wird, obwohl sie falsch ist.

Lösung

1.1 Die Verteilung der Pkw ist ein zweistufiges Zufallsexperiment.
Ermittlung der Wahrscheinlichkeiten der 1. Stufe:

$$P(\{K\}) = \frac{16\,000}{80\,000} = 0,2$$

$$P(\{O\}) = \frac{8\,000}{80\,000} = 0,1$$

Somit ergibt sich:

$P(\{M\}) = 1 - P(\{K\}) - P(\{O\})$ (Verzweigungsregel)
$P(\{M\}) = 1 - 0,2 - 0,1$
$P(\{M\}) = 0,7$

Baumdiagramm:

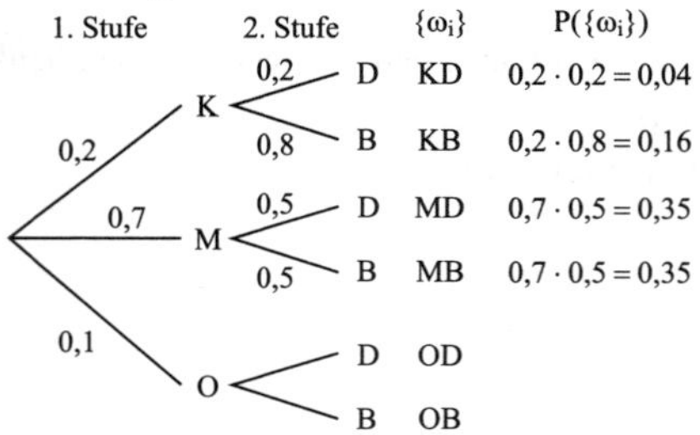

Ermittlung von P({OD})

Es gilt:

$P(\{D\}) = P(\{KD\}) + P(\{MD\}) + P(\{OD\})$

Somit folgt:

$0,45 = 0,04 + 0,35 + P(\{OD\})$

$P(\{OD\}) = 0,06$

Ermittlung von P({OB})

Es gilt:

$$P(\{OB\}) = P(\{O\}) \cdot \left(1 - \frac{P(\{OD\})}{P(\{O\})}\right) \quad \text{(Pfadregel und Verzweigungsregel)}$$

$$P(\{OB\}) = 0{,}1 \cdot \left(1 - \frac{0{,}06}{0{,}1}\right)$$

$$P(\{OB\}) = 0{,}04$$

1.2 E_1: „Ein zufällig ausgewähltes Fahrzeug ist kein Mittelklassewagen."

In aufzählender Mengenschreibweise ist:

$$E_1 = \{KD;\ KB;\ OD;\ OB\}$$

Für die Wahrscheinlichkeit ergibt sich:

$$P(E_1) = P(\{KD\}) + P(\{KB\}) + P(\{OD\}) + P(\{OB\})$$
$$P(E_1) = 0{,}04 + 0{,}16 + 0{,}06 + 0{,}04$$
$$P(E_1) = 0{,}30$$

E_2: „Ein zufällig ausgewähltes Fahrzeug besitzt einen Dieselmotor."

In aufzählender Mengenschreibweise ist:

$$E_2 = \{KD;\ MD;\ OD\}$$

Für die Wahrscheinlichkeit ergibt sich:

$$P(E_2) = P(\{KD\}) + P(\{MD\}) + P(\{OD\})$$
$$P(E_2) = 0{,}04 + 0{,}35 + 0{,}06$$
$$P(E_2) = 0{,}45$$

Es gilt:

$$E_1 \cap E_2 = \{KD;\ OD\}$$

Für die Wahrscheinlichkeit ergibt sich:

$$P(E_1 \cap E_2) = P(\{KD\}) + P(\{OD\})$$
$$P(E_1 \cap E_2) = 0{,}04 + 0{,}06$$
$$P(E_1 \cap E_2) = 0{,}10$$

Somit:

$P(E_1) \cdot P(E_2) = 0{,}30 \cdot 0{,}45 = 0{,}135$, d. h. $P(E_1) \cdot P(E_2) \neq P(E_1 \cap E_2)$

$\Rightarrow$ Die Ereignisse E_1 und E_2 sind stochastisch abhängig.

2.1 Das Zufallsexperiment kann als Bernoulli-Kette mit den Parametern $p = p_D = 0{,}45$ und $q = p_B = 0{,}55$ angesehen werden.

E_3: „Von 12 Fahrzeugen sind genau die ersten 6 Dieselfahrzeuge."

$$P(E_3) = 0{,}45^6 \cdot 0{,}55^6 \quad \text{(Wahrscheinlichkeit für eine bestimmte Serie)}$$
$$P(E_3) = 0{,}0002$$

E_4: „Unter 12 Fahrzeugen sind genau 5 Benzinfahrzeuge."

$$P(E_4) = \binom{12}{5} \cdot 0{,}55^5 \cdot 0{,}45^7$$

$$P(E_4) = 0{,}1489$$

2.2 Binomialverteilte Zufallsgröße X mit $n = 20$ und $p = 0{,}45$

$P(5 < X < 15) = F_{0,45}^{20}(14) - F_{0,45}^{20}(5)$

Mit den Stochastik-Tabellen ergibt sich:

$P(5 < X < 15) = 0{,}99357 - 0{,}05533$
$P(5 < X < 15) = 0{,}9382$

2.3 Das Zufallsexperiment kann als Bernoulli-Kette mit den Parametern p und $q = 1 - p$ angesehen werden.

$$\binom{2}{1} \cdot p \cdot (1-p) = 0{,}18 \quad \Leftrightarrow$$
$$2(p - p^2) = 0{,}18 \quad \Leftrightarrow$$
$$-2p^2 + 2p - 0{,}18 = 0 \quad \Leftrightarrow \quad |:(-2)$$
$$p^2 - p + 0{,}09 = 0$$

Für die Diskriminante ergibt sich:

$D = (-1)^2 - 4 \cdot 1 \cdot 0{,}09 = 0{,}64 = 0{,}8^2 > 0$

Somit folgt:

$$p_{1,2} = \frac{1 \pm 0{,}8}{2}$$

$p_1 = 0{,}9 \vee p_2 = 0{,}1$

3.1 Wahrscheinlichkeitsverteilung der Zufallsgröße X:

x	1	2	3	4	5
P(X=x)	a	b	0,18	0,13	0,14

Aus der Normierungsbedingung $\sum_{i=1}^{n} W(x_i) = 1$ folgt:

$$\text{I} \quad a + b + 0{,}18 + 0{,}13 + 0{,}14 = 1 \quad \Leftrightarrow$$
$$a + b = 0{,}55$$

Für den Erwartungswert $\mu = E(X)$ gilt: $E(X) = 2{,}48$
Dies führt zur Gleichung:

$$\text{II} \quad 1 \cdot a + 2 \cdot b + 3 \cdot 0{,}18 + 4 \cdot 0{,}13 + 5 \cdot 0{,}14 = 2{,}48 \quad \Leftrightarrow$$
$$a + 2b = 0{,}72$$

Aus Gleichung I folgt $a = 0{,}55 - b$, eingesetzt in II ergibt:

II' $0{,}55 - b + 2b = 0{,}72 \Leftrightarrow b = 0{,}17$ eingesetzt in I ergibt:

$$\text{I'} \quad a + 0{,}17 = 0{,}55 \quad \Leftrightarrow$$
$$a = 0{,}38$$

3.2 Mit den Werten von Teilaufgabe 3.1 ergibt sich folgende Wahrscheinlichkeitsverteilung der Zufallsgröße X:

X	1	2	3	4	5
P(X = x)	0,38	0,17	0,18	0,13	0,14

Histogramm $\Delta x = 1$

Grafik zu 3.2 und 3.3

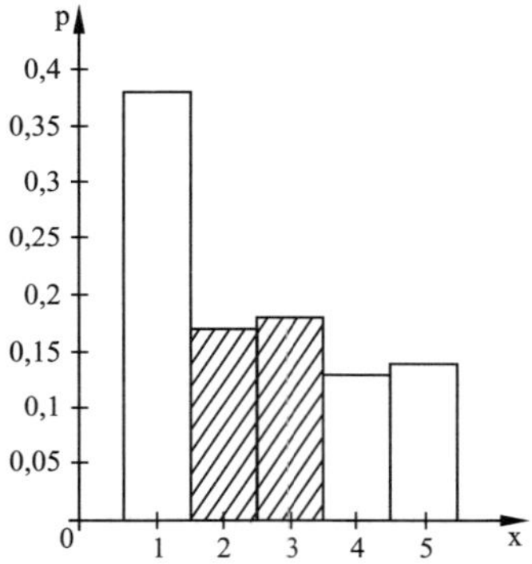

3.3 Für die Varianz Var(X) gilt:

$\sigma^2 = Var(X) = E(X^2) - (E(X))^2$ (Verschiebungsformel)

Mit Teilaufgabe 3.1 ergibt sich:

$Var(X) = 1^2 \cdot 0{,}38 + 2^2 \cdot 0{,}17 + 3^2 \cdot 0{,}18 + 4^2 \cdot 0{,}13 + 5^2 \cdot 0{,}14 - 2{,}48^2$

$Var(X) = 2{,}11$

Für die Standardabweichung σ folgt:

$\sigma = \sqrt{Var(X)}$

$\sigma = \sqrt{2{,}11}$

$\sigma = 1{,}45$

Die Zufallswerte liegen innerhalb der einfachen Standardabweichung um den Erwartungswert $\mu = E(X)$, wenn gilt:

$|X - \mu| < \sigma$

Somit:

$$|X - 2{,}48| < 1{,}45 \quad \Leftrightarrow$$
$$-1{,}45 < X - 2{,}48 < 1{,}45 \quad \Leftrightarrow$$
$$-1{,}45 + 2{,}48 < X < 1{,}45 + 2{,}48 \quad \Leftrightarrow$$
$$1{,}03 < X < 3{,}93$$

$\Rightarrow \quad P(|X - \mu| < \sigma) = P(X = 2) + P(X = 3)$

$P(|X - \mu| < \sigma) = 0{,}17 + 0{,}18 = 0{,}35$

Schraffur im Histogramm von Teilaufgabe 3.2.

4.1 Testgröße T: Anzahl der silberfarbigen Pkws bei 50 vorbeifahrenden Autos
T ist eine B(50; 0,5)-verteilte Zufallsgröße.

Testart: einseitiger (rechtsseitiger) Signifikanztest
Signifikanzniveau: $\alpha = 5\ \%$

Nullhypothese	Gegenhypothese
H_0: $p = 0{,}5$	H_1: $p > 0{,}5$
Annahmebereich von H_0:	Ablehnungsbereich von H_0:
$A = \{0;\ 1;\ 2;\ \ldots;\ k\},\ k \in \mathbb{N}_0$	$\overline{A} = \{k+1;\ \ldots;\ 50\},\ k \in \mathbb{N}_0$

Entscheidungsregel: H_0 wird verworfen, wenn gilt:
$P(T \geq k+1) \leq 0{,}05$

$$P(T \geq k+1) = 1 - F_{0,5}^{50}(k) \leq 0{,}05$$
$$F_{0,5}^{50}(k) \geq 0{,}95$$

Mithilfe der Stochastik-Tabellen ergibt sich:

$k = 31$

Maximaler Ablehnungsbereich von H_0:

$\overline{A} = \{32;\ 33;\ \ldots;\ 50\}$

Bei 30 silberfarbigen Pkws entscheidet man sich für die Annahme der Nullhypothese H_0 ($30 \in A$).

4.2 Der Fehler 2. Art besteht in diesem Test darin, dass die Nullhypothese H_0 nicht abgelehnt wird, obwohl sie falsch ist, d. h. obwohl sich der Anteil der silberfarbigen Fahrzeuge erhöht hat, entscheidet man sich gegen diese Vermutung.

Bayern – FOS · BOS 12 – Fachabiturprüfung 2009
Mathematik (Nichttechnische Ausbildungsrichtungen) – Stochastik S II

Beim Glücksspiel „**Roulette**“ verwendet man eine drehbare Scheibe mit 36 abwechselnd roten und schwarzen Nummernfächern sowie einem 37. (grünen) Fach für die Null. Die Gewinnzahl wird mithilfe einer Kugel ermittelt, die nach Drehung der Scheibe in einem Nummernfach liegen bleibt, wobei alle 37 Zahlen mit gleicher Wahrscheinlichkeit getroffen werden können.
Im Folgenden verstehen wir unter der Farbe einer Zahl die Farbe des zugehörigen Nummernfaches, es gibt also 1 grüne Zahl sowie 18 schwarze und 18 rote Zahlen.

1 Berechnen Sie auf 4 Nachkommastellen gerundet die Wahrscheinlichkeiten dafür, dass bei siebenmaligem Werfen der Kugel
a) genau 5-mal eine rote Zahl erscheint.
b) höchstens 5-mal eine rote Zahl erscheint.
c) genau beim ersten, dritten und fünften Wurf eine rote Zahl erscheint. (7 BE)

2 Berechnen Sie ebenfalls auf 4 Nachkommastellen gerundet die Wahrscheinlichkeiten dafür, dass bei zweimaligem Werfen der Kugel
a) mindestens einmal eine Zahl aus dem ersten Dutzend, das heißt von 1 bis 12, erscheint.
b) keine Zahl aus dem ersten Dutzend zweimal erscheint. (6 BE)

3.0 Von den Zahlen des ersten Dutzends sind genau sechs rot und sechs schwarz gefärbt. Folgende Ereignisse werden betrachtet:
E_1: „Eine Zahl aus dem ersten Dutzend erscheint.“
E_2: „Eine rote Zahl erscheint.“

3.1 Erstellen Sie in Bezug auf E_1 und E_2 eine Vierfeldertafel und begründen Sie rechnerisch, ob die beiden Ereignisse stochastisch unabhängig sind. (6 BE)

3.2 Berechnen Sie die folgende Wahrscheinlichkeit: $P(E_1 \cup E_2)$. (2 BE)

4.0 Lord Grips setzt immer nur auf das Ereignis „Zahl aus dem ersten Dutzend“, das heißt, seine Gewinnwahrscheinlichkeit beträgt bei jedem Spiel $p_G = 12/37$. Lord Grips setzt nun dreimal nacheinander den gleichen Einsatz **e** auf „Zahl aus dem ersten Dutzend“. Falls er in einem Spiel gewinnt, beträgt sein Reingewinn $2 \cdot \mathbf{e}$, andernfalls geht sein Einsatz verloren ($-\mathbf{e}$). Die Zufallsgröße X gibt den Gesamtgewinn für alle 3 Spiele in Euro an.
Die Wahrscheinlichkeitsverteilung der Zufallsgröße X lässt sich mithilfe folgender Tabelle angeben:

x	$-3\mathbf{e}$	0	$3\mathbf{e}$	$6\mathbf{e}$
$P(X=x)$				

4.1 Übernehmen Sie die Tabelle und ermitteln Sie die Wahrscheinlichkeiten der Zufallswerte z. B. mithilfe eines Baumdiagramms auf 4 Nachkommastellen. (7 BE)

4.2 Setzen Sie nun $\mathbf{e} = 100$ und berechnen Sie den Erwartungswert E(X) sowie die zugehörige Standardabweichung. (4 BE)

5.0 Im Folgenden werden Spiele, bei denen die 0 erscheint, außer Acht gelassen. Dann sollte das Ereignis „Zahl aus dem ersten Dutzend“ im Schnitt in einem Drittel aller Spiele eintreten. Lord Grips vermutet, dass dieses Ereignis bei einem bestimmten Roulettetisch im Casino von Nepphausen mit zu geringer Häufigkeit erscheint (Gegenhypothese). Daher beobachtet er 200 Kugelwürfe in Hinblick auf „erstes Dutzend“.

5.1 Geben Sie zu diesem Test die Testgröße sowie Null- und Gegenhypothese an und ermitteln Sie deren größtmöglichen Ablehnungsbereich, wenn das Signifikanzniveau 5 % betragen soll. (5 BE)

5.2 Erklären Sie, worin bei diesem Beispiel der Fehler 2. Art besteht und begründen Sie kurz, weshalb man dessen Wahrscheinlichkeit hier nicht berechnen kann. (3 BE)

(40 BE)

Tipps und Hinweise zur Lösung von Aufgabe S II

Teilaufgabe 1

Es liegt eine Bernoulli-Kette vor, überlegen Sie sich Länge und Trefferwahrscheinlichkeit.

a) Verwenden Sie die Formel für genau k Treffer.

b) Verwenden Sie den Ansatz $P(X \leq 5)$.

c) Es liegt eine bestimmte Serie vor.

Teilaufgabe 2

a) Verwenden Sie den Ansatz $P(X \leq 1) = 1 - P(X = 0)$

b) Beachten Sie das Zählprinzip.

Teilaufgabe 3.1

Übertragen Sie die gegebenen Wahrscheinlichkeiten in eine Vierfeldertafel und ergänzen Sie die fehlenden Werte.

Die beiden Ereignisse E_1 und E_2 sind stochastisch unabhängig, wenn die Produktregel $P(E_1 \cap E_2) = P(E_1) \cdot P(E_2)$ erfüllt ist.

Teilaufgabe 3.2

Zur Berechnung von $P(E_1 \cup E_2)$ können Sie den Satz von Sylvester für $n = 2$ verwenden.

Teilaufgabe 4.1

Es liegt ein dreistufiges Zufallsexperiment vor. Tragen Sie in das Baumdiagramm die gegebenen Wahrscheinlichkeiten ein.

Ermitteln Sie mithilfe der Pfadregeln die gesuchten Wahrscheinlichkeiten.

Teilaufgabe 4.2

Ermitteln Sie mithilfe der Verschiebungsformel die Varianz und die Standardabweichung der Zufallsgröße X.

Teilaufgabe 5.1

Der Ablehnungsbereich der Nullhypothese H_0 hat die Gestalt $\overline{A} = \{0; \ldots; k\}$.
Bestimmen Sie mithilfe der kumulativen Tabelle den Randwert.

Teilaufgabe 5.2

Der Fehler 2. Art besteht darin, dass die Nullhypothese H_0 angenommen wird, obwohl sie falsch ist.

Lösung

1 Das Zufallsexperiment kann als Bernoulli-Kette der Länge $n = 7$ mit den Parametern $p = \frac{18}{37}$ und $q = \frac{19}{37}$ angesehen werden.

a) Ereignis: „Es erscheint genau 5-mal eine rote Zahl.“

$$P(X=5) = \binom{7}{5} \cdot \left(\frac{18}{37}\right)^5 \cdot \left(\frac{19}{37}\right)^2$$

$$P(X=5) = 0{,}1509$$

b) Ereignis: „Es erscheint höchstens 5-mal eine rote Zahl.“

$$P(X \leq 5) = 1 - [P(X=6) + P(X=7)]$$

$$P(X \leq 5) = 1 - \left[\binom{7}{6} \cdot \left(\frac{18}{37}\right)^6 \cdot \left(\frac{19}{37}\right)^1 + \binom{7}{7} \cdot \left(\frac{18}{37}\right)^7 \cdot \left(\frac{19}{37}\right)^0\right]$$

$$P(X \leq 5) = 1 - [7 \cdot 0{,}00681 + 1 \cdot 0{,}00645 \cdot 1] = 0{,}9459$$

c) Ereignis: „Genau beim ersten, dritten und fünften Wurf erscheint eine rote Zahl.“

$$P(\{(1;0;1;0;1;0;0)\}) = \frac{18}{37} \cdot \frac{19}{37} \cdot \frac{18}{37} \cdot \frac{19}{37} \cdot \frac{18}{37} \cdot \frac{19}{37} \cdot \frac{19}{37}$$

(Wahrscheinlichkeit für eine **bestimmte Serie** mit genau drei Treffern)

$$P(\{(1;0;1;0;1;0;0)\}) = \left(\frac{18}{37}\right)^3 \cdot \left(\frac{19}{37}\right)^4$$

$$P(\{(1;0;1;0;1;0;0)\}) = 0{,}0080$$

2 Das Zufallsexperiment kann als Bernoulli-Kette der Länge $n = 2$ mit den Parametern $p = \frac{12}{37}$ und $q = \frac{25}{37}$ angesehen werden.

a) Ereignis: „Mindestens eine Zahl aus dem ersten Dutzend erscheint.“

$$P(X \geq 1) = 1 - P(X=0)$$

$$P(X \geq 1) = 1 - \binom{2}{0} \cdot \left(\frac{12}{37}\right)^0 \cdot \left(\frac{25}{37}\right)^2$$

$$P(X \geq 1) = 1 - 1 \cdot 1 \cdot 0{,}4565 = 0{,}5435$$

b) Ereignis: „Keine Zahl aus dem ersten Dutzend erscheint zweimal."
Gegenereignis $\overline{E}$: „Genau zweimal erscheint dieselbe Zahl aus dem ersten Dutzend."

$P(\overline{E}) = 12 \cdot \left(\frac{1}{37}\right)^2$ (Der Faktor 12 ergibt sich mit dem Zählprinzip.)

$$P(E) = 1 - 12 \cdot \left(\frac{1}{37}\right)^2$$

$$P(E) = 0{,}9912$$

3.1 E_1: „Eine Zahl aus dem ersten Dutzend erscheint."

$$P(E_1) = \frac{12}{37}$$

E_2: „Eine rote Zahl erscheint."

$$P(E_2) = \frac{18}{37}$$

$E_1 \cap E_2$: „Eine rote Zahl aus dem ersten Dutzend erscheint."

$$P(E_1 \cap E_2) = \frac{6}{37}$$

Vierfeldertafel

	E_1	$\overline{E_1}$	Σ
E_2	$\frac{6}{37}$	$\frac{12}{37}$	$\frac{18}{37}$
$\overline{E_2}$	$\frac{6}{37}$	$\frac{13}{37}$	$\frac{19}{37}$
Σ	$\frac{12}{37}$	$\frac{25}{37}$	1

= gegebene Wahrscheinlichkeiten

Es gilt:

$$P(E_1 \cap E_2) = \frac{6}{37} = 0{,}162$$

und

$$P(E_1) \cdot P(E_2) = \frac{12}{37} \cdot \frac{18}{37} = 0{,}158$$

d. h.

$P(E_1 \cap E_2) \neq P(E_1) \cdot P(E_2)$ $\Rightarrow$ Die Ereignisse E_1 und E_2 sind stochastisch abhängig.

3.2 Wendet man den Satz von Sylvester für $n = 2$ an, so ergibt sich:

$$P(E_1 \cup E_2) = P(E_1) + P(E_2) - P(E_1 \cap E_2)$$

Mit den Ergebnissen von Teilaufgabe 3.1 folgt:

$$P(E_1 \cup E_2) = \frac{12}{37} + \frac{18}{37} - \frac{6}{37}$$

$$P(E_1 \cup E_2) = \frac{24}{37}$$

4.1 Das Gewinnspiel ist ein dreistufiges Zufallsexperiment.
Baumdiagramm:

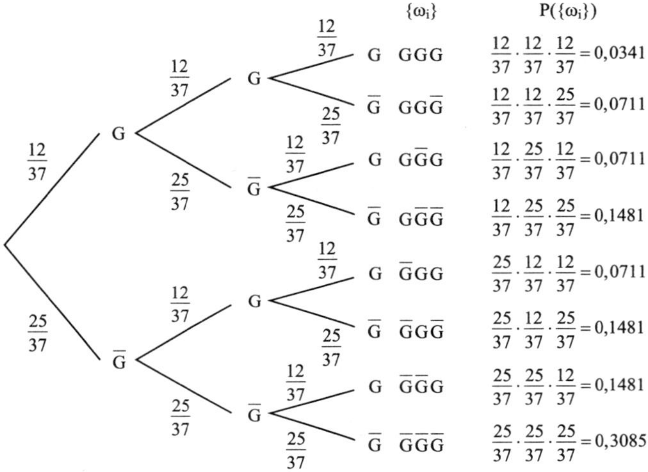

Wahrscheinlichkeitsverteilung der Zufallsgröße X:

x	–3**e**	0	3**e**	6**e**
P(X = x)	0,3085	$3 \cdot 0{,}1481 = 0{,}4443$	$3 \cdot 0{,}0711 = 0{,}2133$	0,0341

Bemerkung: Die Rundung auf vier Nachkommastellen führt zu einer geringen Abweichung bei der Normierungsbedingung.

4.2 Für den Erwartungswert $\mu = E(X)$ der Zufallsgröße X ergibt sich mit **e** = 100:

$E(X) = (-300) \cdot 0{,}3085 + 0 \cdot 0{,}4443 + 300 \cdot 0{,}2133 + 600 \cdot 0{,}0341$
$E(X) = -8{,}1$

Für die Varianz Var(X) gilt:

$\sigma^2 = Var(X) = E(X^2) - (E(X))^2$ (Verschiebungsformel)

$Var(X) = (-300)^2 \cdot 0{,}3085 + 0^2 \cdot 0{,}4443 + 300^2 \cdot 0{,}2133 + 600^2 \cdot 0{,}0341 - 8{,}1^2$
$Var(X) = 59\,172{,}39$

Für die Standardabweichung σ folgt:

$\sigma = \sqrt{Var(X)}$

$\sigma = \sqrt{59\,172{,}39}$

$\sigma = 243{,}25$

5.1 Testgröße T: Anzahl des Ereignisses „Zahl aus dem ersten Dutzend" bei 200 Spielen.
T ist eine $B\left(200; \frac{1}{3}\right)$-verteilte Zufallsgröße.

Testart: einseitiger (linksseitiger) Signifikanztest
Signifikanzniveau: $\alpha = 5\ \%$

Nullhypothese	Gegenhypothese
H_0: $p = \frac{1}{3}$	H_1: $p < \frac{1}{3}$
Annahmebereich von H_0: $A = \{k+1; \ldots; 200\}, k \in \mathbb{N}_0$	Ablehnungsbereich von H_0: $\overline{A} = \{0; \ldots; k\}, k \in \mathbb{N}_0$

Entscheidungsregel: H_0 wird verworfen, wenn gilt:

$P(T \le k) \le 0{,}05$

$F_{\frac{1}{3}}^{200}(k) \le 0{,}05$

Mithilfe der Stochastik-Tabellen ergibt sich:

$k = 55$

Größtmöglicher Ablehnungsbereich von H_0:

$\overline{A} = \{0; 1; \ldots; 55\}$

5.2 Der Fehler 2. Art besteht bei diesem Test darin, dass die Nullhypothese H_0 nicht abgelehnt wird, obwohl sie falsch ist, d. h. Lord Grips entscheidet sich aufgrund des Testergebnisses dafür, dass der Roulettetisch in Ordnung ist, obwohl dies in Wirklichkeit nicht der Fall ist.
Da für die Gegenhypothese keine genaue Wahrscheinlichkeit bekannt ist, lässt sich die Fehlerwahrscheinlichkeit für den Fehler 2. Art nicht ermitteln.

Bayern – FOS · BOS 12 – Fachabiturprüfung 2010
Mathematik (Nichttechnische Ausbildungsrichtungen) – Analysis A I

1.0 Gegeben sind die reellen Funktionen $f_a: x \mapsto -\frac{1}{8}x(x-a)(x-5)^2$ mit $D_{f_a} = \mathbb{R}$ und $a \in \mathbb{R}$.

1.1 Ermitteln Sie in Abhängigkeit von a die Anzahl, Lage und Vielfachheiten der Nullstellen von f_a. (5 BE)

1.2 Bestimmen Sie $a \in \mathbb{R}$ so, dass der Punkt $P\left(4 \mid -\frac{1}{2}\right)$ auf dem Graphen der Funktion f_a liegt. (3 BE)

2.0 Nun wird $a = 3$ gesetzt. Die Funktion f_3 wird im Folgenden kurz mit f bezeichnet. Es gilt: $f(x) = -\frac{1}{8}x(x-3)(x-5)^2$.

2.1 Zeigen Sie, dass sich die Funktion f auch in der Form $f(x) = -\frac{1}{8}(x^4 - 13x^3 + 55x^2 - 75x)$ darstellen lässt. (3 BE)

2.2 Ermitteln Sie Art und Koordinaten der relativen Extrempunkte des Graphen der Funktion f. (9 BE)

2.3 Zeichnen Sie den Graphen der Funktion f im Bereich $-0{,}25 \leq x \leq 6$ mithilfe vorliegender Ergebnisse in ein Koordinatensystem. Maßstab auf beiden Achsen: 1 LE = 1 cm (4 BE)

2.4 Der Graph der Funktion f und die x-Achse schließen im 4. Quadranten ein Flächenstück ein. Berechnen Sie die Maßzahl des Flächeninhalts auf zwei Nachkommastellen genau. (4 BE)

3.0 Forscher untersuchten jeweils fünf Tage lang das Wachstum von Bakteriensorten. Hierbei ergab sich, dass die von den Bakterien bedeckte Fläche annähernd durch die reelle Funktion

$$A: t \mapsto A(t) \text{ mit } A(t) = \frac{1}{8}(t^3 + at^2 + bt + c) \quad \text{mit } a, b, c \in \mathbb{R} \text{ und } t \in [0; 5]$$

beschrieben werden kann, wobei A(t) die bedeckte Fläche (in mm^2) zum Zeitpunkt t (in Tagen) bezeichnet.
Bei einer bestimmten Sorte war zu Beginn des Untersuchungszeitraums ($t = 0$) die von den Bakterien bedeckte Fläche 1 mm^2 groß. Nach zwei Tagen hat der Bestand sein Maximum mit 5 mm^2 erreicht.

3.1 Bestimmen Sie die Koeffizienten a, b und c und damit A(t).
[Ergebnis: $A(t) = \frac{1}{8}(t^3 - 12t^2 + 36t + 8)$] (6 BE)

3.2 Berechnen Sie die von den Bakterien nach drei Stunden bedeckte Fläche gerundet auf eine Nachkommastelle genau. (2 BE)

3.3 Ermitteln Sie die Wendestelle t_W der Funktion A und interpretieren Sie das Ergebnis im Sinne der vorliegenden Thematik. (5 BE)

3.4 Zeichnen Sie für $t \in [0; 5]$ den Graphen der Funktion A mithilfe vorliegender Ergebnisse. (3 BE)

4.0 Ein Schildkrötenbesitzer baut für seine Landschildkröte ein Terrarium mit einem quaderförmigen lichtdurchlässigen Dach der Länge 2a, der Breite a und der Höhe h. Dieses wird auf ein geeignetes Fundament gesetzt. Die lichtdurchlässige Oberfläche soll 4 m^2 betragen. Führen Sie die folgenden Rechnungen ohne Einheiten durch.

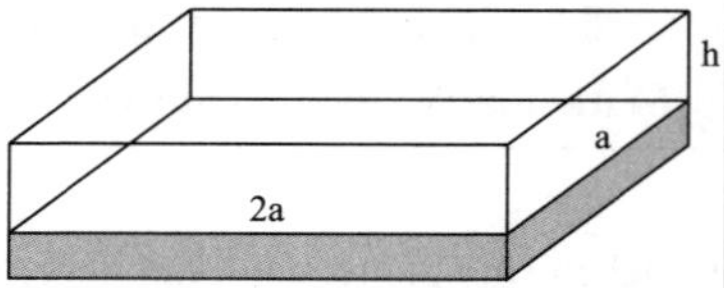

4.1 Bestimmen Sie das Volumen V(a) des Daches in Abhängigkeit von a.
[Mögliches Ergebnis: $V(a) = \frac{4}{3}a - \frac{2}{3}a^3$] (4 BE)

4.2 Bestimmen Sie eine sinnvolle Definitionsmenge D_V der Funktion $V\colon a \mapsto V(a)$ für den in 4.0 gegebenen Sachzusammenhang. (5 BE)

4.3 Ermitteln Sie a so, dass das Volumen des Daches den größten Wert annimmt. Berechnen Sie hierfür auch die zugehörige Höhe h. (7 BE)

(60 BE)

Tipps und Hinweise zur Lösung von Aufgabe A I

Teilaufgabe 1.1

Ermitteln Sie mithilfe der Nullproduktregel die Nullstellen in Abhängigkeit von a und geben Sie deren Anzahl, Lage und Vielfachheiten an.

Teilaufgabe 1.2

Setzen Sie die Koordinaten des gegebenen Punktes in die Funktionsgleichung von f_a ein.

Teilaufgabe 2.1

Zeigen Sie durch Ausmultiplizieren die Äquivalenz der Funktionsterme.

Teilaufgabe 2.2

Ermitteln Sie mithilfe der notwendigen und hinreichenden Bedingungen die Art und die Koordinaten der Extrempunkte des Graphen.

Teilaufgabe 2.3

Zeichnen Sie den Graphen der Funktion f mithilfe vorliegender Ergebnisse und Berechnung zusätzlicher geeigneter Funktionswerte.

Teilaufgabe 2.4

Berechnen Sie die Maßzahl des Flächeninhalts unter Verwendung des bestimmten Integrals.

Teilaufgabe 3.1

Stellen Sie ein lineares Gleichungssystem auf und bestimmen Sie die gesuchten Koeffizienten.

Teilaufgabe 3.2

Beachten Sie, dass 3 Stunden gleich $\frac{3}{24}$ Tage sind.

Teilaufgabe 3.3

Ermitteln Sie mithilfe der notwendigen und hinreichenden Bedingungen die Wendestelle der Funktion A.

Beachten Sie für die Interpretation des Ergebnisses, dass die Wendestelle eine Extremstelle der ersten Ableitung ist.

Teilaufgabe 3.4

Zeichnen Sie den Graphen der Funktion A mithilfe vorliegender Ergebnisse und Berechnung zusätzlicher geeigneter Funktionswerte.

Teilaufgabe 4.1

Verwenden Sie die Volumenformel für den Inhalt des Quaders.

Ermitteln Sie mithilfe der gegebenen Nebenbedingung das Volumen V in Abhängigkeit von a.

Teilaufgabe 4.2

Eine sinnvolle Definitionsmenge ergibt sich aus den positiven Maßzahlen der Kantenlängen des Quaders.

Teilaufgabe 4.3

Bestimmen Sie zunächst das relative Maximum der Funktion V(a).

Zeigen Sie, dass das relative Maximum das absolute ist.

Lösung

1.1 **Nullstellen**

$$f_a(x) = 0 \quad \Leftrightarrow$$

$$\frac{1}{8}x(x-a)(x-5)^2 = 0$$

Mit dem Satz vom Nullprodukt (Nullproduktregel) folgt:

$$x_1 = 0 \ \vee \ x-a = 0 \ \vee \ (x-5)^2 = 0 \quad \Leftrightarrow$$

$$x_1 = 0 \ \vee \quad x_2 = a \ \vee \quad x_{3,4} = 5$$

Fallunterscheidung für a

$a = 0$: eine doppelte Nullstelle $x_{1,2} = 0$
eine doppelte Nullstelle $x_{3,4} = 5$
f_0 hat zwei Nullstellen.

$a = 5$: eine einfache Nullstelle $x_1 = 0$
eine dreifache Nullstelle $x_{2,3,4} = 5$
f_5 hat zwei Nullstellen.

$a \in \mathbb{R} \setminus \{0; 5\}$:
eine einfache Nullstelle $x_1 = 0$
eine einfache Nullstelle $x_2 = a$
eine doppelte Nullstelle $x_{3,4} = 5$
f_a hat drei Nullstellen.

1.2 Es soll gelten:

$$f_a(4) = -\tfrac{1}{2}$$

Somit folgt:

$$-\frac{4}{8}(4-a)(4-5)^2 = -\frac{1}{2} \quad \Leftrightarrow$$

$$-\frac{1}{2}(4-a)\cdot(-1)^2 = -\frac{1}{2} \quad \Leftrightarrow$$

$$4 - a = 1 \quad \Leftrightarrow$$

$$a = 3$$

2.1

$$f(x) = -\frac{1}{8}x(x-3)(x-5)^2$$

$$f(x) = -\frac{1}{8}(x^2-3x)(x^2-10x+25)$$

$$f(x) = -\frac{1}{8}(x^4-10x^3+25x^2-3x^3+30x^2-75x)$$

$$f(x) = -\frac{1}{8}(x^4-13x^3+55x^2-75x)$$

2.2 $f(x) = -\frac{1}{8}(x^4 - 13x^3 + 55x^2 - 75x)$

$f'(x) = -\frac{1}{8}(4x^3 - 39x^2 + 110x - 75)$

$f''(x) = -\frac{1}{8}(12x^2 - 78x + 110)$

Relative Extrempunkte

Notwendige Bedingung: $f'(x) = 0 \Leftrightarrow$

$$-\frac{1}{8}(4x^3 - 39x^2 + 110x - 75) = 0 \Leftrightarrow$$

$$4x^3 - 39x^2 + 110x - 75 = 0$$

Mit 2.0 ist $x_1 = 5$ doppelte Nullstelle und somit relative Extremstelle.

Polynomdivision

$$\begin{array}{l}
(4x^3 - 39x^2 + 110x - 75) : (x - 5) = 4x^2 - 19x + 15 \\
-\underline{(4x^3 - 20x^2)} \\
\qquad -19x^2 + 110x \\
\quad -\underline{(-19x^2 + 95x)} \\
\qquad\qquad 15x - 75 \\
\qquad\quad -\underline{(15x - 75)} \\
\qquad\qquad\qquad 0
\end{array}$$

Weitere Nullstellen

$4x^2 - 19x + 15 = 0$

$D = (-19)^2 - 4 \cdot 4 \cdot 15$

$D = 121 = 11^2 > 0$

$x_{2,3} = \frac{19 \pm 11}{8}$

$x_2 = \frac{15}{4} \vee x_3 = 1$

Hinreichende Bedingung: $f''(x) \neq 0$

$f''(5) = -2{,}5 < 0 \Rightarrow \begin{cases} \text{f hat bei } x_1 = 5 \text{ ein relatives Maximum} \\ H_1(5;\, 0) \text{ relativer Hochpunkt} \end{cases}$

$f''\left(\frac{15}{4}\right) = 1{,}719 > 0 \Rightarrow \begin{cases} \text{f hat bei } x_2 = \frac{15}{4} \text{ ein relatives Minimum} \\ T\left(\frac{15}{4};\, -0{,}55\right) \text{ relativer Tiefpunkt} \end{cases}$

$f''(1) = -5{,}5 < 0 \Rightarrow \begin{cases} \text{f hat bei } x_3 = 1 \text{ ein relatives Maximum} \\ H_2(1;\, 4) \text{ relativer Hochpunkt} \end{cases}$

2.3 Wertetabelle für G_f:

x	−0,25	0	1	2	3	4	5	6
f(x)	−2,8	0	4	2,25	0	−0,5	0	−2,25

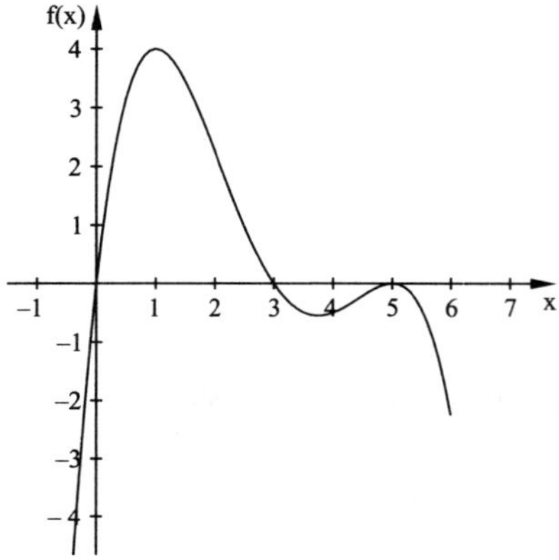

2.4 Die Integrationsgrenzen sind die Nullstellen der Funktion f.

$$A = -\int_3^5 f(x)\,dx$$

$$A = -\int_3^5 \left(-\frac{1}{8}(x^4 - 13x^3 + 55x^2 - 75x)\right) dx$$

$$A = \frac{1}{8}\left[\frac{1}{5}x^5 - \frac{13}{4}x^4 + \frac{55}{3}x^3 - \frac{75}{2}x^2\right]_3^5$$

$$A = \frac{1}{8}\left(\frac{1}{5}\cdot 5^5 - \frac{13}{4}\cdot 5^4 + \frac{55}{3}\cdot 5^3 - \frac{75}{2}\cdot 5^2\right) - \frac{1}{8}\left(\frac{1}{5}\cdot 3^5 - \frac{13}{4}\cdot 3^4 + \frac{55}{3}\cdot 3^3 - \frac{75}{2}\cdot 3^2\right)$$

$$A = 0{,}63$$

3.1 Für die Funktionsgleichung gilt allgemein:

$$A(t) = \frac{1}{8}t^3 + \frac{a}{8}t^2 + \frac{b}{8}t + \frac{c}{8}$$

$$\dot{A}(t) = \frac{3}{8}t^2 + \frac{a}{4}t + \frac{b}{8}$$

(Die Ableitung nach der Zeit t wird durch einen Punkt zum Ausdruck gebracht.)

Die gegebenen Eigenschaften führen zu folgenden Gleichungen:

I $A(0)=1 \Rightarrow \frac{1}{8}\cdot 0^3+\frac{a}{8}\cdot 0^2+\frac{b}{8}\cdot 0+\frac{c}{8}=1$

II $A(2)=5 \Rightarrow \frac{1}{8}\cdot 2^3+\frac{a}{8}\cdot 2^2+\frac{b}{8}\cdot 2+\frac{c}{8}=5$

III $\dot{A}(2)=0 \Rightarrow \frac{3}{8}\cdot 2^2+\frac{a}{4}\cdot 2+\frac{b}{8}=0$

Vereinfacht

I' $\frac{c}{8}=1 \Leftrightarrow c=8$

II' $1+\frac{a}{2}+\frac{b}{4}+\frac{c}{8}=5$

III' $\frac{3}{2}+\frac{a}{2}+\frac{b}{8}=0 \Leftrightarrow \frac{a}{2}+\frac{b}{8}=-\frac{3}{2}$

$c=8$ in II' eingesetzt führt auf:

II" $1+\frac{a}{2}+\frac{b}{4}+1=5 \Leftrightarrow \frac{a}{2}+\frac{b}{4}=3$

II" − III' ergibt:

$\frac{b}{8}=\frac{9}{2} \Leftrightarrow b=36$ in II" eingesetzt ergibt:

II''' $\frac{a}{2}+\frac{36}{4}=3 \Leftrightarrow a=-12$

Ergebnis: $A(t)=\frac{1}{8}(t^3-12t^2+36t+8)$

3.2 Mit 3 Stunden $=\frac{3}{24}$ Tage ergibt sich:

$A\left(\frac{3}{24}\right)=1{,}5$

Ergebnis: Nach 3 Stunden beträgt die bedeckte Fläche 1,5 mm^2.

3.3 $A(t)=\frac{1}{8}(t^3-12t^2+36t+8)$

$\dot{A}(t)=\frac{1}{8}(3t^2-24t+36)$

$\ddot{A}(t)=\frac{1}{8}(6t-24)$

$\dddot{A}(t)=\frac{3}{4}$

Wendestelle

Notwendige Bedingung: $\ddot{A}(t)=0 \Leftrightarrow$

$$\frac{1}{8}(6t-24)=0 \Leftrightarrow$$

$$t=4$$

Hinreichende Bedingung: $\dddot{A}(t) \neq 0$

$\dddot{A}(4) = \frac{3}{4} \neq 0$

Ergebnis: Die Funktion A hat eine Wendestelle bei $t_W = 4$.

Interpretation
Die Wendestelle t_W ist eine Extremstelle der ersten Ableitung $\dot{A}(t)$.

Mit $\dot{A}(4) = -\frac{3}{2} < 0$ folgt: Zum Zeitpunkt $t_W = 4$ (Tagen) ist die momentane Abnahme der bedeckten Fläche am größten.

3.4 Wertetabelle für G_A:

t	0	1	2	3	4	5
A(t)	1,0	4,13	5,0	4,38	3,0	1,63

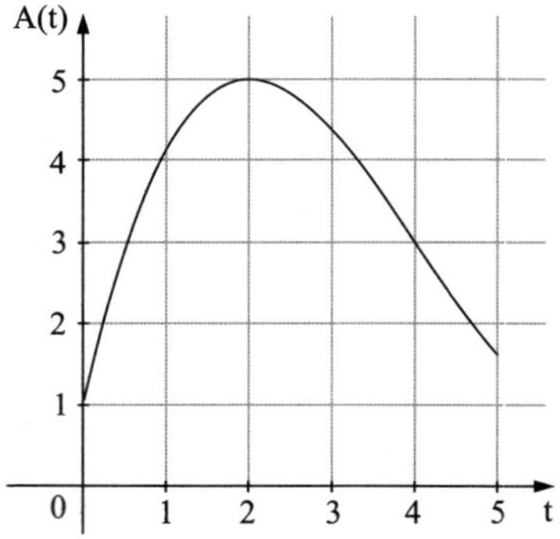

4.1 Für die Volumenmaßzahl V des Terrariums gilt:

$V = 2a \cdot a \cdot h \quad \Leftrightarrow$

$V = 2a^2h$

Für den Oberflächeninhalt S des Daches gilt die Nebenbedingung:

$S = 2a^2 + 6ah$

Mit $S = 4$ folgt:

$2a^2 + 6ah = 4 \quad \Leftrightarrow$

$h = \frac{4 - 2a^2}{6a}$

Somit folgt für die Volumenmaßzahl:

$V(a) = 2a^2 \cdot \frac{4 - 2a^2}{6a} \quad \Leftrightarrow$

$V(a) = \frac{4}{3}a - \frac{2}{3}a^3$

4.2 Für die Definitionsmenge D_V ergibt sich:

$$V(a) = \frac{4}{3}a - \frac{2}{3}a^3 = \frac{2}{3}a \cdot (2 - a^2)$$

Mit $V(a) > 0$ folgt:

$$\frac{2}{3}a \cdot (2 - a^2) > 0$$

Mit $a > 0$ folgt:

$$2 - a^2 > 0 \quad \Leftrightarrow$$

$$a^2 < 2 \quad \Leftrightarrow$$

$$-\sqrt{2} < a < \sqrt{2}$$

Für die Definitionsmenge D_V ergibt sich mit $a > 0$:

$$D_V =]\,0; \sqrt{2}\,[$$

4.3 $V(a) = \frac{4}{3}a - \frac{2}{3}a^3, \qquad D_V =]\,0; \sqrt{2}\,[$

$V'(a) = \frac{dV(a)}{da} = \frac{4}{3} - 2a^2, \qquad D_{V'} =]\,0; \sqrt{2}\,[$

$V''(a) = \frac{d^2V(a)}{da^2} = -4a, \qquad D_{V''} =]\,0; \sqrt{2}\,[$

Relatives Maximum

Notwendige Bedingung: $V'(a) = 0 \quad \Leftrightarrow$

$$\frac{4}{3} - 2a^2 = 0 \quad \Leftrightarrow$$

$$a^2 = \frac{2}{3} \quad \Leftrightarrow$$

$$a_1 = \sqrt{\frac{2}{3}} \vee a_2 = -\sqrt{\frac{2}{3}} \notin D_V$$

Hinreichende Bedingung: $V''(a) < 0$

$$V''\left(\sqrt{\frac{2}{3}}\right) = -4 \cdot \sqrt{\frac{2}{3}} < 0$$

Die Funktion V(a) hat bei $a_1 = \sqrt{\frac{2}{3}}$ ein relatives Maximum. Die Funktion V'(a) hat im Intervall $]\,0; \sqrt{2}\,[$ nur eine Nullstelle, somit tritt keine weitere Änderung des Monotonieverhaltens im angegebenen Bereich auf. Das relative Maximum ist absolutes Maximum der Funktion V(a).

Berechnung der maximalen Höhe h_{max}:

$$h_{max} = \frac{4 - 2\left(\sqrt{\frac{2}{3}}\right)^2}{6 \cdot \sqrt{\frac{2}{3}}}$$

$$h_{max} = 0{,}54$$

Bayern – FOS · BOS 12 – Fachabiturprüfung 2010
Mathematik (Nichttechnische Ausbildungsrichtungen) – Analysis A II

1.0 Der Graph G_f einer ganzrationalen Funktion f dritten Grades besitzt den Extrempunkt $E(4|0)$, schneidet die y-Achse im Punkt $(0|3)$ und hat an der Stelle $x_W = \frac{7}{3}$ einen Wendepunkt.

1.1 Bestimmen Sie den Funktionsterm f(x).
[Mögliches Ergebnis: $f(x) = \frac{3}{16}(x^3 - 7x^2 + 8x + 16)$] (9 BE)

1.2 Berechnen Sie die Nullstellen der Funktion f mit Vielfachheiten. (5 BE)

1.3 Bestimmen Sie Art und Koordinaten der relativen Extrempunkte des Graphen G_f auf zwei Nachkommastellen genau. (5 BE)

1.4 Zeichnen Sie den Graphen G_f im Bereich $-1{,}5 \le x \le 5$ mithilfe vorliegender und weiterer geeigneter Funktionswerte in ein Koordinatensystem.
Maßstab auf beiden Achsen: 1 LE = 1 cm (4 BE)

2.0 Gegeben sind die reellen Funktionen
$g_a\colon x \mapsto \frac{1}{8}(ax^4 - 4x^3)$ mit $a \in \mathbb{R} \wedge a > 0$ und $D_{g_a} = \mathbb{R}$. Der Graph wird mit G_{g_a} bezeichnet.

2.1 Ermitteln Sie die Koordinaten sämtlicher Punkte mit waagrechter Tangente des Graphen G_{g_a} und deren Art. (7 BE)

2.2 Bestimmen Sie die maximalen Krümmungsintervalle und die Koordinaten der Wendepunkte des Graphen G_{g_a}. (7 BE)

2.3 Berechnen Sie a so, dass die Graphen G_f aus Teilaufgabe 1.1 und G_{g_a} bei $x = 4$ einen gemeinsamen Punkt besitzen.
[Ergebnis: $a = 1$] (2 BE)

2.4 Zeichnen Sie den Graphen der Funktion g_1 mit $g_1(x) = \frac{1}{8}x^4 - \frac{1}{2}x^3$ im Bereich $-1{,}5 \le x \le 4{,}5$ mithilfe vorliegender Ergebnisse in das vorhandene Koordinatensystem ein. (4 BE)

2.5 Die Graphen G_f und G_{g_1} schließen im 1. und 4. Quadranten zusammen mit der y-Achse ein endliches Flächenstück ein. Berechnen Sie die Maßzahl seines Inhalts. (5 BE)

3.0 Eine Biogasanlage besteht aus einem zylinderförmigen, oben offenen Grundkörper, das Dach der Höhe h ist kegelförmig (siehe nebenstehende Skizze des Querschnitts).
Die Mantellänge s des Kegels beträgt 15 m. Die folgenden Rechnungen werden ohne Einheiten durchgeführt.

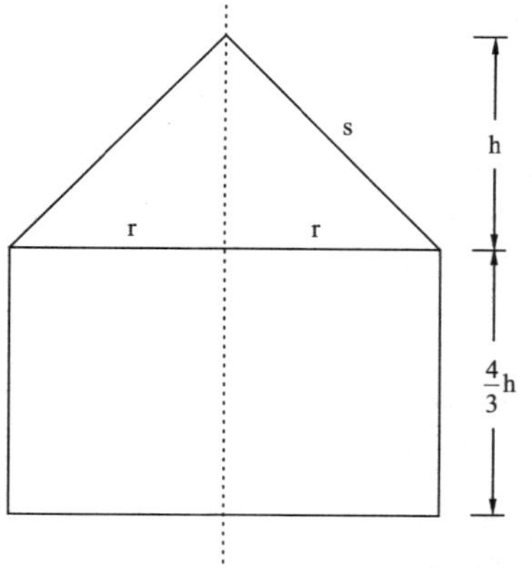

3.1 Stellen Sie die Maßzahl V des Volumens der gesamten Biogasanlage in Abhängigkeit von der Höhe h dar und geben Sie eine im gegebenen Sachzusammenhang sinnvolle Definitionsmenge der Funktion V: $h \mapsto V(h)$ an.
[Mögliches Teilergebnis: $V(h) = (375h - \frac{5}{3}h^3) \cdot \pi$] (6 BE)

3.2 Berechnen Sie h so, dass das Volumen den absolut größten Wert annimmt. Runden Sie dabei nicht. Bestimmen Sie auf den nächsten ganzzahligen Wert gerundet den Wert V_{max} des maximalen Volumens. (6 BE)

(60 BE)

Tipps und Hinweise zur Lösung von Aufgabe A II

Teilaufgabe 1.1

- Verwenden Sie den Ansatz $f(x) = ax^3 + bx^2 + cx + d$.
- Ermitteln Sie die erste und zweite Ableitung der Funktion f.
- Stellen Sie mithilfe der gegebenen Eigenschaften ein lineares Gleichungssystem auf und bestimmen Sie die gesuchten Koeffizienten („Steckbriefaufgabe“).

Teilaufgabe 1.2

- Bestimmen Sie eine Nullstelle der Funktion f durch sinnvolles Probieren und führen Sie eine Polynomdivision durch.

Teilaufgabe 1.3

- Ermitteln Sie mithilfe der notwendigen und hinreichenden Bedingungen die Art und die Koordinaten der Extrempunkte des Graphen.

Teilaufgabe 1.4

- Zeichnen Sie den Graphen der Funktion f mithilfe vorliegender Ergebnisse und Berechnung zusätzlicher geeigneter Funktionswerte.

Teilaufgabe 2.1

- Ermitteln Sie mithilfe der notwendigen und hinreichenden Bedingungen die Koordinaten der Punkte mit waagrechter Tangente des Graphen G_{g_a}.

Teilaufgabe 2.2

- Das Krümmungsverhalten des Graphen ermitteln Sie mithilfe der zweiten Ableitung.
- Das Vorzeichen von g_a'' bestimmt das Krümmungsverhalten in einem Intervall.
- Aus der Änderung des Krümmungsverhaltens ergeben sich die Wendepunkte des Graphen.

Teilaufgabe 2.3

- Bestimmen Sie den Funktionswert f(4) und berechnen Sie damit den Wert a.

Teilaufgabe 2.4

- Zeichnen Sie den Graphen der Funktion g_1 mithilfe vorliegender Ergebnisse in das Koordinatensystem von Teilaufgabe 1.4 ein.

Teilaufgabe 2.5

- Berechnen Sie die Maßzahl des Flächeninhalts unter Verwendung des bestimmten Integrals.

Teilaufgabe 3.1

- Verwenden Sie die Volumenformel für den Inhalt des Zylinders und des Kegels.
- Ermitteln Sie mithilfe der gegebenen Nebenbedingung das Volumen V in Abhängigkeit von der Höhe h.
- Eine sinnvolle Definitionsmenge D_V ergibt sich aus der jeweils positiven Maßzahl des Radius r und der Höhe h.

Teilaufgabe 3.2

- Bestimmen Sie zunächst das relative Maximum der Funktion V(h).
- Zeigen Sie, dass das relative Maximum das absolute ist.

Lösung

1.1 Für die Funktionsgleichung gilt allgemein:

$f(x) = ax^3 + bx^2 + cx + d$

$f'(x) = 3ax^2 + 2bx + c$

$f''(x) = 6ax + 2b$

Die gegebenen Eigenschaften führen zu den folgenden Gleichungen:

I	$f(0) = 3 \Rightarrow$	$a \cdot 0^3 + b \cdot 0^2 + c \cdot 0 + d = 3$	$(P(0;3) \in G_f)$
II	$f(4) = 0 \Rightarrow$	$a \cdot 4^3 + b \cdot 4^2 + c \cdot 4 + d = 0$	$(E(4;0) \in G_f)$
III	$f'(4) = 0 \Rightarrow$	$3a \cdot 4^2 + 2b \cdot 4 + c = 0$	(E ist Extrempunkt)
IV	$f''\left(\frac{7}{3}\right) = 0 \Rightarrow$	$6a \cdot \frac{7}{3} + 2b = 0$	$\left(\text{Wendestelle } x_W = \frac{7}{3}\right)$

Vereinfacht

I' $\quad d = 3$

II' $\quad 64a + 16b + 4c + d = 0$

III' $\quad 48a + 8b + c = 0$

IV' $\quad 14a + 2b = 0 \Leftrightarrow b = -7a$

I' und IV' in II' und III' eingesetzt ergibt:

II'' $\quad 64a + 16(-7a) + 4c + 3 = 0 \Leftrightarrow$

$-48a + 4c + 3 = 0$

III'' $\quad 48a + 8(-7a) + c = 0 \Leftrightarrow$

$48a - 56a + c = 0 \Leftrightarrow$

$-8a + c = 0 \Leftrightarrow$

$c = 8a$

III'' in II'' eingesetzt ergibt:

II''' $\quad -48a + 4 \cdot 8a + 3 = 0 \Leftrightarrow$

$-16a + 3 = 0 \Leftrightarrow$

$a = \frac{3}{16}$

II''' in III'' und IV' eingesetzt ergibt:

$c = \frac{3}{2}$ und $b = -\frac{21}{16}$

Ergebnis:

$f(x) = \frac{3}{16}x^3 - \frac{21}{16}x^2 + \frac{3}{2}x + 3$

1.2 $f(x)=\frac{3}{16}x^3-\frac{21}{16}x^2+\frac{3}{2}x+3$

$f(x)=\frac{3}{16}(x^3-7x^2+8x+16)$

Nullstellen

$f(x)=0 \quad \Leftrightarrow \quad x^3-7x^2+8x+16=0$

$x_1=4$ ist Lösung dieser Gleichung nach Teilaufgabe 1.1.

Polynomdivision

$$
\begin{array}{l}
(x^3-7x^2+8x+16):(x-4)=x^2-3x-4 \\
\underline{-(x^3-4x^2)} \\
\quad -3x^2+\ 8x \\
\quad \underline{-(-3x^2+12x)} \\
\qquad\quad -4x+16 \\
\qquad\quad \underline{-(-4x+16)} \\
\qquad\qquad\quad 0
\end{array}
$$

Weitere Nullstellen

$x^2-3x-4=0$

$D=(-3)^2-4\cdot 1\cdot(-4)$

$D=9+16=25=5^2>0$

$x_{2,3}=\frac{3\pm 5}{2}$

$x_2=4 \vee x_3=-1$

doppelte Nullstelle $x_{1,2}=4$
einfache Nullstelle $x_3=-1$

1.3 $f'(x)=\frac{3}{16}(3x^2-14x+8)$

$f''(x)=\frac{3}{16}(6x-14)$

Relative Extrempunke

Notwendige Bedingung: $f'(x)=0 \quad \Leftrightarrow$

$$\frac{3}{16}(3x^2-14x+8)=0 \quad \Leftrightarrow$$

$$3x^2-14x+8=0$$

$D = (-14)^2 - 4 \cdot 3 \cdot 8$

$D = 196 - 96$

$D = 100 = 10^2 > 0$

$x_{2,3} = \frac{14 \pm 10}{6}$

$x_2 = 4 \vee x_3 = \frac{2}{3}$

Hinreichende Bedingung: $f''(x) \neq 0$

$f''(4) = \frac{3}{16}(6 \cdot 4 - 14) \Leftrightarrow$

$f''(4) = \frac{15}{8} > 0 \quad \Rightarrow \begin{cases} \text{f hat bei } x = 4 \text{ ein relatives Minimum} \\ T(4; 0) \text{ relativer Tiefpunkt} \end{cases}$

$f''\left(\frac{2}{3}\right) = \frac{3}{16}(6 \cdot \frac{2}{3} - 14) \Leftrightarrow$

$f''\left(\frac{2}{3}\right) = -\frac{15}{8} < 0 \quad \Rightarrow \begin{cases} \text{f hat bei } x = \frac{2}{3} \text{ ein relatives Maximum} \\ H\left(\frac{2}{3}; 3{,}47\right) \text{ relativer Hochpunkt} \end{cases}$

1.4 Wertetabelle für G_f:

x	−1,5	−1	−0,5	0	0,5	1	1,5	2	2,5	3	3,5	4	4,5	5
f(x)	−2,84	0	1,90	3	3,45	3,38	2,93	2,25	1,48	0,75	0,21	0	0,26	1,13

Wertetabelle für G_{g_1}:

x	−1,5	−1	−0,5	0	0,5	1	1,5	2	2,5	3	3,5	4	4,5
$g_1(x)$	2,32	0,63	0,07	0	−0,05	−0,38	−1,06	−2	−2,93	−3,38	−2,68	0	5,70

Grafik für Teilaufgabe 1.4 und 2.4

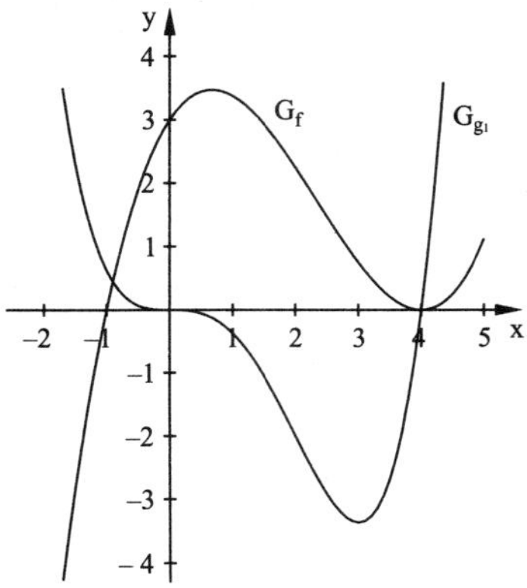

2.1 $g_a(x) = \frac{1}{8}(ax^4 - 4x^3)$ mit $a \in \mathbb{R} \wedge a > 0$ und $D_{g_a} = \mathbb{R}$

$g_a'(x) = \frac{1}{8}(4ax^3 - 12x^2)$

$g_a''(x) = \frac{1}{8}(12ax^2 - 24x)$

$g_a'''(x) = \frac{1}{8}(24ax - 24)$

Punkte mit waagrechter Tangente

Notwendige Bedingung: $g_a'(x) = 0 \quad \Leftrightarrow$

$$\frac{1}{8}(4ax^3 - 12x^2) = 0 \quad \Leftrightarrow$$

$$ax^3 - 3x^2 = 0 \quad \Leftrightarrow$$

$$x^2(ax - 3) = 0 \quad \Leftrightarrow$$

$$x^2 = 0 \vee ax - 3 = 0 \quad \Leftrightarrow$$

$$x_{1,2} = 0 \vee \quad x_3 = \frac{3}{a}$$

Art der Punkte mit waagrechter Tangente

Hinreichende Bedingung:

$x_{1,2} = 0$ ist eine doppelte Nullstelle von $g_a'(x)$ und somit Terrassenstelle.

W(0; 0) ist Terrassenpunkt von G_{g_a}.

Für x_3 gilt:

$$g_a''\left(\frac{3}{a}\right) = \frac{1}{8}\left(12a \cdot \left(\frac{3}{a}\right)^2 - 24 \cdot \frac{3}{a}\right)$$

$$g_a''\left(\frac{3}{a}\right) = \frac{1}{8}\left(\frac{108}{a} - \frac{72}{a}\right) = \frac{36}{8a} = \frac{9}{2a} > 0 \Rightarrow \begin{cases} g_a \text{ hat bei } x = \frac{3}{a} \text{ ein relatives Minimum} \\ T\left(\frac{3}{a}; -\frac{27}{8a^3}\right) \text{ relativer Tiefpunkt} \end{cases}$$

2.2 Das **Krümmungsverhalten** wird mit der 2. Ableitung ermittelt:

$g_a''(x) = \frac{1}{8}(12ax^2 - 24x)$

$g_a''(x) = \frac{3}{2}(ax^2 - 2x)$

Linkskrümmung: $g_a''(x) > 0$

$$\frac{3}{2}(ax^2 - 2x) > 0 \quad \Leftrightarrow$$
$$x(ax-2) > 0 \quad \Leftrightarrow$$
$$(x > 0 \wedge ax - 2 > 0) \vee (x < 0 \wedge ax - 2 < 0) \quad \Leftrightarrow$$
$$\left(x > 0 \wedge x > \frac{2}{a}\right) \vee \left(x < 0 \wedge x < \frac{2}{a}\right) \quad \Leftrightarrow$$
$$x > \frac{2}{a} \vee x < 0$$

g_a' ist im gesamten Definitionsbereich stetig, somit folgt:

G_{g_a} ist linksgekrümmt im Intervall $]-\infty; 0]$ sowie im Intervall $\left[\frac{2}{a}; \infty\right[$.

Rechtskrümmung: $g_a''(x) < 0$

$$\frac{3}{2}(ax^2 - 2x) < 0 \quad \Leftrightarrow$$
$$x(ax-2) < 0 \quad \Leftrightarrow$$
$$(x > 0 \wedge ax - 2 < 0) \vee (x < 0 \wedge ax - 2 > 0) \quad \Leftrightarrow$$
$$\left(x > 0 \wedge x < \frac{2}{a}\right) \vee \left(x < 0 \wedge x > \frac{2}{a}\right) \quad \Leftrightarrow$$
$$0 < x < \frac{2}{a} \vee \{\ \}$$

$g_a'(x)$ ist im gesamten Definitionsbereich stetig, somit folgt:

G_{g_a} ist rechtsgekrümmt im Intervall $\left[0; \frac{2}{a}\right]$.

Aus der Änderung des Krümmungsverhaltens an der Stelle $x = \frac{2}{a}$ folgt der Wendepunkt $W_1\left(\frac{2}{a}; -\frac{2}{a^3}\right)$.

Mit Teilaufgabe 2.1 ergibt sich der Terrassenpunkt $W_2(0; 0)$.

2.3 Es muss gelten: $f(4) = g_a(4)$

Aus 1.0 folgt: $f(4) = 0$

$$g_a(4) = 0$$

Somit:

$$\frac{1}{8}(a \cdot 4^4 - 4 \cdot 4^3) = 0 \quad \Leftrightarrow$$
$$256a - 256 = 0 \quad \Leftrightarrow$$
$$a = 1$$

2.4 Der Graph der Funktion g_1 ist in das Koordinatensystem von Teilaufgabe 1.4 eingezeichnet.

2.5 Wegen Teilaufgabe 2.3 ist der relevante Schnittpunkt der Graphen von g_1 und f der Punkt S(4; 0).
Die Schnittstelle ist die obere Integrationsgrenze.
Es gilt:

$$A = \int_0^4 (f(x) - g_1(x))\,dx$$

$$A = \int_0^4 \left[\frac{3}{16}x^3 - \frac{21}{16}x^2 + \frac{3}{2}x + 3 - \left(\frac{1}{8}x^4 - \frac{1}{2}x^3\right)\right] dx$$

$$A = \int_0^4 \left(-\frac{1}{8}x^4 + \frac{11}{16}x^3 - \frac{21}{16}x^2 + \frac{3}{2}x + 3\right) dx$$

$$A = \left[-\frac{1}{40}x^5 + \frac{11}{64}x^4 - \frac{7}{16}x^3 + \frac{3}{4}x^2 + 3x\right]_0^4$$

$$A = -\frac{1}{40}4^5 + \frac{11}{64}4^4 - \frac{7}{16}4^3 + \frac{3}{4}4^2 + 3 \cdot 4 - 0$$

$$A = \frac{72}{5}$$

3.1 Für die Volumenmaßzahl V der Biogasanlage gilt:

$$V = \pi r^2 \cdot \frac{4}{3}h + \frac{1}{3}\pi r^2 \cdot h \quad \Leftrightarrow$$

$$V = \frac{5}{3}\pi r^2 h$$

Für das kegelförmige Dach gilt die Nebenbedingung:

$$r^2 + h^2 = s^2 = 15^2 \quad \Leftrightarrow$$

$$r^2 = 225 - h^2 \quad (*)$$

Somit folgt für die Volumenmaßzahl V(h):

$$V(h) = \frac{5}{3}\pi(225 - h^2) \cdot h \quad \Leftrightarrow$$

$$V(h) = \left(375h - \frac{5}{3}h^3\right) \cdot \pi$$

Wegen $r > 0$ folgt aus (*):

$$225 - h^2 > 0 \quad \Leftrightarrow$$

$$h^2 < 225 \quad \Leftrightarrow$$

$$-15 < h < 15$$

Für die Definitionsmenge D_V ergibt sich wegen $h > 0$:
$D_V =]\,0; 15\,[$

3.2 $V(h) = (375h - \frac{5}{3}h^3) \cdot \pi, \qquad D_V =]\,0; 15\,[$

$V'(h) = (375 - 5h^2) \cdot \pi, \qquad D_{V'} =]\,0; 15\,[$

$V''(h) = -10\pi \cdot h, \qquad D_{V''} =]\,0; 15\,[$

Relative Extrempunkte

Notwendige Bedingung: $V'(h) = 0 \quad \Leftrightarrow$

$(375 - 5h^2) \cdot \pi = 0 \quad \Leftrightarrow$

$h^2 = 75 \quad \Leftrightarrow$

$h_1 = 5\sqrt{3} \;\vee\; h_2 = -5\sqrt{3} \notin D_V$

Hinreichende Bedingung: $V''(h_1) < 0$

$V''(5\sqrt{3}) = -10\pi \cdot 5\sqrt{3} = -50\sqrt{3} \cdot \pi < 0$

Die Funktion V(h) hat bei $h_1 = 5\sqrt{3}$ ein relatives Maximum. Die Funktion V'(h) hat im Intervall] 0; 15 [nur eine Nullstelle, somit tritt keine weitere Änderung des Monotonieverhaltens im angegebenen Bereich auf. Das relative Maximum ist absolutes Maximum der Funktion V(h).

Berechnung des maximalen Volumens V_{max}:

$V_{max} = V(5\sqrt{3})$

$V_{max} = \left(375 \cdot 5\sqrt{3} - \frac{5}{3} \cdot (5\sqrt{3})^3\right) \cdot \pi$

$V_{max} = 6\,802$

Bayern – FOS · BOS 12 – Fachabiturprüfung 2010
Mathematik (Nichttechnische Ausbildungsrichtungen) – Stochastik S I

1.0 Ein Campingplatzbesitzer stellt für die neue Saison seine Reservierungs- und Abrechnungsmodalitäten aus Vereinfachungsgründen um. Er vermietet nur noch große (g), mittlere (m) und kleine (k) Stellplätze, die jeweils mit Stromanschluss (S) oder ohne ($\overline{S}$) gebucht werden können. Aus den vergangenen Jahren hat er folgende Informationen:
Von allen Mietern entscheiden sich 50 % für einen großen und 30 % für einen mittleren Stellplatz. Mieter auf dem großen Stellplatz entscheiden sich zu 70 % für einen Stromanschluss, bei dem kleinen Stellplatz sind es nur 30 %. Von allen Mietern entscheiden sich 18 % für einen mittleren Stellplatz mit Stromanschluss.
Die Auswahl eines beliebigen Stellplatzes und die Entscheidung für oder gegen einen Stromanschluss wird als Zufallsexperiment aufgefasst. Die relativen Häufigkeiten werden als Wahrscheinlichkeiten interpretiert.

1.1 Bestimmen Sie mithilfe eines Baumdiagramms die Wahrscheinlichkeiten aller sechs Elementarereignisse. (5 BE)

1.2 Betrachtet werden nun folgende Ereignisse:
E_1: „Ein Stellplatz mit Stromanschluss wird gewählt.“
E_2: „Es wird ein mittlerer oder kleiner Stellplatz gewählt.“
Geben Sie beide Ereignisse in aufzählender Mengenschreibweise an und untersuchen Sie E_1 und E_2 auf stochastische Unabhängigkeit sowie auf Unvereinbarkeit. (7 BE)

1.3 Gegen Ende einer Saison sind erfahrungsgemäß noch 30 Stellplätze belegt. Es gelten weiterhin die Wahrscheinlichkeiten aus 1.0.
Berechnen Sie die Wahrscheinlichkeiten folgender Ereignisse:
E_3: „Es sind genau 10 Stellplätze mittlerer Größe belegt.“
E_4: „Es sind mehr als acht und höchstens 15 große Stellplätze belegt.“
E_5: „Es ist höchstens ein kleiner Stellplatz ohne Stromanschluss belegt.“ (7 BE)

1.4 Erfahrungsgemäß haben 85 % der Camper im Voraus gebucht. Berechnen Sie die Wahrscheinlichkeit, dass von den nächsten 20 Ankommenden genau drei nicht vorgebucht haben und diese hintereinander folgen. (3 BE)

2.0 Der Campingplatzbetreiber hat nun die Plätze je nach Lage in die drei Qualitätsstufen A, B und C unterteilt. In jeder Lage kann der Platz mit (S) oder ohne ($\overline{S}$) Stromanschluss gewählt werden. Die Zufallsgröße X ergibt die Nummer der Kategorie des gebuchten Platzes an. Aufgrund langjähriger Aufzeichnungen geht er von folgender Wahrscheinlichkeitsverteilung mit den Parametern $a, b \in \mathbb{R}$ aus:

ω	$A\overline{S}$	AS	$B\overline{S}$	BS	$C\overline{S}$	CS
x	1	2	3	4	5	6
$P(X=x)$	0	0,15	0,03	0,21	a	b

2.1 Berechnen Sie die Werte der Parameter a und b, wenn $E(X)=4{,}8$ gilt.
[Teilergebnis: $a=0{,}09$] (4 BE)

2.2 In einer Aktionswoche werden die Stellplatzkosten pro Tag auf 10 € für einen Stellplatz der Lage A, 14 € für Lage B und 18 € für Lage C festgesetzt. Der Stromanschluss ist dabei **nicht** enthalten. Die Kosten für einen Stromanschluss sind unabhängig von der Wahl des Stellplatzes jeweils gleich und sollen so festgelegt werden, dass der Besitzer bei täglich 50 belegten Stellplätzen durchschnittlich 880 € einnimmt.
Berechnen Sie, was ein Stromanschluss pro Tag unter diesen Bedingungen für den Urlauber kostet. (6 BE)

3.0 Der Campingplatzbesitzer bezieht von einem Flüssiggaslieferanten 5 kg-Gasflaschen. Der Lieferant garantiert, dass das Füllgewicht nur in 3 % aller Fälle unterschritten wird. Der misstrauische Campingplatzbesitzer vermutet, dass mehr als 3 % der Gasflaschen das Füllgewicht unterschreiten (Gegenhypothese). Zur Überprüfung testet der Lieferant aus einer größeren Lieferung 100 Flaschen.

3.1 Geben Sie zu diesem Test die Testgröße sowie die Nullhypothese an und ermitteln Sie deren größtmöglichen Ablehnungsbereich, wenn das Signifikanzniveau 5 % betragen soll. (6 BE)

3.2 Erklären Sie kurz, worin bei diesem Test der Fehler 2. Art besteht. (2 BE)

(40 BE)

Tipps und Hinweise zur Lösung von Aufgabe S I

Teilaufgabe 1.1

- Es liegt ein zweistufiges Zufallsexperiment vor. Ermitteln Sie die Wahrscheinlichkeiten der zweiten Stufe mithilfe der Verzweigungsregel.
- Tragen Sie in das Baumdiagramm die ermittelten Wahrscheinlichkeiten ein und wenden Sie die Pfadregeln an.

Teilaufgabe 1.2

- Die beiden Ereignisse E_1 und E_2 sind stochastisch unabhängig, wenn die Produktregel $P(E_1 \cap E_2) = P(E_1) \cdot P(E_2)$ erfüllt ist.
- Die beiden Ereignisse sind stochastisch unvereinbar genau dann, wenn $E_1 \cap E_2 = \{\ \}$.

Teilaufgabe 1.3

- Überlegen Sie sich Länge und Trefferwahrscheinlichkeit der jeweiligen Bernoulli-Kette.

Teilaufgabe 1.4

- Es liegt eine bestimmte Serie einer Bernoulli-Kette vor.

Teilaufgabe 2.1

- Stellen Sie ein lineares Gleichungssystem mithilfe der Normierungsbedingung $\sum_{i=1}^{n} W(x_i) = 1$ und den weiteren Eigenschaften auf.

Teilaufgabe 2.2

- Berechnen Sie mithilfe des Erwartungswertes die Kosten des Stromanschlusses pro Tag.

Teilaufgabe 3.1

- Der Ablehnungsbereich der Nullhypthese H_0 hat die Gestalt $\overline{A} = \{a+1; \ldots; 100\}$.
- Bestimmen Sie mithilfe der kumulativen Tabelle den Randwert.

Teilaufgabe 3.2

- Der Fehler 2. Art besteht darin, dass die Nullhypothese H_0 angenommen wird, obwohl sie falsch ist.

Lösung

1.1 Es gilt:
$P(\{mS\}) = P(\{m\}) \cdot P(\{S\}) = 0{,}18$
Mit $P(\{m\}) = 0{,}3$ folgt:

$$P(\{S\}) = \frac{0{,}18}{0{,}3} = 0{,}6$$

Baumdiagramm:

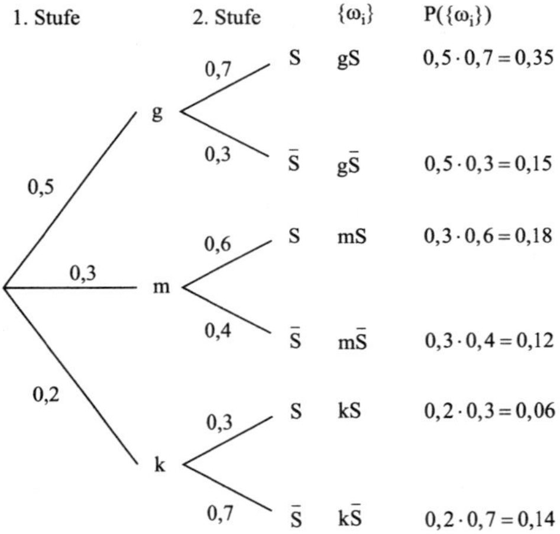

1.2 E_1: „Ein Stellplatz mit Stromanschluss wird gewählt."
In aufzählender Mengenschreibweise ist:

$E_1 = \{gS; mS; kS\}$

Für die Wahrscheinlichkeit ergibt sich:

$P(E_1) = P(\{gS\}) + P(\{mS\}) + P(\{kS\})$
$P(E_1) = 0{,}35 + 0{,}18 + 0{,}06$
$P(E_1) = 0{,}59$

E_2: „Es wird ein mittlerer oder kleiner Stellplatz gewählt."
In aufzählender Mengenschreibweise ist:

$E_2 = \{mS; m\overline{S}; kS; k\overline{S}\}$

Für die Wahrscheinlichkeit ergibt sich:

$P(E_2) = P(\{mS\}) + P(\{m\overline{S}\}) + P(\{kS\}) + P(\{k\overline{S}\})$
$P(E_2) = 0{,}18 + 0{,}12 + 0{,}06 + 0{,}14$
$P(E_2) = 0{,}50$

Es gilt:

$E_1 \cap E_2 = \{mS; kS\}$

Für die Wahrscheinlichkeit ergibt sich:

$P(E_1 \cap E_2) = P(\{mS\}) + P(\{kS\})$
$P(E_1 \cap E_2) = 0{,}18 + 0{,}06$
$P(E_1 \cap E_2) = 0{,}24$

Somit:

$P(E_1) \cdot P(E_2) = 0{,}59 \cdot 0{,}50 = 0{,}295$, d. h. $P(E_1) \cdot P(E_2) \neq P(E_1 \cap E_2)$

$\Rightarrow$ Die Ereignisse E_1 und E_2 sind stochastisch abhängig.

Es gilt:

$P(E_1 \cap E_2) = 0{,}24 \neq 0$, d. h. $E_1 \cap E_2 \neq \{\,\}$

$\Rightarrow$ Die Ereignisse E_1 und E_2 sind vereinbar.

1.3 Binomialverteilte Zufallsgröße X mit $n = 30$ und $p = 0{,}30$
$P(E_3) = B(30; 0{,}30; 10) = 0{,}14156$

Binomialverteilte Zufallsgröße Y mit $n = 30$ und $p = 0{,}50$

$P(E_4) = P(8 < Y \leq 15) = F_{0{,}50}^{30}(15) - F_{0{,}50}^{30}(8)$

Mit den Stochastik-Tabellen ergibt sich:
$P(8 < Y \leq 15) = 0{,}57223 - 0{,}00806$
$P(8 < Y \leq 15) = 0{,}56417$

Binomialverteilte Zufallsgröße Z mit $n = 30$ und $p = 0{,}14$
$P(E_5) = P(Z = 0) + P(Z = 1)$

$$P(E_5) = \binom{30}{0} \cdot 0{,}14^0 \cdot 0{,}86^{30} + \binom{30}{1} \cdot 0{,}14^1 \cdot 0{,}86^{29}$$

$P(E_5) = 1 \cdot 1 \cdot 0{,}86^{30} + 30 \cdot 0{,}14 \cdot 0{,}86^{29}$

$P(E_5) = 0{,}06377$

1.4 Das Zufallsexperiment kann als Bernoulli-Kette der Länge $n = 20$ mit dem Parameter $p = 0{,}15$ angesehen werden.

E_6: „Von den nächsten 20 Ankommenden haben genau drei nicht vorgebucht und folgen hintereinander."

$P(E_6) = 18 \cdot 0{,}15^3 \cdot 0{,}85^{17}$ (Wahrscheinlichkeit für eine bestimmte Serie)
$P(E_6) = 0{,}00383$

2.1 Wahrscheinlichkeitsverteilung der Zufallsgröße X:

x	1	2	3	4	5	6
P(X = x)	0	0,15	0,03	0,21	a	b

Aus der Normierungsbedingung $\sum_{i=1}^{n} W(x_i) = 1$ folgt:

$$\text{I} \quad 0 + 0{,}15 + 0{,}03 + 0{,}21 + a + b = 1 \quad \Leftrightarrow$$
$$a + b = 0{,}61$$

Für den Erwartungswert $\mu = E(X)$ gilt: $E(X) = 4{,}8$
Dies führt zur Gleichung:

$$\text{II} \quad 1 \cdot 0 + 2 \cdot 0{,}15 + 3 \cdot 0{,}03 + 4 \cdot 0{,}21 + 5 \cdot a + 6 \cdot b = 4{,}8 \quad \Leftrightarrow$$
$$5a + 6b = 3{,}57$$

Aus Gleichung I folgt $a = 0{,}61 - b$, eingesetzt in II ergibt:

II' $5(0{,}61 - b) + 6b = 3{,}57 \quad \Leftrightarrow \quad b = 0{,}52$ eingesetzt in I ergibt:

$$\text{I'} \quad a + 0{,}52 = 0{,}61 \quad \Leftrightarrow$$
$$a = 0{,}09$$

2.2 Die Kosten für einen Stromanschluss pro Tag seien k €. Ansatz (ohne Einheiten):

$$50 \cdot [0 \cdot 10 + 0{,}15(10 + k) + 0{,}03 \cdot 14 + 0{,}21(14 + k) + 0{,}09 \cdot 18 + 0{,}52(18 + k)] = 880 \quad \Leftrightarrow$$
$$0{,}88k = 1{,}76 \quad \Leftrightarrow$$
$$k = 2$$

Ergebnis: Der Stromanschluss kostet pro Tag 2 €.

3.1 Testgröße T: Anzahl der gezogenen Gasflaschen mit zu geringem Füllgewicht aus einer Stichprobe vom Umfang 100.
T ist eine B(100; 0,03)-verteilte Zufallsgröße.

Testart: einseitiger (rechtsseitiger) Signifikanztest
Signifikanzniveau: $\alpha = 5\,\%$

Nullhypothese	Gegenhypothese
H_0: $p = 0{,}03$	H_1: $p > 0{,}03$
Annahmebereich von H_0:	Ablehnungsbereich von H_0:
$A = \{0; 1; \ldots; a\}$, $a \in \mathbb{N}_0$	$\overline{A} = \{a+1; \ldots; 100\}$, $a \in \mathbb{N}_0$

Entscheidungsregel: H_0 wird verworfen, wenn gilt:
$P(T \geq a+1) \leq 0{,}05$

$$P(T \geq a+1) = 1 - F_{0,03}^{100}(a) \leq 0{,}05$$
$$F_{0,03}^{100}(a) \geq 0{,}95$$

Mithilfe der Stochastik-Tabellen ergibt sich:

$a = 6$

Maximaler Ablehnungsbereich von H_0:

$\overline{A} = \{7; 8; \ldots; 100\}$

3.2 Der Fehler 2. Art besteht bei diesem Test darin, dass die Nullhypothese H_0 nicht abgelehnt wird, obwohl sie falsch ist, d. h. obwohl mehr als 3 % der Gasflaschen das Füllgewicht von 5 kg unterschreiten, entscheidet man sich aufgrund des Tests dagegen, weil man in der Stichprobe nur höchstens 6 fehlerhafte Flaschen gefunden hat.

Bayern – FOS · BOS 12 – Fachabiturprüfung 2010
Mathematik (Nichttechnische Ausbildungsrichtungen) – Stochastik S II

Im Folgenden werden auftretende relative Häufigkeiten als Wahrscheinlichkeiten interpretiert.

1 Bei einer groß angelegten Verkehrskontrolle der Polizei wurden insgesamt 500 Lkw auf Mängel überprüft. Es stellte sich heraus, dass bei 85 % der Lkw die Bremsen in Ordnung waren (B), bei 120 Lkw die Reifen zu wenig Profiltiefe aufwiesen ($\overline{R}$) und bei 80 % der Lkw die Lichtanlage nicht zu beanstanden war (L).
Die Untersuchung eines zufällig herausgegriffenen Lkw auf die drei Mängelarten wird als Zufallsexperiment aufgefasst, wobei die drei Mängelarten voneinander unabhängig auftreten.

1.1 Ermitteln Sie mithilfe eines Baumdiagramms die Wahrscheinlichkeiten aller acht Elementarereignisse. (5 BE)

1.2.0 Gegeben sind folgende Ereignisse:
E_1: „Ein zufällig ausgewählter Lkw hat mindestens 2 Mängel."
E_2: „Bei einem zufällig ausgewählten Lkw sind die Bremsen defekt und die Reifen weisen nicht die entsprechende Profiltiefe auf."

1.2.1 Stellen Sie die Ereignisse E_1 und E_2 in aufzählender Mengenschreibweise dar und berechnen Sie deren Wahrscheinlichkeiten. (4 BE)

1.2.2 Untersuchen Sie die Ereignisse E_1 und E_2 auf stochastische Unabhängigkeit. (3 BE)

1.3 Erfahrungsgemäß sind bei 25 % der kontrollierten Lkw die Papiere nicht in Ordnung. Berechnen Sie die Wahrscheinlichkeit, dass von 100 zufällig überprüften Lkw die Anzahl der Lkw-Fahrer, deren Papiere in Ordnung sind, innerhalb der einfachen Standardabweichung um den Erwartungswert liegt. (4 BE)

2.0 Aufgrund von Kontrollen weiß man, dass bei 81,45 % der mit genau 4 Personen besetzten Pkw alle Insassen angeschnallt sind. Die Wahrscheinlichkeit für das Anlegen des Gurtes ist auf jedem Sitzplatz gleich. Ein mit 4 Personen besetzter Pkw wird kontrolliert.

2.1 Zeigen Sie, dass die Wahrscheinlichkeit, dass ein zufällig herausgegriffener Insasse angeschnallt ist, ziemlich genau 0,95 beträgt. (2 BE)

2.2 Berechnen Sie die Wahrscheinlichkeiten folgender Ereignisse auf vier Nachkommastellen gerundet:
E_3: „Die beiden Personen auf den Vordersitzen sind angeschnallt, diejenigen auf den Rücksitzen nicht."
E_4: „Genau zwei Personen in einem Pkw sind angeschnallt." (4 BE)

2.3 In einer späteren Kontrolle soll untersucht werden, ob sich der Anteil der angeschnallten Personen erhöht hat (Gegenhypothese). Dazu wird ein Test mit 50 zufällig ausgewählten Pkw, die jeweils mit genau vier Personen besetzt sind, durchgeführt.
Geben Sie die Testgröße sowie die Nullhypothese an und bestimmen Sie den größtmöglichen Ablehnungsbereich der Nullhypothese auf dem 5 %-Niveau. Welche Entscheidung legt der Test nahe, wenn 97 % der kontrollierten Personen angeschnallt sind? (7 BE)

3.0 Für einen Autohersteller soll untersucht werden, ob weibliche Autofahrer Cabrios eher bevorzugen als männliche. Dazu wird eine Stichprobe von 200 Pkw betrachtet. 60 Fahrerinnen (W) wurden gezählt, davon 3 in einem Cabrio (C). Insgesamt gab es 10 Cabrios in der Stichprobe. Ein beliebiger Pkw aus den 200 wird herausgegriffen.

3.1 Beschreiben Sie die Ereignisse

$E_5 = \overline{W} \cup \overline{C}$ und

$E_6 = \overline{W \cup \overline{C}}$

möglichst einfach mit Worten. (3 BE)

3.2 Bestimmen Sie mithilfe einer Vierfeldertafel $P(E_5)$ und $P(E_6)$. (5 BE)

3.3 Kann aus der Untersuchung gefolgert werden, dass Frauen häufiger Cabrios bevorzugen als Männer? Begründen Sie Ihre Antwort. (3 BE)

(40 BE)

Tipps und Hinweise zur Lösung von Aufgabe S II

Teilaufgabe 1.1

- Es liegt ein dreistufiges Zufallsexperiment vor.
- Ermitteln Sie die Wahrscheinlichkeiten der zweiten Stufe mithilfe der Verzweigungsregel.
- Tragen Sie in das Baumdiagramm die ermittelten Wahrscheinlichkeiten ein und wenden Sie die Pfadregeln an.

Teilaufgabe 1.2.1

- Greifen Sie auf das Baumdiagramm von Teilaufgabe 1.1 zurück.

Teilaufgabe 1.2.2

- Die beiden Ereignisse E_1 und E_2 sind stochastisch unabhängig, wenn die Produktregel $P(E_1 \cap E_2) = P_1(E_1) \cdot P(E_2)$ erfüllt ist.

Teilaufgabe 1.3

- Ermitteln Sie den Erwartungswert und die Standardabweichung der binomialverteilten Zufallsgröße X. Berechnen Sie daraus die gesuchte Wahrscheinlichkeit.

Teilaufgabe 2.1

- Das Zufallsexperiment kann als Bernoulli-Kette der Länge $n = 4$ angesehen werden.
- Bestimmen Sie den Parameter p der Bernoulli-Kette.

Teilaufgabe 2.2

- Es liegt eine Bernoulli-Kette vor, überlegen Sie sich Länge und Trefferwahrscheinlichkeit.

Teilaufgabe 2.3

- Der Ablehnungsbereich der Nullhypothese hat die Gestalt $\overline{A} = \{a+1; \ldots; 200\}$.
- Bestimmen Sie mithilfe der kumulativen Tabelle den Randwert.

Teilaufgabe 3.1

- Wenden Sie die Regeln von De Morgan an.

Teilaufgabe 3.2

- Übertragen Sie die gegebenen Wahrscheinlichkeiten in eine Vierfeldertafel und ergänzen Sie die fehlenden Werte.

Teilaufgabe 3.3

- Bestimmen Sie die entsprechenden Anteile der Frauen und Männer an den Cabriofahrern.

Lösung

1.1 Die Untersuchung der Lkw auf Mängel ist ein dreistufiges Zufallsexperiment.
Ermittlung der Wahrscheinlichkeiten der 2. Stufe:

$$P(\{\overline{R}\}) = \frac{120}{500} = 0,24$$

$$P(\{R\}) = \frac{380}{500} = 0,76$$

Baumdiagramm:

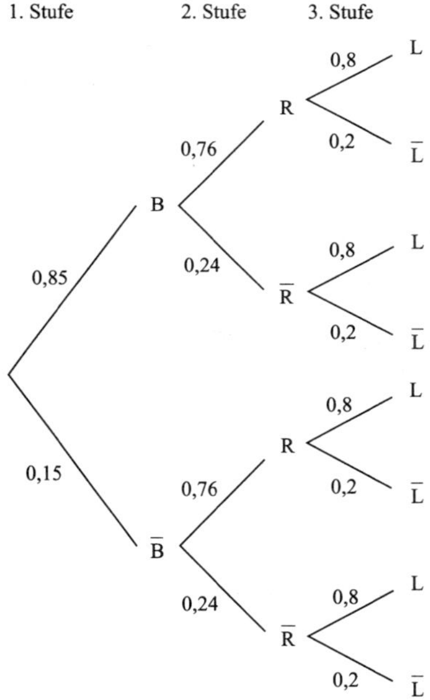

$\{\omega_i\}$	$P(\{\omega_i\})$
BRL	$0,85 \cdot 0,76 \cdot 0,8 = 0,5168$
$BR\overline{L}$	$0,85 \cdot 0,76 \cdot 0,2 = 0,1292$
$B\overline{R}L$	$0,85 \cdot 0,24 \cdot 0,8 = 0,1632$
$B\overline{R}\,\overline{L}$	$0,85 \cdot 0,24 \cdot 0,2 = 0,0408$
$\overline{B}RL$	$0,15 \cdot 0,76 \cdot 0,8 = 0,0912$
$\overline{B}R\overline{L}$	$0,15 \cdot 0,76 \cdot 0,2 = 0,0228$
$\overline{B}\,\overline{R}L$	$0,15 \cdot 0,24 \cdot 0,8 = 0,0288$
$\overline{B}\,\overline{R}\,\overline{L}$	$0,15 \cdot 0,24 \cdot 0,2 = 0,0072$

1.2.1 E_1: „Ein zufällig ausgewählter Lkw hat mindestens 2 Mängel."
In aufzählender Mengenschreibweise ist:

$$E_1 = \{B\overline{R}\,\overline{L};\ \overline{B}R\overline{L};\ \overline{B}\,\overline{R}L;\ \overline{B}\,\overline{R}\,\overline{L}\}$$

Für die Wahrscheinlichkeit ergibt sich:

$$P(E_1) = P(\{B\overline{R}\,\overline{L}\}) + P(\{\overline{B}R\overline{L}\}) + P(\{\overline{B}\,\overline{R}L\}) + P(\{\overline{B}\,\overline{R}\,\overline{L}\})$$
$$P(E_1) = 0,0408 + 0,0228 + 0,0288 + 0,0072$$
$$P(E_1) = 0,0996$$

E_2: „Bei einem zufällig ausgewählten Lkw sind die Bremsen defekt und die Reifen weisen nicht die entsprechende Profiltiefe auf."
In aufzählender Mengenschreibweise ist:

$$E_2 = \{\overline{B}\,\overline{R}L;\ \overline{B}\,\overline{R}\,\overline{L}\}$$

Für die Wahrscheinlichkeit ergibt sich:

$$P(E_2) = P(\{\overline{B}\,\overline{R}L\}) + P(\{\overline{B}\,\overline{R}\,\overline{L}\})$$
$$P(E_2) = 0{,}0288 + 0{,}0072$$
$$P(E_2) = 0{,}036$$

1.2.2 Es gilt:

$$E_1 \cap E_2 = \{\overline{B}\,\overline{R}L;\ \overline{B}\,\overline{R}\,\overline{L}\}$$

Für die Wahrscheinlichkeit ergibt sich:

$$P(E_1 \cap E_2) = P(\{\overline{B}\,\overline{R}L\}) + P(\{\overline{B}\,\overline{R}\,\overline{L}\})$$
$$P(E_1 \cap E_2) = 0{,}0288 + 0{,}0072$$
$$P(E_1 \cap E_2) = 0{,}036$$

Somit:

$P(E_1) \cdot P(E_2) = 0{,}0996 \cdot 0{,}036 = 0{,}0035856$, d. h. $P(E_1) \cdot P(E_2) \neq P(E_1 \cap E_2)$

$\Rightarrow$ Die Ereignisse E_1 und E_2 sind stochastisch abhängig.

1.3 Das Zufallsexperiment kann als Bernoulli-Kette der Länge $n = 100$ mit den Parametern $p = 0{,}75$ und $q = 0{,}25$ angesehen werden.
Für den Erwartungswert $\mu = E(X)$ gilt: $\mu = n \cdot p = 100 \cdot 0{,}75 = 75$
Für die Standardabweichung σ ergibt sich:

$$\sigma = \sqrt{n \cdot p \cdot q}$$
$$\sigma = \sqrt{100 \cdot 0{,}75 \cdot 0{,}25}$$
$$\sigma = 4{,}33$$

Die Zufallswerte liegen innerhalb der einfachen Standardabweichung um den Erwartungswert $\mu = E(X)$, wenn gilt:

$$|X - \mu| < \sigma$$

Somit:

$$|X - 75| < 4{,}33 \quad \Leftrightarrow$$
$$-4{,}33 < X - 75 < 4{,}33 \quad \Leftrightarrow$$
$$70{,}67 < X < 79{,}33$$

$$\Rightarrow \quad P(|X - \mu| < \sigma) = P(70{,}67 < X < 79{,}33)$$
$$P(|X - \mu| < \sigma) = F_{0,75}^{100}(79) - F_{0,75}^{100}(70)$$

Mit dem Tafelwerk der Stochastik ergibt sich:

$$P(|X - \mu| < \sigma) = 0{,}85117 - 0{,}14954$$
$$P(|X - \mu| < \sigma) = 0{,}70163$$

2.0 Das Zufallsexperiment kann als Bernoulli-Kette der Länge $n=4$ mit dem Parameter $p=P$ („Ein Insasse ist angeschnallt.") angesehen werden.

2.1 Ereignis E: „Alle Insassen sind angeschnallt."

$$P(E)=\binom{4}{4}\cdot p^4\cdot q^0=0{,}8145 \quad\Leftrightarrow$$
$$1\cdot p^4\cdot 1=0{,}8145 \quad\Leftrightarrow$$
$$p^4=0{,}8145 \quad\Leftrightarrow$$
$$p=\sqrt[4]{0{,}8145} \quad\Leftrightarrow$$
$$p=0{,}95$$

2.2 E_3: „Die beiden Personen auf den Vordersitzen sind angeschnallt, diejenigen auf den Rücksitzen nicht."

$$P(E_3)=p\cdot p\cdot(1-p)\cdot(1-p)$$
$$P(E_3)=0{,}95^2\cdot 0{,}05^2$$
$$P(E_3)=0{,}0023$$

E_4: „Genau zwei Personen in einem Pkw sind angeschnallt."

$$P(E_4)=\binom{4}{2}\cdot 0{,}95^2\cdot 0{,}05^2$$
$$P(E_4)=0{,}0135$$

2.3 Testgröße T: Anzahl der angeschnallten Personen unter 200 (= 50 Fahrzeuge mit 4 Insassen) kontrollierten Personen.
T ist eine B(200; 0,95)-verteilte Zufallsgröße.

Testart: einseitiger (rechtsseitiger) Signifikanztest
Signifikanzniveau: $\alpha=5\ \%$

Nullhypothese	Gegenhypothese
H_0: $p=0{,}95$	H_1: $p>0{,}95$
Annahmebereich von H_0:	Ablehnungsbereich von H_0:
$A=\{0;1;2;\ldots;a\},\ a\in\mathbb{N}_0$	$\overline{A}=\{a+1;\ldots;200\},\ a\in\mathbb{N}_0$

Entscheidungsregel: H_0 wird verworfen, wenn gilt:
$P(T\geq a+1)\leq 0{,}05$

$$P(T\geq a+1)=1-F_{0,95}^{200}(a)\leq 0{,}05$$
$$F_{0,95}^{200}(a)\geq 0{,}95$$

Mithilfe der Stochastik-Tabellen ergibt sich:

$a=195$

Maximaler Ablehnungsbereich von H_0:

$\overline{A}=\{196;197;\ldots;200\}$

97 % von 200 Personen entsprechen 194 Personen.
Wegen $194\in A$ entscheidet man sich für die Nullhypothese H_0.

3.1 E_5: „Der Pkw wird von einem Mann gesteuert oder der Pkw ist kein Cabrio.“

$E_6 = \overline{W \cup \overline{C}}$

Mit dem De-Morgan-Gesetz der Mengenalgebra folgt:

$E_6 = \overline{W} \cap \overline{\overline{C}}$

Mit dem Gesetz des doppelten Komplements ergibt sich:

$E_6 = \overline{W} \cap C$

E_6: „Der Pkw ist ein Cabrio und wird von einem Mann gesteuert.“

3.2 **Vierfeldertafel:** (absolute Häufigkeiten)

	W	$\overline{W}$	Σ
C	3	7	10
$\overline{C}$	57	133	190
Σ	60	140	200

(grau hinterlegt) = gegebene absolute Häufigkeiten

Vierfeldertafel: (relative Häufigkeiten)

	W	$\overline{W}$	Σ
C	$\frac{3}{200}$	$\frac{7}{200}$	$\frac{10}{200}$
$\overline{C}$	$\frac{57}{200}$	$\frac{133}{200}$	$\frac{190}{200}$
Σ	$\frac{60}{200}$	$\frac{140}{200}$	$\frac{200}{200}$

$P(E_5) = P(\overline{W} \cup \overline{C})$

Wendet man den Satz von Sylvester für $n = 2$ an, so ergibt sich:

$P(E_5) = P(\overline{W}) + P(\overline{C}) - P(\overline{W} \cap \overline{C})$

$$P(E_5) = \frac{140}{200} + \frac{190}{200} - \frac{133}{200}$$

$$P(E_5) = \frac{197}{200} = 0{,}985$$

$$P(E_6) = P(\overline{W \cup \overline{C}}) = P(\overline{W} \cap C)$$

$$P(E_6) = \frac{7}{200} = 0{,}035$$

3.3 Anteil der Frauen, die ein Cabrio fahren: $\frac{3}{60} = 0{,}05$

Anteil der Männer, die ein Cabrio fahren: $\frac{7}{140} = 0{,}05$

Aus der Stichprobe kann nicht gefolgert werden, dass Frauen eher Cabrios bevorzugen als Männer.

Bayern – FOS · BOS 12 – Fachabiturprüfung 2011
Mathematik (Nichttechnische Ausbildungsrichtungen) – Analysis A I

1 Gegeben sind die reellen Funktionen $f_a: x \mapsto \frac{1}{9}(x-a)(x^2+3x-10)$ mit $D_{f_a} = \mathbb{R}$ und $a \in \mathbb{R}$.
Ermitteln Sie in Abhängigkeit von a die Lage und Vielfachheiten der Nullstellen von f_a. (6 BE)

2.0 Nun wird $a=2$ gesetzt. Die Funktion f_2 wird im Folgenden kurz mit f bezeichnet. Es gilt: $f(x) = \frac{1}{9}(x-2)(x^2+3x-10)$.
Die Funktion lässt sich auch in der Form $f(x) = \frac{1}{9}(x^3+x^2-16x+20)$ darstellen (Nachweis nicht erforderlich).

2.1 Begründen Sie ohne weitere Rechnung und mithilfe der Ergebnisse aus Aufgabe 1, dass die Funktion f genau zwei Extremstellen hat. (3 BE)

2.2 Ermitteln Sie Art und Koordinaten der relativen Extrempunkte des Graphen der Funktion f. Runden Sie ggf. auf zwei Nachkommastellen. (6 BE)

2.3 Bestimmen Sie die maximalen Intervalle, in denen der Graph der Funktion f rechts- bzw. linksgekrümmt ist. (4 BE)

2.4 Zeichnen Sie den Graphen der Funktion f im Bereich $-5{,}5 \le x \le 3$ mithilfe vorliegender Ergebnisse in ein Koordinatensystem. (4 BE)

3.0 Gegeben ist weiterhin eine quadratische Funktion p. Der Graph von p besitzt an der Stelle $x = -\frac{9}{4}$ den Scheitelpunkt und berührt den Graphen der Funktion f (aus Aufgabe 2) an der Stelle $x=-1$.

3.1 Bestimmen Sie den Funktionsterm p(x). (7 BE)
[Ergebnis: $p(x) = -\frac{2}{3}x^2 - 3x + \frac{5}{3}$]

3.2 Zeichnen Sie den Graphen von p im Bereich $-5{,}5 \le x \le 1$ in das Koordinatensystem aus Aufgabe 2.4. Berechnen Sie dazu die Nullstellen von p sowie die Koordinaten des Scheitels. (5 BE)

3.3 Die Koordinatenachsen und die Graphen der Funktionen f (aus Aufgabe 2) und p schließen im I. Quadranten ein Flächenstück ein. Kennzeichnen Sie das Flächenstück und berechnen Sie die Maßzahl des Flächeninhalts auf zwei Nachkommastellen genau. (7 BE)

4 Gegeben ist die abschnittsweise definierte Funktion h durch

$$h(x) = \begin{cases} \frac{1}{9}(x^3+x^2-16x+20) & \text{für } x < -1 \\ \frac{4}{9}(x^2-4x+4) & \text{für } x \ge -1 \end{cases}$$

Untersuchen Sie rechnerisch, ob die Funktion h an der Nahtstelle $x_0=-1$ differenzierbar ist. (5 BE)

5.0 Eine Schokoladenfirma will eine neue Praline auf den Markt bringen. Die Länge und die Breite der Praline beträgt jeweils x cm. Die weiteren Größenverhältnisse sind den folgenden Abbildungen zu entnehmen.

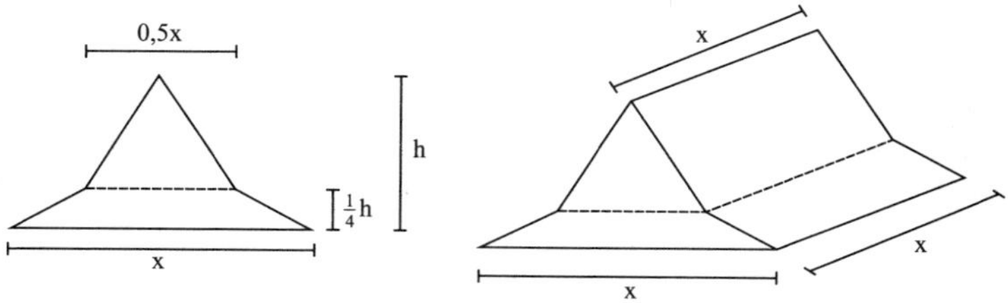

Aus verpackungstechnischen Gründen gilt für die Summe aus Höhe h, Breite und Länge 8 cm. Führen Sie die folgenden Rechnungen ohne Einheiten durch.

5.1 Stellen Sie eine Gleichung für das Volumen V(x) der Praline in Abhängigkeit von x auf und geben Sie eine im Sachzusammenhang sinnvolle Definitionsmenge an.
[Teilergebnis: $V(x) = -0{,}75x^3 + 3x^2$] (7 BE)

5.2 Berechnen Sie x so, dass das Volumen der Praline den absolut größten Wert annimmt.
Berechnen Sie hierfür auch die Höhe h der Praline. (6 BE)

(60 BE)

Tipps und Hinweise zur Lösung von Aufgabe A I

Teilaufgabe 1

- Ermitteln Sie mithilfe der Nullproduktregel die Nullstellen in Abhängigkeit von a und geben Sie deren Lage und Vielfachheiten an.

Teilaufgabe 2.1

- Beachten Sie, dass eine ganzrationale Funktion 3. Grades keine oder zwei Extremstellen hat.
- Folgern Sie aus der Anzahl und Vielfachheit der Nullstellen, dass f genau zwei Extremstellen hat.

Teilaufgabe 2.2

- Ermitteln Sie mithilfe der notwendigen und hinreichenden Bedingungen die Art und die Koordinaten der Extrempunkte des Graphen.

Teilaufgabe 2.3

- Das Krümmungsverhalten des Graphen ermitteln Sie mithilfe der zweiten Ableitung.
- Das Vorzeichen von f" bestimmt das Krümmungsverhalten in einem Intervall.

Teilaufgabe 2.4

- Zeichnen Sie den Graphen der Funktion f mithilfe vorliegender Ergebnisse und Berechnung zusätzlicher geeigneter Funktionswerte.

Teilaufgabe 3.1

- Stellen Sie ein lineares Gleichungssystem auf und bestimmen Sie die gesuchten Koeffizienten („Steckbriefaufgabe“).

Teilaufgabe 3.2

- Bestimmen Sie die Nullstellen von p und die Scheitelordinate y_S.
- Zeichnen Sie die Parabel G_p in das Koordinatensystem von Teilaufgabe 2.4 ein.

Teilaufgabe 3.3

- Berechnen Sie die Maßzahl des Flächeninhalts unter Verwendung des bestimmten Integrals.

Teilaufgabe 4

- Zeigen Sie, dass die Stetigkeitsbedingung an der Nahtstelle erfüllt ist.
- Bilden Sie die Ableitung der abschnittsweise definierten Funktion h.
- Zeigen Sie, dass die Differenzierbarkeitsbedingung an der Nahtstelle erfüllt ist.

Teilaufgabe 5.1

- Beachten Sie, dass die Querschnittsfläche der Praline aus einem Trapez und einem aufgesetzten Dreieck zusammengesetzt ist.
- Verwenden Sie die folgende Flächenformel für den Inhalt eines Trapezes:

$$A_{\text{Trapez}} = \frac{1}{2} \cdot (\text{Grundseite} + \text{Deckseite}) \cdot \text{Höhe}$$

- Verwenden Sie die folgende Volumenformel für ein Prisma:

$$V_{\text{Prisma}} = \text{Grundfläche} \cdot \text{Höhe}$$

- Eine sinnvolle Definitionsmenge ergibt sich aus den positiven Maßzahlen der Kantenlängen.

Teilaufgabe 5.2

- Bestimmen Sie zunächst das relative Maximum der Funktion V(x).
- Zeigen Sie, dass das relative Maximum das absolute ist.

Lösung

1 **Nullstellen**

$f_a(x) = 0 \quad \Leftrightarrow$

$\frac{1}{9}(x-a)(x^2+3x-10) = 0$

Mit dem Satz vom Nullprodukt (Nullproduktregel) folgt:

$x - a = 0 \ \vee \ x^2+3x-10 = 0 \quad (*)$

$x_1 = a$

Diskriminante der quadratischen Gleichung (*):

$D = 3^2 - 4 \cdot 1 \cdot (-10) \quad \Leftrightarrow$

$D = 49 = 7^2 > 0$

$x_{2,3} = \frac{-3 \pm 7}{2}$

$x_2 = 2 \ \vee \ x_3 = -5$

Fallunterscheidung für a

$a = -5$: eine doppelte Nullstelle $x_{1,3} = -5$
eine einfache Nullstelle $x_2 = 2$
f_{-5} hat zwei Nullstellen.

$a = 2$: eine doppelte Nullstelle $x_{1,2} = 2$
eine einfache Nullstelle $x_3 = -5$
f_2 hat zwei Nullstellen.

$a \in \mathbb{R} \setminus \{-5; 2\}$:
eine einfache Nullstelle $x_1 = a$
eine einfache Nullstelle $x_2 = 2$
eine einfache Nullstelle $x_3 = -5$
f_a hat drei Nullstellen.

2.1 $f(x) = \frac{1}{9}(x^3 + x^2 - 16x + 20)$

f ist eine ganzrationale Funktion 3. Grades. f hat somit entweder drei einfache Nullstellen, eine doppelte und eine einfache Nullstelle, eine dreifache Nullstelle oder eine einfache Nullstelle.
Nach Teilaufgabe 1 hat f bei $x_{1,2} = 2$ eine doppelte Nullstelle (= Berührstelle), diese ist eine Extremstelle. Ferner hat f bei $x_3 = -5$ eine einfache Nullstelle. Da die Nullstellen verschieden sind, muss zwischen ihnen eine weitere Extremstelle liegen.
Somit hat die Funktion f genau zwei Extremstellen.

2.2 $f(x) = \frac{1}{9}(x^3 + x^2 - 16x + 20)$

$f'(x) = \frac{1}{9}(3x^2 + 2x - 16)$

$f''(x) = \frac{1}{9}(6x + 2)$

Relative Extrempunkte

Notwendige Bedingung: $f'(x) = 0 \quad \Leftrightarrow$

$$\frac{1}{9}(3x^2 + 2x - 16) = 0 \quad \Leftrightarrow$$

$$3x^2 + 2x - 16 = 0$$

Diskriminante der quadratischen Gleichung:

$D = 2^2 - 4 \cdot 3 \cdot (-16) \quad \Leftrightarrow$

$D = 196 = 14^2 > 0$

$$x_{1,2} = \frac{-2 \pm 14}{6}$$

$$x_1 = 2 \ \vee \ x_2 = -\frac{8}{3}$$

Hinreichende Bedingung: $f''(x) \neq 0$

$$f''(2) = \frac{1}{9}(6 \cdot 2 + 2) = \frac{14}{9} > 0 \quad \Rightarrow \quad \begin{cases} \text{f hat bei } x_1 = 2 \text{ ein relatives Minimum} \\ T(2;\,0) \text{ relativer Tiefpunkt} \end{cases}$$

$$f''\left(-\frac{8}{3}\right) = \frac{1}{9}\left(6 \cdot \left(-\frac{8}{3}\right) + 2\right) = -\frac{14}{9} < 0 \quad \Rightarrow \quad \begin{cases} \text{f hat bei } x_2 = -\frac{8}{3} \text{ ein relatives Maximum} \\ H\left(-\frac{8}{3};\,5{,}65\right) \text{ relativer Hochpunkt} \end{cases}$$

2.3 Das **Krümmungsverhalten** wird mit der 2. Ableitung ermittelt:

$f''(x) = \frac{1}{9}(6x + 2)$ (siehe Teilaufgabe 2.2)

Linkskrümmung: $f''(x) > 0$

$$\frac{1}{9}(6x + 2) > 0 \quad \Leftrightarrow$$

$$x > -\frac{1}{3}$$

f' ist im gesamten Definitionsbereich stetig, somit folgt:

G_f ist linksgekrümmt im Intervall $\left[-\frac{1}{3};\,\infty\right[$.

Rechtskrümmung: $f''(x) < 0$

$$\frac{1}{9}(6x + 2) < 0 \quad \Leftrightarrow$$

$$x < -\frac{1}{3}$$

f' ist im gesamten Definitionsbereich stetig, somit folgt:

G_f ist rechtsgekrümmt im Intervall $\left]-\infty;\,-\frac{1}{3}\right]$.

2.4 Wertetabelle für G_f:

		NSt.			HP					TP	
x	–5,5	–5	–4	–3	–2,67	–2	–1	0	1	2	3
f(x)	–3,13	0	4	5,56	5,65	5,33	4	2,22	0,67	0	0,89

Grafik für Teilaufgaben 2.4 und 3.2

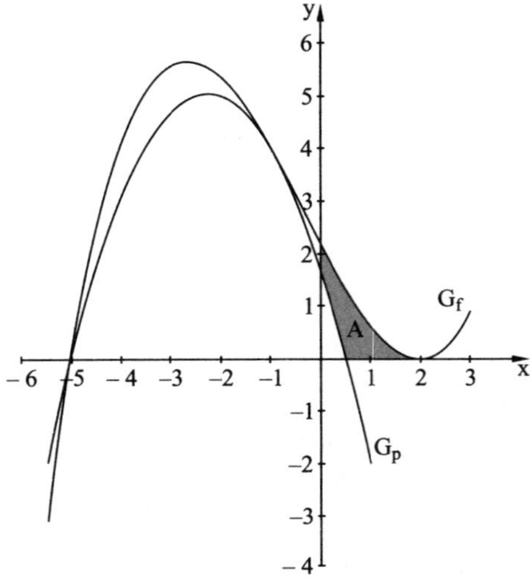

3.1 Für die Funktionsgleichung gilt allgemein:

$p(x) = ax^2 + bx + c; \quad a \in \mathbb{R} \setminus \{0\}; \; b, c \in \mathbb{R}; \; D_p = \mathbb{R}$

$p'(x) = 2ax + b$

Die gegebenen Eigenschaften führen zu folgenden Gleichungen:

I $\quad p'\left(-\frac{9}{4}\right) = 0 \quad \Rightarrow \quad -\frac{9}{2}a + b = 0$ (waagrechte Tangente im Scheitelpunkt)

II $\quad p'(-1) = f'(-1) \quad \Rightarrow \quad -2a + b = -\frac{5}{3}$ (gleiche Steigung im Berührpunkt)

III $\quad p(-1) = f(-1) \quad \Rightarrow \quad a - b + c = 4$ (gleiche Funktionswerte im Berührpunkt)

Vereinfacht

I' $\quad b = \frac{9}{2}a$

I' in II eingesetzt ergibt:

II' $\quad -2a + \frac{9}{2}a = -\frac{5}{3} \quad \Leftrightarrow \quad a = -\frac{2}{3}$

II' in I' eingesetzt ergibt:

I'' $\quad b = -3$

II' und I'' in III eingesetzt ergibt:

III' $\quad -\frac{2}{3} + 3 + c = 4 \quad \Leftrightarrow \quad c = \frac{5}{3}$

Ergebnis:

$p(x) = -\frac{2}{3}x^2 - 3x + \frac{5}{3}$

3.2 **Nullstellen** von p:

$$p(x) = 0 \quad \Leftrightarrow$$

$$-\frac{2}{3}x^2 - 3x + \frac{5}{3} = 0 \quad \Leftrightarrow$$

$$2x^2 + 9x - 5 = 0$$

Diskriminante der quadratischen Gleichung:

$$D = 9^2 - 4 \cdot 2 \cdot (-5) \quad \Leftrightarrow$$

$$D = 121 = 11^2 > 0$$

$$x_{1,2} = \frac{-9 \pm 11}{4}$$

$$x_1 = \frac{1}{2} \vee x_2 = -5$$

Scheitelpunkt S

Nach Teilaufgabe 3.0 ist die Scheitelabszisse $x_S = -\frac{9}{4}$.

Für die Scheitelordinate y_S gilt:

$$y_S = p\left(-\frac{9}{4}\right) = \frac{121}{24}$$

Ergebnis: $S\left(-\frac{9}{4}; \frac{121}{24}\right)$

Wertetabelle für G_p:

x	–5,5	–5	–4	–3	–2	–1	0	0,5	1
p(x)	–2	0	3	4,67	5	4	1,67	0	–2

3.3 Kennzeichnen des Flächenstückes im Koordinatensystem von Teilaufgabe 2.4.

Die Integrationsgrenzen ergeben sich mithilfe der Teilaufgaben 2.2 und 3.2.

$$A = \int_0^2 f(x)\,dx - \int_0^{\frac{1}{2}} p(x)\,dx = A_1 - A_2$$

$$A_1 = \int_0^2 \frac{1}{9}(x^3 + x^2 - 16x + 20)\,dx$$

$$A_1 = \left[\frac{1}{9}\left(\frac{1}{4}x^4 + \frac{1}{3}x^3 - 8x^2 + 20x\right)\right]_0^2$$

$$A_1 = \frac{1}{9}\left(\frac{1}{4} \cdot 2^4 + \frac{1}{3} \cdot 2^3 - 8 \cdot 2^2 + 20 \cdot 2\right) - 0$$

$$A_1 = \frac{1}{9}\left(4 + \frac{8}{3} - 32 + 40\right)$$

$$A_1 = \frac{44}{27}$$

$$A_2 = \int_0^{\frac{1}{2}} \left(-\frac{2}{3}x^2 - 3x + \frac{5}{3} \right) dx$$

$$A_2 = \left[-\frac{2}{9}x^3 - \frac{3}{2}x^2 + \frac{5}{3}x \right]_0^{\frac{1}{2}}$$

$$A_2 = -\frac{2}{9} \cdot \left(\frac{1}{2}\right)^3 - \frac{3}{2} \cdot \left(\frac{1}{2}\right)^2 + \frac{5}{3} \cdot \frac{1}{2} - 0$$

$$A_2 = -\frac{1}{36} - \frac{3}{8} + \frac{5}{6}$$

$$A_2 = \frac{31}{72}$$

Somit folgt:

$$A = \frac{44}{27} - \frac{31}{72}$$

$$A = \frac{259}{216} \approx 1{,}20$$

4.

$$h(x) = \begin{cases} \frac{1}{9}(x^3 + x^2 - 16x + 20) & \text{für } x < -1 \\ \frac{4}{9}(x^2 - 4x + 4) & \text{für } x \geq -1 \end{cases}$$

Stetigkeit

Es muss gelten: $\lim\limits_{\substack{< \\ x \to -1}} h(x) = h(-1) = \lim\limits_{\substack{> \\ x \to -1}} h(x)$

$$\lim_{\substack{< \\ x \to -1}} \left[\frac{1}{9}(x^3 + x^2 - 16x + 20) \right] = \lim_{h \to 0} \left[\frac{1}{9}((-1-h)^3 + (-1-h)^2 - 16(-1-h) + 20) \right] = 4$$

$$h(-1) = \frac{4}{9}((-1)^2 - 4 \cdot (-1) + 4) = 4$$

$$\lim_{\substack{> \\ x \to -1}} \left[\frac{4}{9}(x^2 - 4x + 4) \right] = \lim_{h \to 0} \left[\frac{4}{9}((-1+h)^2 - 4(-1+h) + 4) \right] = 4$$

d. h. die Funktion h ist an der Nahtstelle $x_0 = -1$ stetig.

Differenzierbarkeit

Es muss gelten: $\lim\limits_{\substack{< \\ x \to -1}} h'(x) = \lim\limits_{\substack{> \\ x \to -1}} h'(x)$

Für die Ableitung gilt:

$$h'(x) = \begin{cases} \frac{1}{9}(3x^2 + 2x - 16) & \text{für } x < -1 \\ \frac{4}{9}(2x - 4) & \text{für } x > -1 \end{cases}$$

Somit folgt:

$$\lim_{\substack{x \to -1 \\ <}} h'(x) = \lim_{\substack{x \to -1 \\ <}} \left[\frac{1}{9}(3x^2 + 2x - 16)\right] = \lim_{h \to 0}\left[\frac{1}{9}(3(-1-h)^2 + 2(-1-h) - 16)\right] = -\frac{5}{3}$$

$$\lim_{\substack{x \to -1 \\ >}} h'(x) = \lim_{\substack{x \to -1 \\ >}} \left[\frac{4}{9}(2x - 4)\right] = \lim_{h \to 0}\left[\frac{4}{9}(2(-1+h) - 4)\right] = -\frac{8}{3}$$

Ergebnis: Die Funktion h ist an der Nahtstelle $x_0 = -1$ nicht differenzierbar (der Graph von h hat bei $x_0 = -1$ eine „Knickstelle").

5.1 Die Querschnittsfläche A der Praline setzt sich aus einem Trapez und einem aufgesetzten Dreieck zusammen.

Es gilt:

$$A = A_{Trapez} + A_{Dreieck}$$

$$A = \frac{1}{2}(x + 0{,}5x) \cdot \frac{1}{4}h + \frac{1}{2} \cdot \frac{1}{2}x \cdot \frac{3}{4}h$$

$$A = \frac{3}{16}xh + \frac{3}{16}xh$$

$$A = \frac{3}{8}xh$$

Für die Volumenmaßzahl V der Praline (Prismenform) gilt:

$$V = A \cdot x$$

Somit:

$$V = \frac{3}{8}xh \cdot x \quad \Leftrightarrow$$

$$V = \frac{3}{8}x^2 \cdot h$$

Für die Längenmaßzahl aus der Summe von Höhe h, Breite und Länge gilt die Nebenbedingung:

$$h + x + x = 8 \quad \Leftrightarrow$$
$$h = 8 - 2x$$

Somit folgt für die Volumenmaßzahl V(x):

$$V(x) = \frac{3}{8}x^2 \cdot (8 - 2x)$$

$$V(x) = -\frac{3}{4}x^3 + 3x^2$$

Für die Definitionsmenge D_V ergibt sich wegen $x > 0$ und $h > 0$:

$$8 - 2x > 0 \quad \Leftrightarrow$$
$$x < 4 \quad \Rightarrow \quad D_V =]0; 4[$$

5.2 $V(x) = -\frac{3}{4}x^3 + 3x^2, \qquad D_V =]0;4[$

$V'(x) = -\frac{9}{4}x^2 + 6x, \qquad D_{V'} =]0;4[$

$V''(x) = -\frac{9}{2}x + 6, \qquad D_{V''} =]0;4[$

Relative Extrempunkte

Notwendige Bedingung: $V'(x) = 0 \iff$

$$-\frac{9}{4}x^2 + 6x = 0 \iff$$

$$x\left(-\frac{9}{4}x + 6\right) = 0$$

Mit dem Satz vom Nullprodukt (Nullproduktregel) folgt:

$$x_1 = 0 \notin D_V \;\vee\; -\frac{9}{4}x + 6 = 0 \iff$$

$$x_2 = \frac{8}{3}$$

Hinreichende Bedingung: $V''(x_2) < 0$

$$V''\left(\frac{8}{3}\right) = -\frac{9}{2} \cdot \frac{8}{3} + 6 = -6 < 0$$

Die Funktion V hat bei $x_2 = \frac{8}{3}$ ein relatives Maximum.

Absolutes Maximum

Die Funktion $V'(x)$ hat im Intervall $]0;4[$ nur eine Nullstelle, somit tritt keine weitere Änderung des Monotonieverhaltens im angegebenen Bereich auf. Das relative Maximum ist somit absolutes Maximum der Funktion $V(x)$.

Höhe der Praline:

$$h = 8 - 2 \cdot \frac{8}{3}$$

$$h = \frac{8}{3}$$

Bayern – FOS · BOS 12 – Fachabiturprüfung 2011
Mathematik (Nichttechnische Ausbildungsrichtungen) – Analysis A II

1.0 Gegeben ist die reelle Funktion $f\colon x \mapsto -\frac{1}{9}x^4 + \frac{4}{3}x^2 - 3$ mit $D_f = \mathbb{R}$.

1.1 Berechnen Sie die Nullstellen der Funktion f und geben Sie das Symmetrieverhalten von G_f an. (5 BE)

1.2 Ermitteln Sie Art und Koordinaten der relativen Extrempunkte des Graphen der Funktion f. (6 BE)

1.3 Bestimmen Sie die maximalen Intervalle, in denen der Graph der Funktion f rechts- bzw. linksgekrümmt ist und berechnen Sie die Koordinaten der Wendepunkte. (6 BE)

1.4 Zeichnen Sie den Graphen der Funktion f im Bereich $-3{,}5 \le x \le 3{,}5$ mithilfe vorliegender Ergebnisse in ein Koordinatensystem. (5 BE)

2.0 Gegeben sind nun die reellen Funktionen $f_a\colon x \mapsto -\frac{1}{9}x^4 + \frac{4}{3}x^2 - a$ mit $D_{f_a} = \mathbb{R}$ und $a \in \mathbb{R}^+$.
Für $a = 3$ erhält man die Funktion aus Aufgabe 1. Die Ergebnisse aus Aufgabe 1 können bei den folgenden Aufgaben verwendet werden.

2.1 Ermitteln Sie die Koordinaten aller relativer Extrempunkte des Graphen der Funktion f_a in Abhängigkeit von a. (3 BE)

2.2 Bestimmen Sie nur mithilfe der Ergebnisse aus 2.1 die Anzahl und Vielfachheiten der Nullstellen von f_a in Abhängigkeit von a. (6 BE)

3.0 Gegeben ist weiterhin die Funktion p durch $p(x) = -\frac{1}{3}x^2 + 1$ mit $D_p = \mathbb{R}$.

3.1 Zeigen Sie, dass p genau zwei gemeinsame Nullstellen mit der Funktion f aus Aufgabe 1 hat. Zeichnen Sie den Graphen von p im Bereich $-4 \le x \le 4$ in das Koordinatensystem aus Teilaufgabe 1.4. (4 BE)

3.2 Die Graphen der Funktionen f (aus Aufgabe 1) und p schließen drei Flächenstücke ein. Berechnen Sie die Maßzahl desjenigen Flächenstücks, das den Ursprung enthält, auf zwei Nachkommastellen genau. (5 BE)

3.3 Die in 3.2 beschriebene Fläche stellt die Form eines Firmenlogos dar. Es soll aus einer dünnen Styroporplatte ausgesägt werden. Die Platte wird durch die Geraden mit den Gleichungen $x = -\sqrt{3}$, $x = \sqrt{3}$, $y = -3$ und $y = 1$ von außen begrenzt. Berechnen Sie den Anteil des Abfalls nach dem Aussägen in Prozent. (3 BE)

4 Gegeben ist die reelle Funktion H durch $H(x) = -\frac{1}{108}x^4 + ax^3 + bx^2 + cx + d$ mit $a, b, c, d \in \mathbb{R}$.
H ist eine Stammfunktion der ganzrationalen Funktion h.
Bestimmen Sie den Funktionsterm H(x), wenn der Graph der Funktion h punktsymmetrisch zum Ursprung verläuft und $W\left(-3 \,\middle|\, \frac{3}{4}\right)$ ein Wendepunkt des Graphen G_H ist. (7 BE)

5.0 Der Gepäckraum eines Flugzeuges kann im Querschnitt mithilfe der Funktion p: $x \mapsto 0{,}5x^2 - 3{,}125$ beschrieben werden. Das Gepäck soll dabei in Containern mit rechteckiger Querschnittsfläche untergebracht werden (vgl. Abbildung). Die Längeneinheit ist Meter und kann bei den Berechnungen weggelassen werden.

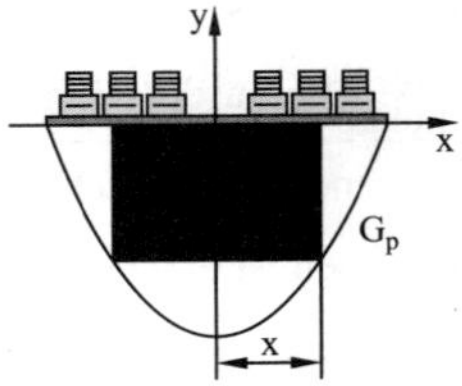

5.1 Stellen Sie eine Gleichung für die Querschnittsfläche A(x) der Container in Abhängigkeit von x auf und bestimmen Sie eine im Sachzusammenhang sinnvolle Definitionsmenge.
[Teilergebnis: $A(x) = -x^3 + 6{,}25x$] (4 BE)

5.2 Berechnen Sie x so, dass die Querschnittsfläche der Container den größten Inhalt annimmt. Berechnen Sie für diesen Fall auch die Breite und Höhe der Container. (6 BE)

(60 BE)

Tipps und Hinweise zur Lösung von Aufgabe A II

Teilaufgabe 1.1

- Verwenden Sie zum Lösen der biquadratischen Gleichung z. B. die Methode der Substitution.
- Zeigen Sie, dass die Bedingung $f(-x) = f(x)$ für alle $x \in D_f$ erfüllt ist, und schließen Sie daraus auf das Symmetrieverhalten von G_f.

Teilaufgabe 1.2

- Ermitteln Sie mithilfe der notwendigen und hinreichenden Bedingungen die Art und die Koordinaten der Extrempunkte des Graphen.

Teilaufgabe 1.3

- Das Krümmungsverhalten des Graphen ermitteln Sie mithilfe der zweiten Ableitung.
- Das Vorzeichen von f" bestimmt das Krümmungsverhalten in einem Intervall.
- Aus der Änderung des Krümmungsverhaltens ergeben sich die Wendepunkte des Graphen.

Teilaufgabe 1.4

- Zeichnen Sie den Graphen der Funktion f mithilfe vorliegender Ergebnisse und Berechnung zusätzlicher geeigneter Funktionswerte.

Teilaufgabe 2.1

- Beachten Sie die Beziehung $f_a'(x) = f'(x)$ und verwenden Sie die Vorzeichenuntersuchung von f' aus Teilaufgabe 1.2.

Teilaufgabe 2.2

- Die Anzahl und Vielfachheit der Nullstellen von f_a hängt von den Ordinatenwerten der Extrempunkte ab.
- Führen Sie eine Fallunterscheidung für a durch.

Teilaufgabe 3.1

- Bestimmen Sie die Nullstellen von p.
- Zeichnen Sie den Graphen der Funktion p in das Koordinatensystem aus Teilaufgabe 1.4 ein.

Teilaufgabe 3.2

- Berechnen Sie die Maßzahl des Flächeninhalts unter Verwendung des bestimmten Integrals.
- Nutzen Sie zur Vereinfachung der Berechnung die Symmetrieeigenschaft der Fläche aus.

Teilaufgabe 3.3

- Die Styroporplatte hat die Form eines Rechtecks mit der Länge $2\sqrt{3}$ und der Breite 4.
- Der Flächeninhalt des Firmenlogos entspricht der Maßzahl des Flächenstücks von Teilaufgabe 3.2.

Teilaufgabe 4

- Verwenden Sie den Zusammenhang $H'(x) = h(x)$.
- Wegen der Punktsymmetrie zum Ursprung des Graphen der Funktion h enthält h nur Potenzen von x mit ungeraden Exponenten, das x-freie Glied muss gleich null sein.
- Stellen Sie ein lineares Gleichungssystem auf und bestimmen Sie die gesuchten Koeffizienten („Steckbriefaufgabe").

Teilaufgabe 5.1

- Verwenden Sie die Flächenformel des Rechtecks.
- Eine sinnvolle Definitionsmenge ergibt sich aus den positiven Maßzahlen der Seitenlängen.

Teilaufgabe 5.2

- Bestimmen Sie zunächst das relative Maximum der Funktion A(x).
- Zeigen Sie, dass das relative Maximum das absolute ist.

Lösung

1.1 $f(x) = -\frac{1}{9}x^4 + \frac{4}{3}x^2 - 3$

Nullstellen

$f(x) = 0$

Mit der Substitution $u = x^2$ folgt:

$-\frac{1}{9}u^2 + \frac{4}{3}u - 3 = 0 \quad \Leftrightarrow$

$u^2 - 12u + 27 = 0$

Diskriminante der quadratischen Gleichung:

$D = (-12)^2 - 4 \cdot 1 \cdot 27 \quad \Leftrightarrow$

$D = 36 = 6^2 > 0$

$u_{1,2} = \frac{12 \pm 6}{2}$

$u_1 = 9 \ \vee \ u_2 = 3$

Resubstitution:

$9 = x^2 \quad \Leftrightarrow \quad x_1 = 3 \quad \vee \ x_2 = -3$

$3 = x^2 \quad \Leftrightarrow \quad x_3 = \sqrt{3} \ \vee \ x_4 = -\sqrt{3}$

Untersuchung in Bezug auf **Achsensymmetrie zur y-Achse**
Bedingung: $f(-x) = f(x)$ für alle $x \in D_f$
Es gilt:

$f(-x) = -\frac{1}{9}(-x)^4 + \frac{4}{3}(-x)^2 - 3$

$f(-x) = -\frac{1}{9}x^4 + \frac{4}{3}x^2 - 3 = f(x)$

Ergebnis: G_f ist achsensymmetrisch zur y-Achse.

1.2 $f(x) = -\frac{1}{9}x^4 + \frac{4}{3}x^2 - 3$

$f'(x) = -\frac{4}{9}x^3 + \frac{8}{3}x$

$f''(x) = -\frac{4}{3}x^2 + \frac{8}{3}$

Relative Extrempunkte
Notwendige Bedingung: $f'(x) = 0 \quad \Leftrightarrow$

$-\frac{4}{9}x^3 + \frac{8}{3}x = 0 \quad \Leftrightarrow$

$x^3 - 6x = 0 \quad \Leftrightarrow$

$x(x^2 - 6) = 0$

Mit dem Satz vom Nullprodukt (Nullproduktregel) folgt:

$x_1 = 0 \ \vee\ x^2 - 6 = 0 \qquad \Leftrightarrow$

$x_2 = \sqrt{6} \ \vee\ x_3 = -\sqrt{6}$

Hinreichende Bedingungen: $f''(x) \neq 0$

$f''(0) = -\frac{4}{3} \cdot 0^2 + \frac{8}{3} = \frac{8}{3} > 0 \Rightarrow \begin{cases} \text{f hat bei } x_1 = 0 \text{ ein relatives Minimum} \\ T(0; -3) \text{ relativer Tiefpunkt} \end{cases}$

$f''(\sqrt{6}) = -\frac{4}{3}(\sqrt{6})^2 + \frac{8}{3} = -\frac{16}{3} < 0 \Rightarrow \begin{cases} \text{f hat bei } x_2 = \sqrt{6} \text{ ein relatives Maximum} \\ H_1(\sqrt{6}; 1) \text{ relativer Hochpunkt} \end{cases}$

$f''(-\sqrt{6}) = -\frac{4}{3}(-\sqrt{6})^2 + \frac{8}{3} = -\frac{16}{3} < 0 \Rightarrow \begin{cases} \text{f hat bei } x_3 = -\sqrt{6} \text{ ein relatives Maximum} \\ H_2(-\sqrt{6}; 1) \text{ relativer Hochpunkt} \end{cases}$

1.3 Das **Krümmungsverhalten** wird mit der 2. Ableitung ermittelt:

$f''(x) = -\frac{4}{3}x^2 + \frac{8}{3}$

Linkskrümmung: $f''(x) > 0$

$$-\frac{4}{3}x^2 + \frac{8}{3} > 0 \qquad \Leftrightarrow$$
$$x^2 - 2 < 0 \qquad \Leftrightarrow$$
$$(x - \sqrt{2})(x + \sqrt{2}) < 0 \qquad \Leftrightarrow$$
$$(x - \sqrt{2} > 0 \ \wedge\ x + \sqrt{2} < 0) \ \vee\ (x - \sqrt{2} < 0 \ \wedge\ x + \sqrt{2} > 0) \qquad \Leftrightarrow$$
$$(x > \sqrt{2} \ \wedge\ x < -\sqrt{2}) \ \vee\ (x < \sqrt{2} \ \wedge\ x > -\sqrt{2}) \qquad \Leftrightarrow$$
$$\{\,\} \ \vee\ -\sqrt{2} < x < \sqrt{2}$$

f' ist im gesamten Definitionsbereich stetig, somit folgt:

G_f ist linksgekrümmt im Intervall $[-\sqrt{2}; \sqrt{2}]$

Rechtskrümmung: $f''(x) < 0$

$$-\frac{4}{3}x^2 + \frac{8}{3} < 0 \qquad \Leftrightarrow$$
$$x^2 - 2 > 0 \qquad \Leftrightarrow$$
$$(x - \sqrt{2})(x + \sqrt{2}) > 0 \qquad \Leftrightarrow$$
$$(x - \sqrt{2} > 0 \ \wedge\ x + \sqrt{2} > 0) \ \vee\ (x - \sqrt{2} < 0 \ \wedge\ x + \sqrt{2} < 0) \qquad \Leftrightarrow$$
$$(x > \sqrt{2} \ \wedge\ x > -\sqrt{2}) \ \vee\ (x < \sqrt{2} \ \wedge\ x < -\sqrt{2}) \qquad \Leftrightarrow$$
$$x > \sqrt{2} \ \vee\ x < -\sqrt{2}$$

f' ist im gesamten Definitionsbereich stetig, somit folgt:

G_f ist rechtsgekrümmt im Intervall $]-\infty; -\sqrt{2}]$ sowie im Intervall $[\sqrt{2}; \infty[$.

Aus der Änderung des Krümmungsverhaltens an den Stellen $x_1 = -\sqrt{2}$ und $x_2 = \sqrt{2}$ folgen die Wendepunkte $W_1\left(-\sqrt{2}; -\frac{7}{9}\right)$ und $W_2\left(\sqrt{2}; -\frac{7}{9}\right)$.

1.4 Wertetabelle für G_f:

		NSt.	HP	NSt.	WP	TP	WP	NSt.	HP	NSt.	
x	–3,5	–3	$-\sqrt{6}$	$-\sqrt{3}$	$-\sqrt{2}$	0	$\sqrt{2}$	$\sqrt{3}$	$\sqrt{6}$	3	3,5
f(x)	–3,34	0	1	0	$-\frac{7}{9}$	–3	$-\frac{7}{9}$	0	1	0	–3,34

Grafik für Teilaufgaben 1.4 und 3.1

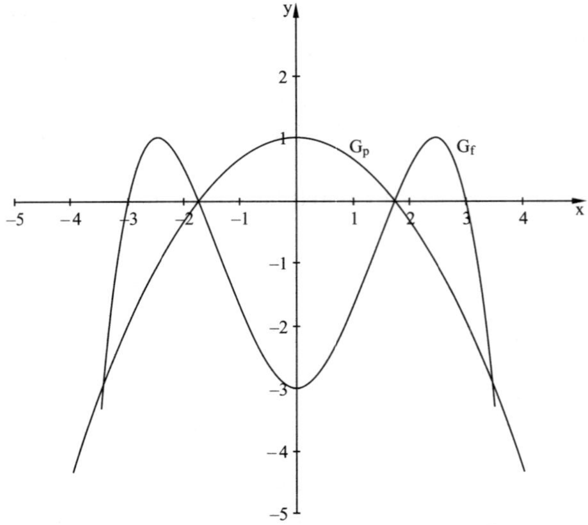

2.1 **Relative Extrempunkte**
Wegen $f'_a(x) = f'(x)$ folgt mit der Vorzeichenuntersuchung von f' aus Teilaufgabe 1.2:

f_a hat bei $x = -\sqrt{6}$ eine Maximalstelle.

$$f_a(-\sqrt{6}) = -\frac{1}{9}(-\sqrt{6})^4 + \frac{4}{3}(-\sqrt{6})^2 - a$$

$$f_a(-\sqrt{6}) = 4 - a$$

$H_1(-\sqrt{6}; 4-a)$ ist relativer Hochpunkt des Graphen G_{f_a}.

f_a hat bei $x = \sqrt{6}$ eine Maximalstelle.
Wegen der Symmetrie zur y-Achse (a ist eine additive Konstante) folgt mit Teilaufgabe 1.1:

$H_2(\sqrt{6}; 4-a)$ ist relativer Hochpunkt des Graphen G_{f_a}.

f_a hat bei $x = 0$ eine Minimalstelle.

$$f_a(0) = -\frac{1}{9} \cdot 0^4 + \frac{4}{3} \cdot 0^2 - a$$

$$f_a(0) = -a$$

T(0; –a) ist ein relativer Tiefpunkt des Graphen G_{f_a}.

2.2 Die Anzahl und Vielfachheit der Nullstellen von f_a hängt von den Ordinatenwerten y_H und y_T der Extrempunkte ab. Mit den Ergebnissen von Teilaufgabe 2.1 folgt: $y_H = 4 - a$ und $y_T = -a$.

Fallunterscheidung für a:

Fall 1: $y_H < 0 \quad \Leftrightarrow \quad 4 - a < 0 \quad \Leftrightarrow$
$$a > 4$$
f_a hat keine Nullstelle für $a > 4$.

Fall 2: $y_H = 0 \quad \Leftrightarrow \quad 4 - a = 0 \quad \Leftrightarrow$
$$a = 4$$
f_a hat zwei doppelte Nullstellen für $a = 4$.

Fall 3: $y_H > 0 \wedge y_T < 0 \quad \Leftrightarrow \quad 4 - a > 0 \;\wedge\; -a < 0 \quad \Leftrightarrow$
$$a < 4 \;\wedge\; a > 0$$
f_a hat vier einfache Nullstellen für $0 < a < 4$.

3.1 **Nullstellen**

$$p(x) = 0 \quad \Leftrightarrow$$
$$-\frac{1}{3}x^2 + 1 = 0 \quad \Leftrightarrow$$
$$x^2 = 3 \quad \Leftrightarrow$$
$$x_1 = \sqrt{3} \;\vee\; x_2 = -\sqrt{3}$$

Die Funktion f hat nach Teilaufgabe 1.1 ebenfalls diese Nullstellen.

Wertetabelle für G_p:

x	−4	−3	−2	−1	0 (SP)	1	2	3	4
p(x)	−4,33	−2	−0,33	0,67	1	0,67	−0,33	−2	−4,33

3.2 Nach Teilaufgabe 1.1 und 3.1 sind die relevanten Schnittpunkte der Graphen von f und p die Punkte $S_1(-\sqrt{3}; 0)$ und $S_2(\sqrt{3}; 0)$. Die Schnittstellen sind die Integrationsgrenzen.

$$A = \int_{-\sqrt{3}}^{\sqrt{3}} (p(x) - f(x))\,dx = 2 \cdot \int_{0}^{\sqrt{3}} (p(x) - f(x))\,dx$$
(Symmetrie zur y-Achse von G_f und G_p)

$$A = 2 \cdot \int_{0}^{\sqrt{3}} \left(-\frac{1}{3}x^2 + 1 - \left(-\frac{1}{9}x^4 + \frac{4}{3}x^2 - 3\right)\right) dx$$

$$A = 2 \cdot \int_{0}^{\sqrt{3}} \left(\frac{1}{9}x^4 - \frac{5}{3}x^2 + 4\right) dx$$

$$A = 2 \cdot \left[\frac{1}{45}x^5 - \frac{5}{9}x^3 + 4x\right]_0^{\sqrt{3}}$$

$$A = 2\left(\frac{1}{45} \cdot (\sqrt{3})^5 - \frac{5}{9} \cdot (\sqrt{3})^3 + 4 \cdot \sqrt{3} - 0\right)$$

$$A = 2 \cdot \frac{38}{15}\sqrt{3} \approx 8,78$$

3.3 Ermittlung der Rechteckfläche, die das Firmenlogo enthält:

$$A_{Rechteck} = 2 \cdot \sqrt{3} \cdot 4$$

$$A_{Rechteck} = 8 \cdot \sqrt{3}$$

$$A_{Abfall} = A_{Rechteck} - A_{Firmenlogo}$$

$$A_{Abfall} = 8 \cdot \sqrt{3} - 8{,}78 = 5{,}08$$

$$\frac{A_{Abfall}}{A_{Rechteck}} = \frac{5{,}08}{8 \cdot \sqrt{3}} = 0{,}366$$

Ergebnis: Der Anteil des Abfalls beträgt ca. 37 %.

4.

$$H(x) = -\frac{1}{108}x^4 + ax^3 + bx^2 + cx + d$$

$$H'(x) = h(x) = -\frac{1}{27}x^3 + 3ax^2 + 2bx + c$$

$$H''(x) = h'(x) = -\frac{1}{9}x^2 + 6ax + 2b$$

I Aus der Punktsymmetrie zum Ursprung von h folgt:
h enthält nur Potenzen von x mit ungeraden Exponenten sowie keine additiven Konstanten. Somit folgt:
$a = c = 0$

II Da $x = -3$ Wendestelle von G_H ist, muss gelten:
$H''(-3) = h'(-3) = 0$
Somit folgt:

$$h'(-3) = 0 \quad \Leftrightarrow \quad -\frac{1}{9}(-3)^2 + 2b = 0 \quad \Leftrightarrow \quad b = \frac{1}{2}$$

III Der Abszissenwert des Wendepunktes W ist $x = -3$, der Ordinatenwert $y = \frac{3}{4}$.
Somit gilt:

$$H(-3) = \frac{3}{4} \quad \Leftrightarrow$$

$$-\frac{1}{108} \cdot (-3)^4 + b \cdot (-3)^2 + d = \frac{3}{4} \quad \Leftrightarrow$$

$$-\frac{3}{4} + 9b + d = \frac{3}{4} \quad \Leftrightarrow$$

$$9b + d = \frac{3}{2} \quad (*)$$

Einsetzen von $b = \frac{1}{2}$ in Gleichung (∗) ergibt:

$$9 \cdot \frac{1}{2} + d = \frac{3}{2} \quad \Leftrightarrow$$

$$d = -3$$

Ergebnis:

$$H(x) = -\frac{1}{108}x^4 + \frac{1}{2}x^2 - 3$$

5.1 $A(x) = 2 \cdot x \cdot (-p(x))$

$A(x) = 2x \cdot (-0{,}5x^2 + 3{,}125)$

$A(x) = -x^3 + 6{,}25x$

Für den Definitionsbereich D_A ergibt sich:

$$\begin{aligned} p(x) &< 0 & \Leftrightarrow \\ 0{,}5x^2 - 3{,}125 &< 0 & \Leftrightarrow \\ x^2 - 6{,}25 &< 0 & \Leftrightarrow \\ (x-2{,}5)(x+2{,}5) &< 0 & \Leftrightarrow \\ (x-2{,}5>0 \wedge x+2{,}5<0) &\vee (x-2{,}5<0 \wedge x+2{,}5>0) & \Leftrightarrow \\ (x>2{,}5 \wedge x<-2{,}5) &\vee (x<2{,}5 \wedge x>-2{,}5) & \Leftrightarrow \\ \{\ \} &\vee -2{,}5<x<2{,}5 \end{aligned}$$

mit $x > 0$ folgt:

$D_A =]0;\ 2{,}5[$

5.2 $A(x) = -x^3 + 6{,}25x, \quad D_A =]0;\ 2{,}5[$

$A'(x) = -3x^2 + 6{,}25, \quad D_{A'} =]0;\ 2{,}5[$

$A''(x) = -6x, \quad D_{A''} =]0;\ 2{,}5[$

Relatives Maximum

Notwendige Bedingung: $A'(x) = 0 \quad \Leftrightarrow$

$$-3x^2 + 6{,}25 = 0 \quad \Leftrightarrow$$

$$x^2 = \frac{25}{12} \quad \Leftrightarrow$$

$$x_1 = -\frac{5}{6}\sqrt{3} \notin D_A \ \vee\ x_2 = \frac{5}{6}\sqrt{3}$$

Hinreichende Bedingung: $A''(x_2) < 0$

$$A''\left(\frac{5}{6}\sqrt{3}\right) = -6 \cdot \frac{5}{6}\sqrt{3} = -5\sqrt{3} < 0$$

Die Funktion A hat bei $x_2 = \frac{5}{6}\sqrt{3}$ ein relatives Maximum.

Absolutes Maximum

Die Funktion A'(x) hat im Intervall $]0;\ 2{,}5[$ nur eine Nullstelle, somit tritt keine weitere Änderung des Monotonieverhaltens im angegebenen Bereich auf. Das relative Maximum ist somit absolutes Maximum der Funktion A(x).

Für die Breite b ergibt sich:

$$b = 2 \cdot x_2 \quad \Leftrightarrow$$

$$b = 2 \cdot \frac{5}{6}\sqrt{3} \quad \Leftrightarrow$$

$$b = \frac{5}{3}\sqrt{3}$$

Für die Höhe h folgt:

$$h = \left| p\left(\frac{5}{6}\sqrt{3}\right) \right|$$

$$h = \left| \frac{1}{2}\left(\frac{5}{6}\sqrt{3}\right)^2 - \frac{25}{8} \right|$$

$$h = \left| \frac{1}{2} \cdot \frac{25}{36} \cdot 3 - \frac{25}{8} \right|$$

$$h = \left| \frac{25}{24} - \frac{25}{8} \right|$$

$$h = \left| \frac{25}{24} - \frac{75}{24} \right|$$

$$h = \left| -\frac{50}{24} \right|$$

$$h = \frac{50}{24}$$

$$h = \frac{25}{12}$$

Bayern – FOS · BOS 12 – Fachabiturprüfung 2011
Mathematik (Nichttechnische Ausbildungsrichtungen) – Stochastik S I

1.0 Die Eisdiele BAVARIA bietet unterschiedliche Eisbecher an. Aus langjähriger Erfahrung weiß der Eigentümer, dass 60 % der Gäste einen Eisbecher mit Fruchteis (F) bestellen. Zudem ist bekannt, dass 70 % aller Eisbecher mit Sahne (S) bestellt werden. 10 % der Eisbecher werden ohne Fruchteis und ohne Sahne bestellt.

1.1 Untersuchen Sie mithilfe einer Vierfeldertafel, ob die Ereignisse F und S stochastisch unabhängig sind. (5 BE)

1.2 Beschreiben Sie das Ereignis $\overline{\overline{F} \cup S}$ möglichst einfach mit Worten und geben Sie seine Wahrscheinlichkeit an. (3 BE)

2.0 Die Eisdiele BAVARIA unterhält im Sommer einen Eisstand an einem Badesee. Jeweils 25 % der Kunden kaufen dort 1, 2, 3 oder 4 Kugeln Eis (es werden maximal 4 Kugeln pro Bestellung verkauft!).
Die Kugeln werden normalerweise in der Waffel (w) ausgegeben. Beim Kauf von 3 oder 4 Kugeln kann der Kunde auch einen Becher (b) wählen, was jeweils jeder zweite dieser Kunden wünscht. Außerdem können Käufer von 3 oder 4 Kugeln das Eis mit Sahne (s) oder ohne Sahne bestellen.
Unabhängig davon, ob das Eis im Becher oder in der Waffel verkauft wird, wählen 60 % der Kunden, die 3 Kugeln bestellen, auch Sahne, bei den Kunden mit 4 Kugeln sind dies nur 40 %.
Das Zufallsexperiment besteht in der Feststellung, wie viele Kugeln Eis ein beliebig ausgewählter Kunde kauft, ob das Eis in der Waffel oder im Becher ausgegeben wird und ob Sahne gewünscht wird.

2.1 Ermitteln Sie mithilfe eines Baumdiagramms alle 10 Elementarereignisse mit ihren Wahrscheinlichkeiten. (6 BE)

2.2 Gegeben seien folgende Ereignisse:

E_1: „Ein Kunde bestellt mehr als eine Kugel Eis."
E_2: „Ein Kunde erhält keine Sahne."
E_3: „Ein Kunde erhält das Eis im Becher, aber ohne Sahne."

Geben Sie die Ereignisse E_3 und $E_4 = E_1 \cap E_2$ in aufzählender Mengenschreibweise an und bestimmen Sie ihre Wahrscheinlichkeiten. (4 BE)

2.3 Eine Kugel Eis und eine Portion Sahne kosten jeweils 1,00 €.
Die Zufallsgröße X gibt den Preis einer Bestellung an.
Geben Sie die Wahrscheinlichkeitsverteilung von X an und stellen Sie sie geeignet grafisch dar. (5 BE)

Berechnen Sie bei den folgenden Aufgaben die Wahrscheinlichkeiten auf vier Nachkommastellen.

3.0 Bei einem Wandertag kommt eine Klasse mit 25 Schülerinnen und Schülern an einem Eisstand vorbei. Der Lehrer kauft jedem Schüler eine Kugel Eis. Erfahrungsgemäß sind 40 % aller verkauften Kugeln Schokoladeneiskugeln.

3.1	Ermitteln Sie die Wahrscheinlichkeit, dass die Anzahl der Schokoladeneiskugeln, die der Lehrer für seine Klasse bezahlt, innerhalb der einfachen Standardabweichung um den Erwartungswert liegt.	(5 BE)
3.2	Nachdem die ersten 14 Schüler ihr Eis erhalten haben, merkt der Eisverkäufer, dass das Schokoladeneis nur noch für zwei Kugeln reicht. Berechnen Sie die Wahrscheinlichkeit, dass alle weiteren Bestellungen erfüllt werden können, wenn von den restlichen Eissorten noch genügend vorhanden ist.	(3 BE)
3.3.0	Der Eisverkäufer vermutet, dass der Anteil der verkauften Schoko-Eiskugeln höher als sonst liegt (Gegenhypothese) und will diese Vermutung anhand von 200 Bestellungen von jeweils einer Kugel Eis überprüfen.	
3.3.1	Geben Sie die Testgröße sowie die Nullhypothese an und ermitteln Sie den maximalen Ablehnungsbereich der Nullhypothese auf dem 10 %-Niveau.	(6 BE)
3.3.2	Erläutern Sie, worin im vorliegenden Fall der Fehler 2. Art besteht. Wie muss sich der minimale Annahmebereich von H_0 verändern, wenn das Signifikanzniveau abgesenkt wird?	(3 BE)
		(40 BE)

Tipps und Hinweise zur Lösung von Aufgabe S I

Teilaufgabe 1.1

- Übertragen Sie die gegebenen Wahrscheinlichkeiten in eine Vierfeldertafel und ergänzen Sie die fehlenden Werte.
- Die beiden Ereignisse F und S sind stochastisch unabhängig, wenn die Produktregel $P(F \cap S) = P(F) \cdot P(S)$ erfüllt ist.

Teilaufgabe 1.2

- Wenden Sie die Regeln von DeMorgan an.

Teilaufgabe 2.1

- Es liegt ein dreistufiges Zufallsexperiment vor.
- Tragen Sie in das Baumdiagramm die gegebenen Wahrscheinlichkeiten ein.
- Ermitteln Sie mithilfe der Pfadregeln die gesuchten Wahrscheinlichkeiten der Elementarereignisse.

Teilaufgabe 2.2

- Greifen Sie auf das Baumdiagramm von Teilaufgabe 2.1 zurück.

Teilaufgabe 2.3

- Ordnen Sie den Zufallswerten x die Wahrscheinlichkeiten $P(X = x)$ zu.
- Als grafische Darstellung bietet sich ein Stabdiagramm an.

Teilaufgabe 3.1

- Ermitteln Sie den Erwartungswert und die Standardabweichung der binomialverteilten Zufallsgröße X. Berechnen Sie daraus die gesuchte Wahrscheinlichkeit.

Teilaufgabe 3.2

- Es liegt eine Bernoulli-Kette vor. Machen Sie sich deren Länge und Trefferwahrscheinlichkeit klar.
- Verwenden Sie den Ansatz $P(X \leq 2)$.

Teilaufgabe 3.3.1

- Der Ablehnungsbereich der Nullhypothese H_0 hat die Gestalt $\overline{A} = \{a + 1; \ldots; 200\}$.
- Bestimmen Sie mithilfe der kumulativen Tabelle den Randwert.

Teilaufgabe 3.3.2

- Der Fehler 2. Art besteht darin, dass die Nullhypothese H_0 angenommen wird, obwohl sie falsch ist.
- Bei Absenkung des Signifikanzniveaus ändert sich der Rückweisungspunkt a.

Lösung

1.1 **Vierfeldertafel**

	F	$\overline{F}$	Σ
S	0,4	0,3	0,7
$\overline{S}$	0,2	0,1	0,3
Σ	0,6	0,4	1

(grau) = gegebene absolute Wahrscheinlichkeiten

Es gilt:
$P(F \cap S) = 0{,}4$
und
$P(F) \cdot P(S) = 0{,}6 \cdot 0{,}7 = 0{,}42$; d. h.,
$P(F \cap S) \neq P(F) \cdot P(S)$
$\Rightarrow$ Die Ereignisse F und S sind stochastisch abhängig.

1.2 $E = \overline{\overline{F} \cup S}$
Mit dem De-Morgan-Gesetz der Mengenalgebra folgt:
$E = \overline{\overline{F}} \cap \overline{S}$
Mit dem Gesetz des doppelten Komplements ergibt sich:
$E = F \cap \overline{S}$
E: „Der Gast bestellt Fruchteis ohne Sahne“
Es gilt:
$P(E) = P(F \cap \overline{S}) = 0{,}2$

2.1 **Baumdiagramm**

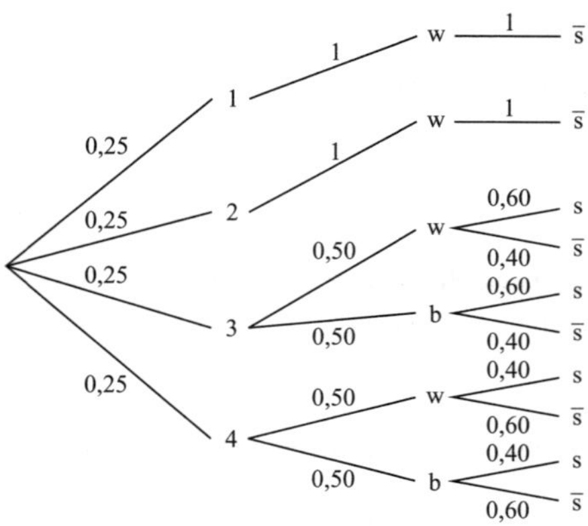

$\{\omega_i\}$	$P(\{\omega_i\})$
$1w\overline{s}$	$0{,}25 \cdot 1 \cdot 1 = 0{,}25$
$2w\overline{s}$	$0{,}25 \cdot 1 \cdot 1 = 0{,}25$
$3ws$	$0{,}25 \cdot 0{,}50 \cdot 0{,}60 = 0{,}075$
$3w\overline{s}$	$0{,}25 \cdot 0{,}50 \cdot 0{,}40 = 0{,}050$
$3bs$	$0{,}25 \cdot 0{,}50 \cdot 0{,}60 = 0{,}075$
$3b\overline{s}$	$0{,}25 \cdot 0{,}50 \cdot 0{,}40 = 0{,}050$
$4ws$	$0{,}25 \cdot 0{,}50 \cdot 0{,}40 = 0{,}050$
$4w\overline{s}$	$0{,}25 \cdot 0{,}50 \cdot 0{,}60 = 0{,}075$
$4bs$	$0{,}25 \cdot 0{,}50 \cdot 0{,}40 = 0{,}050$
$4b\overline{s}$	$0{,}25 \cdot 0{,}50 \cdot 0{,}60 = 0{,}075$

2.2 E_3: „Ein Kunde erhält das Eis im Becher, aber ohne Sahne.“
In aufzählender Mengenschreibweise ist:
$E_3 = \{3b\overline{s}; 4b\overline{s}\}$

Für die Wahrscheinlichkeit ergibt sich:

$P(E_3) = P(\{3b\overline{s}\}) + P(\{4b\overline{s}\})$
$P(E_3) = 0{,}050 + 0{,}075$
$P(E_3) = 0{,}125$

$E_4 = E_1 \cap E_2$
In aufzählender Mengenschreibweise ist:
$E_4 = \{2w\overline{s}; 3w\overline{s}; 3b\overline{s}; 4w\overline{s}; 4b\overline{s}\}$

Für die Wahrscheinlichkeit ergibt sich:

$P(E_4) = P(\{2w\overline{s}\}) + P(\{3w\overline{s}\}) + P(\{3b\overline{s}\}) + P(\{4w\overline{s}\}) + P(\{4b\overline{s}\})$
$P(E_4) = 0{,}25 + 0{,}05 + 0{,}05 + 0{,}075 + 0{,}075$
$P(E_4) = 0{,}5$

2.3 Wahrscheinlichkeitsverteilung der Zufallsgröße X:

x	1	2	3	4	5
$P(X=x)$	0,25	0,25	$0{,}05 + 0{,}05 = 0{,}1$	$0{,}075 + 0{,}075 + 0{,}075 + 0{,}075 = 0{,}3$	$0{,}05 + 0{,}05 = 0{,}1$

Stabdiagramm

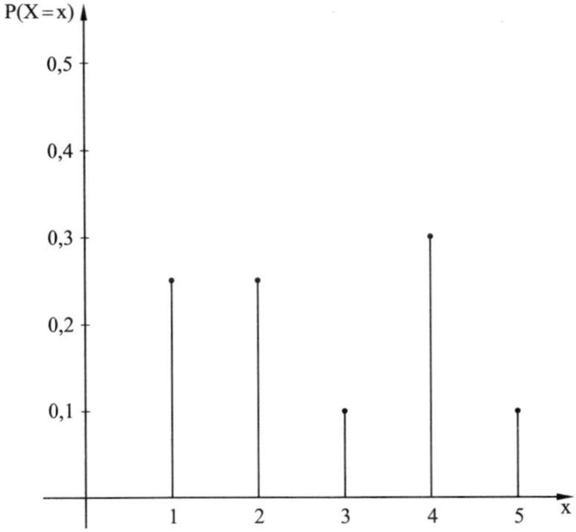

3.1 Das Zufallsexperiment kann als Bernoulli-Kette der Länge $n = 25$ mit den Parametern $p = 0{,}4$ und $q = 0{,}6$ angesehen werden.

Für den Erwartungswert $\mu = E(X)$ gilt: $\mu = n \cdot p = 25 \cdot 0{,}4 = 10$

Für die Standardabweichung σ ergibt sich:

$\sigma = \sqrt{n \cdot p \cdot q}$

$\sigma = \sqrt{25 \cdot 0{,}4 \cdot 0{,}6}$

$\sigma = 2{,}45$

Die Zufallswerte liegen innerhalb der einfachen Standardabweichung um den Erwartungswert $\mu = E(x)$, wenn gilt:

$|X - \mu| < \sigma$

Somit:

$$|X-10|<2{,}45 \quad \Leftrightarrow$$
$$-2{,}45<X-10<2{,}45 \quad \Leftrightarrow$$
$$7{,}55<X<12{,}45$$
$$\Rightarrow \quad P(|X-\mu|<\sigma)=P(7{,}55<X<12{,}45)$$
$$P(|X-\mu|<\sigma)=F_{0,4}^{25}(12)-F_{0,4}^{25}(7)$$

Mit dem Tafelwerk der Stochastik ergibt sich:

$$P(|X-\mu|<\sigma)=0{,}84623-0{,}15355$$
$$P(|X-\mu|<\sigma)=0{,}69268\approx 0{,}6927$$

3.2 Bernoulli-Kette der Länge $n=11$ mit den Parameterwerten $p=0{,}4$ und $q=0{,}6$.

$$P(X\leq 2)=P(X=0)+P(X=1)+P(X=2)$$
$$P(X\leq 2)=\binom{11}{0}\cdot 0{,}4^0\cdot 0{,}6^{11}+\binom{11}{1}\cdot 0{,}4^1\cdot 0{,}6^{10}+\binom{11}{2}\cdot 0{,}4^2\cdot 0{,}6^9$$
$$P(X\leq 2)=1\cdot 1\cdot 0{,}6^{11}+11\cdot 0{,}4\cdot 0{,}6^{10}+55\cdot 0{,}4^2\cdot 0{,}6^9$$
$$P(X\leq 2)=0{,}1189$$

3.3.1 Testgröße T: Anzahl der Schoko-Eiskugeln bei 200 Bestellungen.
T ist eine B(200; 0,4)-verteilte Zufallsgröße

Testart: einseitiger (rechtsseitiger) Signifikanztest
Signifikanzniveau: $\alpha=10\ \%$

Nullhypothese	Gegenhypothese
H_0: $p=0{,}4$	H_1: $p>0{,}4$
Annahmebereich von H_0:	Ablehnungsbereich von H_0:
$A=\{0;\ 1;\ 2;\ \ldots;\ a\}$, $a\in\mathbb{N}_0$	$\overline{A}=\{a+1;\ \ldots;\ 200\}$, $a\in\mathbb{N}_0$

Entscheidungsregel: H_0 wird verworfen, wenn gilt:
$P(T\geq a+1)\leq 0{,}10$

$$P(T\geq a+1)=1-F_{0,4}^{200}(a)\leq 0{,}1$$
$$F_{0,4}^{200}(a)\geq 0{,}9 \quad (*)$$

Mithilfe der Stochastik-Tabellen ergibt sich:

$a=89$

Maximaler Ablehnungsbereich von H_0:

$\overline{A}=\{90;\ 91;\ \ldots;\ 200\}$

3.3.2 Der Fehler 2. Art besteht in diesem Test darin, dass die Nullhypothese nicht abgelehnt wird, obwohl sie falsch ist, d. h. dass man annimmt, dass der Anteil der Schoko-Eiskugeln an den insgesamt verkauften Eiskugeln 40 % beträgt, obwohl dieser Anteil tatsächlich höher ist.
Bei Absenkung des Signifikanzniveaus folgt mit der Ungleichung (∗) in Teilaufgabe 3.3.1, dass der Rückweisungspunkt a größer wird. Der minimale Annahmebereich von H_0 muss sich deshalb vergrößern.

Bayern – FOS · BOS 12 – Fachabiturprüfung 2011
Mathematik (Nichttechnische Ausbildungsrichtungen) – Stochastik S II

1.0 Ein Händler für Baby- und Kleinkinderspielwaren hat in seinem Sortiment unter anderem Spielzeuge aus Holz (H). Die Hersteller der Spielzeuge kommen allesamt entweder aus Europa (E) oder aus Asien (A). Weiterhin sind einige Spielzeuge mit einer Rasselfunktion (R) ausgestattet.
Insgesamt sind 60 % der Spielzeuge im Sortiment aus Holz. Von diesen Holzspielzeugen kommen 78 % aus Europa. Insgesamt kommen 48 % der Spielzeuge aus Europa. Unabhängig von Beschaffenheit und Herkunft haben 30 % der Spielzeuge eine Rasselfunktion.

1.1 Ermitteln Sie mithilfe eines Baumdiagramms die Wahrscheinlichkeiten aller acht Elementarereignisse.
[Teilergebnis: $P(\{\overline{H}A\overline{R}\}) = 0{,}2716$] (6 BE)

1.2 Betrachtet werden nun folgende Ereignisse:
E_1: „Ein zufällig ausgewähltes Spielzeug ist aus Holz."
E_2: „Ein zufällig ausgewähltes Spielzeug kommt aus Asien."
Geben Sie beide Ereignisse in aufzählender Mengenschreibweise an und untersuchen Sie E_1 und E_2 auf stochastische Unabhängigkeit. (4 BE)

1.3 Nun werden 10 Spielzeuge zufällig nacheinander ausgewählt.
Berechnen Sie die Wahrscheinlichkeiten folgender Ereignisse:
E_3: „Genau 3 sind mit einer Rasselfunktion ausgestattet."
E_4: „Mindestens 9 sind ohne Rasselfunktion."
E_5: „Es sind genau drei mit Rasselfunktion und diese folgen hintereinander." (5 BE)

2.0 Eine Verbraucherschutzorganisation untersucht ausschließlich Spielzeug aus Holz. Dabei werden bei einem Anteil von p Mängel festgestellt.
Nun werden 5 Holzspielzeuge zufällig ausgewählt und auf Mängel untersucht. Die Zufallsgröße X gibt die Anzahl der Spielzeuge mit Mängeln an.

2.1 Berechnen Sie p für den Fall, dass die Wahrscheinlichkeit für genau 5 einwandfreie Spielzeuge 0,4182 beträgt. (3 BE)

2.2.0 Der Anteil mängelbehafteter Holzspielzeuge sei $p = 0{,}16$.

2.2.1 Stellen Sie die Wahrscheinlichkeitsverteilung von X in tabellarischer Form dar. Geben Sie dazu die Wahrscheinlichkeiten auf vier Nachkommastellen genau an. (5 BE)

2.2.2 Ermitteln Sie die Wahrscheinlichkeit $P(X > 3)$ und interpretieren Sie diesen Wert im Sinne der vorliegenden Thematik. (3 BE)

2.2.3 Berechnen Sie die Wahrscheinlichkeit, mit der die Zufallswerte innerhalb der einfachen Standardabweichung um den Erwartungswert liegen. (4 BE)

3.0 Längeren Erfahrungen zu Folge betrug der Anteil der Spielzeuge aus Kunststoff, welche einen unzulässig hohen Anteil an gesundheitsschädlichem Weichmacher enthielten, genau 15 %.
Es wird vermutet, dass sich der Anteil der nicht zulässigen Spielzeuge erhöht hat (Gegenhypothese). Es werden 200 zufällig ausgewählte Spielzeuge aus Kunststoff auf Weichmacher getestet.

3.1 Geben Sie die Testgröße und die Nullhypothese an. Ermitteln Sie den größtmöglichen Ablehnungsbereich der Nullhypothese, wenn das Signifikanzniveau 5 % betragen soll. (6 BE)

3.2 Berechnen Sie bei diesem Test (vgl. 3.1) die Wahrscheinlichkeit für den Fehler 1. Art und erläutern Sie ihn im Sinne der Thematik. (4 BE)

(40 BE)

Tipps und Hinweise zur Lösung von Aufgabe S II

Teilaufgabe 1.1

- Es liegt ein dreistufiges Zufallsexperiment vor.
- Ermitteln Sie die Wahrscheinlichkeiten der zweiten Stufe z. B. mithilfe eines zweistufigen Baumdiagramms.
- Tragen Sie in das dreistufige Baumdiagramm die ermittelten Wahrscheinlichkeiten ein und wenden Sie die Pfadregeln an.

Teilaufgabe 1.2

- Die beiden Ereignisse E_1 und E_2 sind stochastisch unabhängig, wenn die Produktregel $P(E_1 \cap E_2) = P(E_1) \cdot P(E_2)$ erfüllt ist.

Teilaufgabe 1.3

- Machen Sie sich Länge und Trefferwahrscheinlichkeit der vorliegenden Bernoulli-Kette klar.
- Verwenden Sie bei Ereignis E_3 die Formel für genau k Treffer, bei Ereignis E_4 den Ansatz $P(X \geq 9)$ und beachten Sie bei Ereignis E_5, dass eine bestimmte Serie vorliegt.

Teilaufgabe 2.1

- Verwenden Sie die Bernoulli-Formel und bestimmen Sie den Parameter p.

Teilaufgabe 2.2.1

- Bestimmen Sie mithilfe der Bernoulli-Formel die Wahrscheinlichkeiten $P(X = x)$.

Teilaufgabe 2.2.2

- Verwenden Sie den Ansatz $P(X > 3) = P(X = 4) + P(X = 5)$.

Teilaufgabe 2.2.3

- Ermitteln Sie den Erwartungswert und die Standardabweichung der binomialverteilten Zufallsgröße X. Berechnen Sie daraus die gesuchte Wahrscheinlichkeit.

Teilaufgabe 3.1

- Der Ablehnungsbereich der Nullhypothese hat die Gestalt $\overline{A} = \{k + 1; \ldots; 200\}$.
- Bestimmen Sie mithilfe der kumulativen Tabelle den Randwert.

Teilaufgabe 3.2

- Verwenden Sie für die Wahrscheinlichkeit α' des Fehlers 1. Art den Ansatz $\alpha' = P(T \geq k + 1)$.

Lösung

1.1 Die Zusammensetzung des Spielzeugsortiments kann als dreistufiges Zufallsexperiment angesehen werden.
Ermittlung der Wahrscheinlichkeit der 2. Stufe:
Ereignis B: „Das Spielzeug kommt aus Europa.“
Wahrscheinlichkeit $P(\{B\}) = 0{,}48$
zweistufiges (reduziertes) **Baumdiagramm**

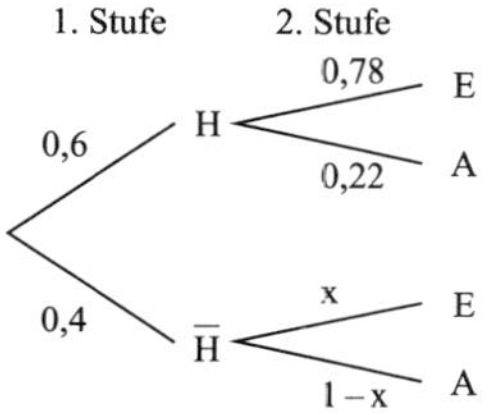

Mit den Pfadregeln ergibt sich:

$$0{,}6 \cdot 0{,}78 + 0{,}4 \cdot x = 0{,}48 \quad \Leftrightarrow$$
$$x = 0{,}03$$

dreistufiges **Baumdiagramm**

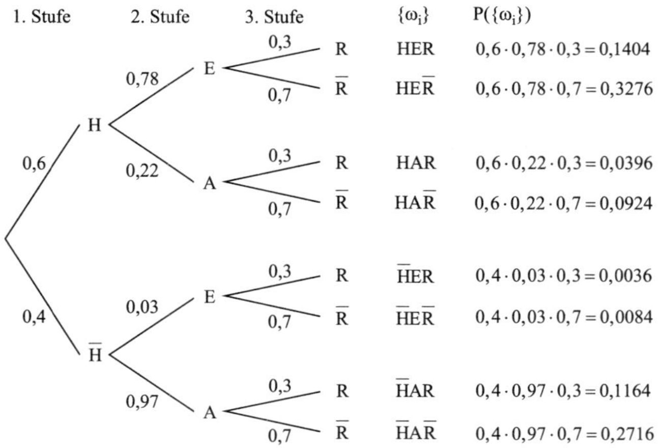

1.2 E_1: „Ein zufällig ausgewähltes Spielzeug ist aus Holz.“
In aufzählender Mengenschreibweise ist:

$$E_1 = \{HER;\, HE\overline{R};\, HAR;\, HA\overline{R}\}$$

Für die Wahrscheinlichkeit ergibt sich:

$$P(E_1) = P(\{HER\}) + P(\{HE\overline{R}\}) + P(\{HAR\}) + P\{(HA\overline{R})\}$$
$$P(E_1) = 0{,}1404 + 0{,}3276 + 0{,}0396 + 0{,}0924$$
$$P(E_1) = 0{,}6$$

E_2: „Ein zufällig ausgewähltes Spielzeug kommt aus Asien."
In aufzählender Mengenschreibweise ist:

$E_2 = \{HAR; HA\overline{R}; \overline{H}AR; \overline{H}A\overline{R}\}$

Für die Wahrscheinlichkeit ergibt sich:

$P(E_2) = P(\{HAR\}) + P(\{HA\overline{R}\}) + P(\{\overline{H}AR\}) + P\{(\overline{H}A\overline{R})\}$
$P(E_2) = 0{,}0396 + 0{,}0924 + 0{,}1164 + 0{,}2716$
$P(E_2) = 0{,}52$

Es gilt:

$E_1 \cap E_2 = \{HAR; HA\overline{R}\}$

Für die Wahrscheinlichkeit ergibt sich:

$P(E_1 \cap E_2) = P(\{HAR\}) + P\{(HA\overline{R})\}$
$P(E_1 \cap E_2) = 0{,}0396 + 0{,}0924$
$P(E_1 \cap E_2) = 0{,}132$

Somit:

$P(E_1) \cdot P(E_2) = 0{,}6 \cdot 0{,}52 = 0{,}312$, d. h. $P(E_1) \cdot P(E_2) \neq P(E_1 \cap E_2)$

$\Rightarrow$ Die Ereignisse E_1 und E_2 sind stochastisch abhängig.

1.3 Das Zufallsexperiment kann als Bernoulli-Kette der Länge $n = 10$ mit den Parametern $p = p_R = 0{,}3$ und $q = p_{\overline{R}} = 0{,}7$ angesehen werden.

E_3: „Genau 3 sind mit einer Rasselfunktion ausgestattet."

$P(E_3) = \binom{10}{3} \cdot 0{,}3^3 \cdot 0{,}7^7$

$P(E_3) = 0{,}26683$

E_4: „Mindestens 9 sind ohne Rasselfunktion."

$P(E_4) = \binom{10}{9} \cdot 0{,}7^9 \cdot 0{,}3^1 + \binom{10}{10} \cdot 0{,}7^{10} \cdot 0{,}3^0$

$P(E_4) = 10 \cdot 0{,}7^9 \cdot 0{,}3 + 1 \cdot 0{,}7^{10} \cdot 1$

$P(E_4) = 0{,}12106 + 0{,}02825$

$P(E_4) = 0{,}14931$

E_5: „Es sind genau drei mit Rasselfunktion und diese folgen hintereinander."

$P(E_5) = 8 \cdot 0{,}3^3 \cdot 0{,}7^7 = 0{,}01779$ (Wahrscheinlichkeit für eine bestimmte Serie)

2.0 Binomialverteilte Zufallsgröße X mit $n = 5$ und dem Parameter p.

2.1 Es soll gelten:

$$P(X = 0) = 0{,}4182$$
$$\binom{5}{0} \cdot p^0 \cdot (1-p)^5 = 0{,}4182$$
$$1 \cdot 1 \cdot (1-p)^5 = 0{,}4182$$
$$1 - p = \sqrt[5]{0{,}4182}$$
$$p = 1 - \sqrt[5]{0{,}4182}$$
$$p = 0{,}16$$

2.2.1 Es gilt: $p = 0,16$

$P(X = 0) = \binom{5}{0} \cdot 0,16^0 \cdot 0,84^5$

$P(X = 0) = 1 \cdot 1 \cdot 0,84^5$

$P(X = 0) = 0,4182$ (vgl. Teilaufgabe 2.1)

$P(X = 1) = \binom{5}{1} \cdot 0,16^1 \cdot 0,84^4$

$P(X = 1) = 0,3983$

$P(X = 2) = \binom{5}{2} \cdot 0,16^2 \cdot 0,84^3$

$P(X = 2) = 0,1517$

$P(X = 3) = \binom{5}{3} \cdot 0,16^3 \cdot 0,84^2$

$P(X = 3) = 0,0289$

$P(X = 4) = \binom{5}{4} \cdot 0,16^4 \cdot 0,84^1$

$P(X = 4) = 0,0028$

$P(X = 5) = \binom{5}{5} \cdot 0,16^5 \cdot 0,84^0$

$P(X = 5) = 0,0001$

Wahrscheinlichkeitsverteilung der Zufallsgröße X:

x	0	1	2	3	4	5
P(X = x)	0,4182	0,3983	0,1517	0,0289	0,0028	0,0001

2.2.2 $P(X > 3) = P(X = 4) + P(X = 5)$

$P(X > 3) = 0,0028 + 0,0001 = 0,0029$

Mit einer Wahrscheinlichkeit von 0,29 % weisen mehr als 3 Spielzeuge Mängel auf.

2.2.3 Das Zufallsexperiment kann als Bernoulli-Kette der Länge $n = 5$ mit den Parametern $p = 0,16$ und $q = 0,84$ angesehen werden.

Für den Erwartungswert $\mu = E(X)$ gilt: $\mu = n \cdot p = 5 \cdot 0,16 = 0,8$

Für die Standardabweichung σ ergibt sich:

$\sigma = \sqrt{n \cdot p \cdot q}$

$\sigma = \sqrt{5 \cdot 0,16 \cdot 0,84}$

$\sigma = 0,82$

Die Zufallswerte liegen innerhalb der einfachen Standardabweichung um den Erwartungswert $\mu = E(x)$, wenn gilt:

$|X - \mu| < \sigma$

Somit:

$$|X-0{,}8|<0{,}82 \Leftrightarrow$$
$$-0{,}82<X-0{,}8<0{,}82 \Leftrightarrow$$
$$-0{,}02<X<1{,}62$$
$$\Rightarrow P(|X-\mu|<\sigma)=P(-0{,}02<X<1{,}62)$$
$$P(|X-\mu|<\sigma)=P(X=0)+P(X=1)$$
$$P(|X-\mu|<\sigma)=0{,}4182+0{,}3983$$
$$P(|X-\mu|<\sigma)=0{,}8165$$

3.1 Testgröße T: Anzahl der Spielzeuge aus Kunststoff mit zu hohem Anteil an Weichmachern bei 200 Spielzeugen.
T ist eine B(200; 0,15)-verteilte Zufallsgröße:

Testart: einseitiger (rechtsseitiger) Signifikanztest
Signifikanzniveau: $\alpha=5\ \%$

Nullhypothese	Gegenhypothese
H_0: $p=0{,}15$	H_1: $p>0{,}15$
Annahmebereich von H_0:	Ablehnungsbereich von H_0:
$A=\{0;\ 1;\ 2;\ \ldots;\ k\},\ k\in\mathbb{N}_0$	$\overline{A}=\{k+1;\ \ldots;\ 200\},\ k\in\mathbb{N}_0$

Entscheidungsregel: H_0 wird verworfen, wenn gilt:
$P(T\geq k+1)\leq 0{,}05$

$$P(T\geq k+1)=1-F_{0,15}^{200}(k)\leq 0{,}05$$
$$F_{0,15}^{200}(k)\geq 0{,}95$$

Mithilfe der Stochastik-Tabellen ergibt sich:

$k=38$

Maximaler Ablehnungsbereich von H_0:

$\overline{A}=\{39;\ 40;\ \ldots;\ 200\}$

3.2 Wahrscheinlichkeit des Fehlers 1. Art:

$\alpha'=P(T\geq 39)$

$\alpha'=1-F_{0,15}^{200}(38)$

Mithilfe der Stochastik-Tabellen ergibt sich:

$\alpha'=1-0{,}95020$

$\alpha'=0{,}0498$

Der Fehler 1. Art besteht bei diesem Test darin, dass die Nullhypothese abgelehnt wird, obwohl sie wahr ist, d. h. obwohl sich der Anteil der Spielzeuge aus Kunststoff mit einem zu hohen Weichmacheranteil nicht erhöht hat, geht man von einer Erhöhung aus.

Bayern – FOS · BOS 12 – Fachabiturprüfung 2012
Mathematik (Nichttechnische Ausbildungsrichtungen) – Analysis A I

1.0 f sei eine ganzrationale Funktion mit der Ableitungsfunktion
$f'(x) = \frac{1}{2}(x-6)(x-2)$ und $D_{f'} = D_f = \mathbb{R}$.

1.1 Geben Sie die Nullstellen der Funktion f' an, skizzieren Sie den Graphen von f' und ermitteln Sie die maximalen Monotonieintervalle der Funktion f. (4 BE)

1.2 Bestimmen Sie die maximalen Krümmungsintervalle des Graphen G_f. (4 BE)

1.3 Der Graph G_f enthält den Punkt $A(3\,|\,0)$. Bestimmen Sie den Funktionsterm f(x) der Funktion f.
[Mögliches Ergebnis: $f(x) = \frac{1}{6}(x^3 - 12x^2 + 36x - 27)$] (4 BE)

1.4 Berechnen Sie die Nullstellen der Funktion f mit Vielfachheit. Runden Sie gegebenenfalls auf zwei Nachkommastellen.
[Teilergebnis: $x_3 \approx 7{,}85$] (6 BE)

1.5 Ermitteln Sie Art und Koordinaten der Extrempunkte sowie die Koordinaten des Wendepunkts des Graphen G_f. (4 BE)

1.6 Zeichnen Sie den Graphen G_f im Bereich $0 \le x \le 8$ unter Verwendung vorliegender Ergebnisse in ein kartesisches Koordinatensystem. (4 BE)

1.7 Der Graph G_f und die x-Achse begrenzen im vierten Quadranten des Koordinatensystems ein endliches Flächenstück. Berechnen Sie die Maßzahl seines Flächeninhalts. Runden Sie auf zwei Stellen nach dem Komma. (5 BE)

2.0 Gegeben sind die Funktionen $g_a\colon x \mapsto \frac{1}{6}x(x-a)^2$ mit $D_{g_a} = \mathbb{R}$ und $a \in \mathbb{R}$.

2.1 Geben Sie in Abhängigkeit von a Lage und Vielfachheit der Nullstellen der Funktion g_a an. (3 BE)

2.2 Berechnen Sie in Abhängigkeit von a diejenigen Stellen, an denen die Graphen der Funktion f (aus 1.3) und g_a gleiche Steigung besitzen. (8 BE)

2.3 Erläutern Sie für $a = 6$ den Zusammenhang der Graphen von f und g_6. (2 BE)

3.0 Das Brett eines Bücherregals liegt auf drei Stützen, die jeweils einen Abstand von 0,5 m haben und sich auf gleicher Höhe befinden. Belastet man das Brett gleichmäßig mit Büchern, so biegt es sich durch (vgl. Skizze).

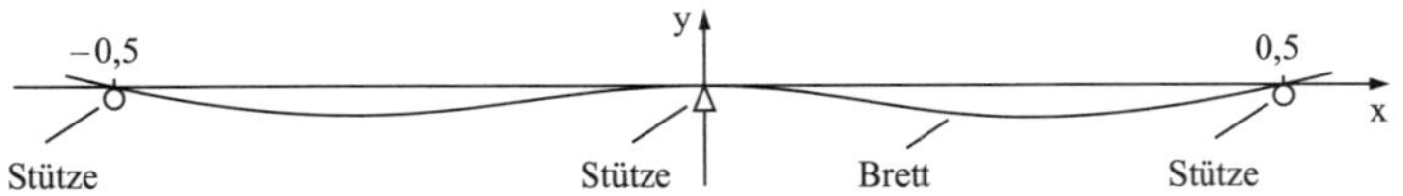

Die Unterkante des Brettes kann im Bereich $D_{u_k} = [0; 0{,}5]$ als Graph der Funktion $u_k\colon x \mapsto k(10x^3 - 8x^4 - 3x^2)$ aufgefasst werden, wobei $k \in \mathbb{R}^+$ vom Brett und der Belastung abhängt. $u_k(x)$ und x werden in Meter gemessen.
Runden Sie bei den folgenden Berechnungen der Aufgabengruppe 3 die Ergebnisse auf 4 Stellen nach dem Komma. Auf die Mitführung von Einheiten wird verzichtet.

3.1 Ermitteln Sie die Stelle x_E, für die die größte Durchbiegung des Brettes im Bereich D_{u_k} vorliegt.
[Ergebnis: $x_E \approx 0{,}2892$] (6 BE)

3.2 Berechnen Sie den Wert für k so, dass die größte Durchbiegung zwei Millimeter beträgt. (3 BE)

4.0 Nun wird das Brett aus Aufgabe 3 im Bereich $-0{,}5 \le x \le 0{,}5$ betrachtet. Die Unterkante des Regalbretts wird jetzt durch den Graphen einer abschnittsweise definierten Funktion h beschrieben mit

$$h(x) = \begin{cases} v(x) & \text{für } -0{,}5 \le x < 0 \\ 0{,}1 \cdot (10x^3 - 8x^4 - 3x^2) & \text{für } 0 \le x \le 0{,}5 \end{cases}$$

Wenn das Brett gleichmäßig belastet ist, ist der Graph der Funktion h symmetrisch zur y-Achse und ferner ist h an der Stelle $x_0 = 0$ stetig.

4.1 Ermitteln Sie unter obigen Bedingungen v(x). Ihre Vorgehensweise muss durch Rechnung erkennbar sein oder verbal begründet werden. (3 BE)

4.2 Bestimmen Sie $\lim\limits_{x \overset{>}{\to} 0} h'(x)$ und begründen Sie, ob die Funktion h an der Stelle $x_0 = 0$ differenzierbar ist. (4 BE)

(60 BE)

Tipps und Hinweise zur Lösung von Aufgabe A I

Teilaufgabe 1.1

- Ermitteln Sie mithilfe der Nullproduktregel die Nullstellen von f'.
- Das Monotonieverhalten von f ermitteln Sie mithilfe der ersten Ableitung.
- Das Vorzeichen von f' bestimmt das Monotonieverhalten in einem Intervall.

Teilaufgabe 1.2

- Das Krümmungsverhalten des Graphen ermitteln Sie mit der zweiten Ableitung.
- Das Vorzeichen von f" bestimmt das Krümmungsverhalten in einem Intervall.

Teilaufgabe 1.3

- Integrieren Sie f' und ermitteln Sie die auftretende Integrationskonstante anhand der gegebenen Eigenschaft.

Teilaufgabe 1.4

- Bestimmen Sie eine Nullstelle der Funktion f mit den Angaben von Teilaufgabe 1.3 und führen Sie eine Polynomdivision durch.

Teilaufgabe 1.5

- Ermitteln Sie mithilfe der notwendigen und hinreichenden Bedingungen die Art und die Koordinaten der Extrempunkte des Graphen.
- Aus der Änderung des Krümmungsverhaltens (Ergebnis von Teilaufgabe 1.2) ergibt sich der Wendepunkt des Graphen.

Teilaufgabe 1.6

- Zeichnen Sie den Graphen der Funktion f mithilfe vorliegender Ergebnisse und Berechnung zusätzlicher geeigneter Funktionswerte.

Teilaufgabe 1.7

- Berechnen Sie die Maßzahl des Flächeninhalts unter Verwendung des bestimmten Integrals.

Teilaufgabe 2.1

- Ermitteln Sie mithilfe der Nullproduktregel die Nullstellen in Abhängigkeit von a und geben Sie deren Lage und Vielfachheiten an.

Teilaufgabe 2.2

- Beachten Sie, dass Graphen von Funktionen an denjenigen Stellen gleiche Steigung besitzen, an denen die Werte der ersten Ableitung übereinstimmen.

Teilaufgabe 2.3

- Haben zwei Graphen an allen Stellen die gleiche Steigung, so unterscheiden sich die Funktionsterme nur durch eine additive Konstante.

Teilaufgabe 3.1

- Ermitteln Sie mithilfe der notwendigen und hinreichenden Bedingungen die relative Minimalstelle der Funktion u_k (= maximale Durchbiegung).
- Zeigen Sie, dass die relative Minimalstelle die absolute ist.

Teilaufgabe 3.2

- Beachten Sie, dass die größte Durchbiegung ein negativer Funktionswert ist.

Teilaufgabe 4.1

- Verwenden Sie die Bedingung für die Symmetrie zur y-Achse: $h(-x) = h(x)$ für alle $x \in D_h$

Teilaufgabe 4.2

- Bilden Sie die Ableitung der abschnittsweise definierten Funktion h.
- Bestimmen Sie den rechtsseitigen Grenzwert der Ableitungsfunktion an der Nahtstelle $x_0 = 0$.
- Begründen Sie mithilfe der Symmetrie, dass die Differenzierbarkeitsbedingung an der Nahtstelle erfüllt ist.

Lösung

1.1 **Nullstellen** von f'(x)

$$f'(x) = 0 \quad \Leftrightarrow$$

$$\frac{1}{2}(x-6)(x-2) = 0$$

Mit dem Satz vom Nullprodukt (Nullproduktregel) folgt:

$$x-6=0 \;\vee\; x-2=0 \quad \Leftrightarrow$$

$$x_1=6 \;\vee\; x_2=2$$

Skizze von $G_{f'}$

Grafik für Teilaufgabe 1.1

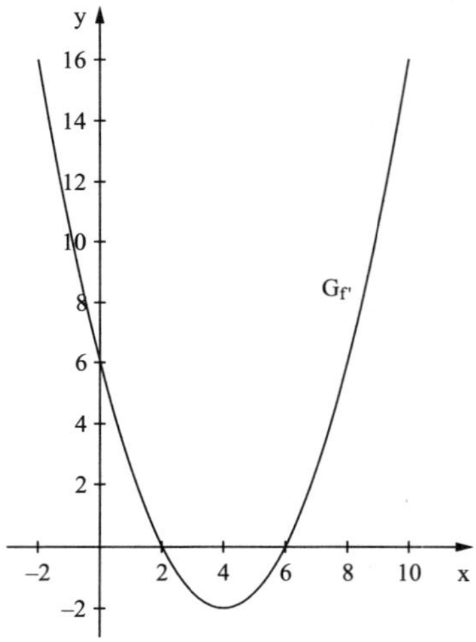

Das **Monotonieverhalten** wird mit der 1. Ableitung ermittelt:

$$f'(x) = \frac{1}{2}(x-6)(x-2)$$

Streng monoton zunehmend: $f'(x) > 0$

$$\frac{1}{2}(x-6)(x-2) > 0 \quad \Leftrightarrow$$

$$(x-6)(x-2) > 0 \quad \Leftrightarrow$$

$$(x-6>0 \;\wedge\; x-2>0) \;\vee\; (x-6<0 \;\wedge\; x-2<0) \quad \Leftrightarrow$$

$$(x>6 \;\wedge\; x>2) \;\vee\; (x<6 \;\wedge\; x<2) \quad \Leftrightarrow$$

$$x>6 \;\vee\; x<2$$

f ist im gesamten Definitionsbereich stetig, somit folgt:
f ist streng monoton zunehmend im Intervall $]-\infty; 2]$ sowie im Intervall $[6; \infty[$.

Streng monoton abnehmend: $f'(x) < 0$

$$\frac{1}{2}(x-6)(x-2) < 0 \quad \Leftrightarrow$$

$$(x-6)(x-2) < 0 \quad \Leftrightarrow$$

$$(x-6>0 \wedge x-2<0) \vee (x-6<0 \wedge x-2>0) \quad \Leftrightarrow$$

$$(x>6 \wedge x<2) \vee (x<6 \wedge x>2) \quad \Leftrightarrow$$

$$\{\} \vee 2<x<6$$

f ist im gesamten Definitionsbereich stetig, somit folgt:
f ist streng monoton abnehmend im Intervall [2; 6].

1.2 $$f'(x) = \frac{1}{2}(x-6)(x-2) \quad \Leftrightarrow$$

$$f'(x) = \frac{1}{2}(x^2-6x-2x+12) \quad \Leftrightarrow$$

$$f'(x) = \frac{1}{2}(x^2-8x+12)$$

Das **Krümmungsverhalten** wird mit der 2. Ableitung ermittelt:

$$f''(x) = \frac{1}{2}(2x-8)$$

$$f''(x) = x-4$$

Linkskrümmung: $f''(x) > 0$

$$x-4>0 \quad \Leftrightarrow$$

$$x>4$$

f' ist im gesamten Definitionsbereich stetig, somit folgt:
G_f ist linksgekrümmt im Intervall [4; ∞[.

Rechtskrümmung: $f''(x) < 0$

$$x-4<0 \quad \Leftrightarrow$$

$$x<4$$

f' ist im gesamten Definitionsbereich stetig, somit folgt:
G_f ist rechtsgekrümmt im Intervall]−∞; 4].

1.3 f ergibt sich durch Integration:

$$f(x) = \int f'(x)\,dx$$

$$f(x) = \int \frac{1}{2}(x^2-8x+12)\,dx$$

$$f(x) = \frac{1}{2}\left(\frac{1}{3}x^3-4x^2+12x\right)+C$$

$$f(x) = \frac{1}{6}x^3-2x^2+6x+C$$

Bestimmung der Integrationskonstanten C

Mit $A(3;\,0) \in G_f$ folgt:

$$f(3) = 0 \quad \Leftrightarrow$$

$$\frac{1}{6} \cdot 3^3 - 2 \cdot 3^2 + 6 \cdot 3 + C = 0 \quad \Leftrightarrow$$

$$C = -\frac{9}{2}$$

Ergebnis:

$$f(x) = \frac{1}{6}x^3 - 2x^2 + 6x - \frac{9}{2}$$

$$f(x) = \frac{1}{6}(x^3 - 12x^2 + 36x - 27)$$

1.4 **Nullstellen**

$$f(x) = 0 \quad \Leftrightarrow$$

$$\frac{1}{6}(x^3 - 12x^2 + 36x - 27) = 0 \quad \Leftrightarrow$$

$$x^3 - 12x^2 + 36x - 27 = 0$$

$x_1 = 3$ ist Lösung dieser Gleichung nach Teilaufgabe 1.3.

Polynomdivision

$$(x^3 - 12x^2 + 36x - 27) : (x - 3) = x^2 - 9x + 9$$

$$\begin{array}{l} \underline{-(x^3 - 3x^2)} \\ \quad -9x^2 + 36x \\ \quad \underline{-(-9x^2 + 27x)} \\ \qquad\qquad 9x - 27 \\ \qquad\qquad \underline{-(9x - 27)} \\ \qquad\qquad\qquad 0 \end{array}$$

Weitere Nullstellen

$x^2 - 9x + 9 = 0$

Diskriminante der quadratischen Gleichung:

$D = (-9)^2 - 4 \cdot 1 \cdot 9 \quad \Leftrightarrow$

$D = 45 > 0$

$$x_{2,3} = \frac{9 \pm \sqrt{45}}{2}$$

$$x_2 \approx 7{,}85 \ \vee \ x_3 \approx 1{,}15$$

x_1, x_2 und x_3 sind jeweils einfache Nullstellen.

1.5 $f'(x) = \frac{1}{2}(x-6)(x-2)$

$f''(x) = x - 4$ (nach Teilaufgabe 1.2)

Relative Extrempunkte

Notwendige Bedingung: $f'(x) = 0 \iff$

$$\frac{1}{2}(x-6)(x-2) = 0$$

Mit Teilaufgabe 1.1 folgt:

$x_1 = 6 \lor x_2 = 2$

Hinreichende Bedingung: $f''(x) \neq 0$

$f''(6) = 6 - 4 = 2 > 0 \Rightarrow \begin{cases} f \text{ hat bei } x_1 = 6 \text{ ein relatives Minimum} \\ T(6; -4{,}5) \text{ relativer Tiefpunkt} \end{cases}$

$f''(2) = 2 - 4 = -2 < 0 \Rightarrow \begin{cases} f \text{ hat bei } x_2 = 2 \text{ ein relatives Maximum} \\ H\left(2; \frac{5}{6}\right) \text{ relativer Hochpunkt} \end{cases}$

Wendepunkt

Unter Verwendung der Ergebnisse von Teilaufgabe 1.2 folgt aus der Änderung des Krümmungsverhaltens an der Stelle $x = 4$ der Wendepunkt $W\left(4; -\frac{11}{6}\right)$.

1.6 Wertetabelle für G_f:

		NSt.	HP	NSt.	WP	TP	NSt.	
x	0	1,15	2	3	4	6	7,85	8
f(x)	−4,5	0	0,83	0	−1,83	−4,5	0	0,83

Grafik für Teilaufgaben 1.6 und 1.7

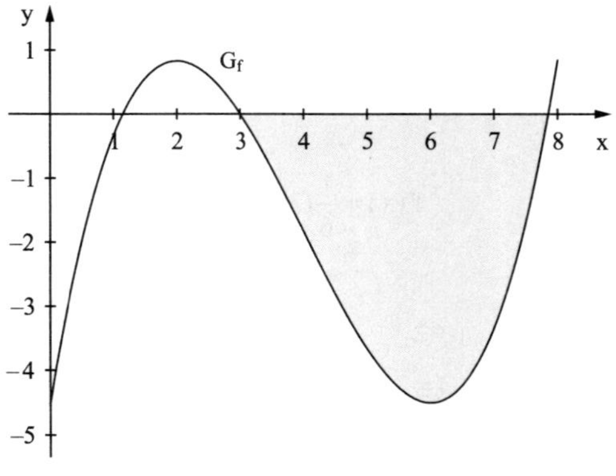

1.7 Kennzeichnen des Flächenstücks im Koordinatensystem von Teilaufgabe 1.6.
Die Integrationsgrenzen ergeben sich mithilfe der Teilaufgabe 1.4.

$$A \approx \left| \int_3^{7,85} \frac{1}{6}(x^3 - 12x^2 + 36x - 27)\,dx \right|$$

$$A \approx \left| \left[\frac{1}{6}\left(\frac{1}{4}x^4 - 4x^3 + 18x^2 - 27x \right) \right]_3^{7,85} \right|$$

$$A \approx \left| \frac{1}{6}\left(\frac{1}{4} \cdot 7,85^4 - 4 \cdot 7,85^3 + 18 \cdot 7,85^2 - 27 \cdot 7,85 \right) - \frac{1}{6}\left(\frac{1}{4} \cdot 3^4 - 4 \cdot 3^3 + 18 \cdot 3^2 - 27 \cdot 3 \right) \right|$$

$$A \approx |-14,726 + 1,125|$$

$$A \approx 13,60$$

2.1 **Nullstellen**

$$g_a(x) = 0 \quad \Leftrightarrow$$

$$\frac{1}{6}x(x-a)^2 = 0$$

Mit dem Satz vom Nullprodukt (Nullproduktregel) folgt:

$$x_1 = 0 \ \lor \ (x-a)^2 = 0 \quad \Leftrightarrow$$

$$x_{2,3} = a$$

Fallunterscheidung für a

$a = 0$: eine dreifache Nullstelle $x_{1,2,3} = 0$

$a \neq 0$: eine einfache Nullstelle $x_1 = 0$
eine doppelte Nullstelle $x_{2,3} = a$

2.2 $g_a(x) = \frac{1}{6}x(x-a)^2$ $\qquad$ $f(x) = \frac{1}{6}(x^3 - 12x^2 + 36x - 27)$

$$g_a(x) = \frac{1}{6}x(x^2 - 2ax + a^2)$$

$$g_a(x) = \frac{1}{6}(x^3 - 2ax^2 + a^2x)$$

$g'_a(x) = \frac{1}{6}(3x^2 - 4ax + a^2)$ $\qquad$ $f'(x) = \frac{1}{6}(3x^2 - 24x + 36)$

Gleiche Steigung

$$g'_a(x) = f'(x) \quad \Leftrightarrow$$

$$\frac{1}{6}(3x^2 - 4ax + a^2) = \frac{1}{6}(3x^2 - 24x + 36) \quad \Leftrightarrow$$

$$-4ax + a^2 = -24x + 36 \quad \Leftrightarrow$$

$$4ax - 24x = a^2 - 36 \quad \Leftrightarrow$$

$$x(4a - 24) = a^2 - 36 \quad \Leftrightarrow$$

Fallunterscheidung für a

$a=6$: $x(4\cdot 6-24)=6^2-36$

$x\cdot 0=0$ (allgemeingültige Gleichung für alle $x\in\mathbb{R}$)

Ergebnis: G_f und G_{g_6} haben an allen Stellen gleiche Steigung.

$a\neq 6$: $x(4a-24)=a^2-36$

Division der Gleichung durch $4a-24\neq 0$ ergibt:

$$x=\frac{a^2-36}{4a-24} \Leftrightarrow$$

$$x=\frac{(a+6)(a-6)}{4(a-6)} \Leftrightarrow$$

$$x=\frac{1}{4}(a+6)$$

Ergebnis: G_f und G_{g_a} haben an der Stelle $x=\frac{1}{4}(a+6)$ gleiche Steigung.

2.3 Mit dem Ergebnis aus Teilaufgabe 2.2 folgt:
Die Funktionsterme f(x) und $g_6(x)$ unterscheiden sich durch eine additive Konstante $C\neq 0$. G_{g_6} ergibt sich aus G_f durch eine Verschiebung in y-Richtung.

Alternativ:

$$\left.\begin{aligned} g_6(x)&=\frac{1}{6}(x^3-12x^2+36x) \\ f(x)&=\frac{1}{6}(x^3-12x^2+36x-27) \end{aligned}\right\} \Rightarrow g_6(x)=f(x)+\frac{9}{2}$$

G_{g_6} ergibt sich aus G_f durch eine Verschiebung in y-Richtung.

3.1 $u_k(x)=k(-8x^4+10x^3-3x^2)$, $D_{u_k}=[0;0,5]$

$u'_k(x)=k(-32x^3+30x^2-6x)$, $D_{u'_k}=]0;0,5[$

$u''_k(x)=k(-96x^2+60x-6)$, $D_{u''_k}=]0;0,5[$

Relatives Minimum

Notwendige Bedingung: $u'_k(x)=0 \Leftrightarrow$

$$k(-32x^3+30x^2-6x)=0 \Leftrightarrow$$

$$kx(-32x^2+30x-6)=0 \Leftrightarrow$$

Mit dem Satz vom Nullprodukt (Nullproduktregel) folgt:

$x_1=0 \quad \vee \quad -32x^2+30x-6=0 \Leftrightarrow$

$x_1\notin D_{u'_k} \quad 16x^2-15x+3=0 \quad (*)$

Diskriminante der quadratischen Gleichung (*):

$D=(-15)^2-4\cdot 16\cdot 3 \Leftrightarrow$

$D=33>0$

$$x_{2,3}=\frac{15\pm\sqrt{33}}{32}$$

$x_2\approx 0{,}6483\notin D_{u'_k} \quad \vee \quad x_3\approx 0{,}2892$

Hinreichende Bedingung: $u_k''(x_3) > 0$

$u_k''(0,2892) = k(-96 \cdot 0,2892^2 + 60 \cdot 0,2892 - 6) = 3,3229k > 0$

Die Funktion hat bei $x_E = x_3 \approx 0,2892$ ein relatives Minimum.

Absolutes Minimum

Die Funktion $u_k'(x)$ hat im Intervall $]0; 0,5[$ nur eine Nullstelle, somit tritt keine weitere Änderung des Monotonieverhaltens im angegebenen Bereich auf. Das relative Minimum ist somit absolutes Minimum der Funktion $u_k(x)$.

Beachte: Absolutes Minimum bedeutet maximale Durchbiegung.

3.2 Es soll gelten:

$$u_k(x_E) = -0,002 \quad \Leftrightarrow$$

$k(-8x_E^4 + 10x_E^3 - 3x_E^2) = -0,002$

Mit $x_E = 0,2892$ folgt:

$-0,0650k = -0,002 \quad \Leftrightarrow$

$k \approx 0,0308$

4.1 $$h(x) = \begin{cases} v(x) & \text{für } -0,5 \le x < 0 \\ 0,1 \cdot (10x^3 - 8x^4 - 3x^2) & \text{für } 0 \le x \le 0,5 \end{cases}$$

Untersuchung in Bezug auf **Achsensymmetrie zur y-Achse**

Bedingung: $h(-x) = h(x)$ für alle $x \in D_h$

Daraus folgt:

$v(x) = u_{0,1}(-x)$

$v(x) = 0,1 \cdot (10(-x)^3 - 8(-x)^4 - 3(-x)^2)$

$v(x) = 0,1 \cdot (-10x^3 - 8x^4 - 3x^2)$

4.2 Für die Ableitung gilt:

$$h'(x) = \begin{cases} v'(x) & \text{für } -0,5 < x < 0 \\ 0,1 \cdot (30x^2 - 32x^3 - 6x) & \text{für } 0 < x < 0,5 \end{cases}$$

Somit folgt:

$$\lim_{x \overset{>}{\to} 0} h'(x) = \lim_{x \overset{>}{\to} 0} 0,1 \cdot (30x^2 - 32x^3 - 6x)$$

$$= \lim_{h \to 0} 0,1 \cdot (30(0+h)^2 - 32(0+h)^3 - 6(0+h)) = 0$$

Differenzierbarkeit

Wegen der Symmetrie zur y-Achse folgt:

$$\lim_{x \overset{>}{\to} 0} h'(x) = \lim_{x \overset{<}{\to} 0} h'(x) = 0$$

Ergebnis: Die Funktion h ist an der Nahtstelle $x_0 = 0$ differenzierbar.

1.0 Gegeben ist die reelle Funktion $f: x \mapsto \frac{1}{24}x^4 + \frac{1}{3}x^3 + x^2$ mit $D_f = \mathbb{R}$.

1.1 Untersuchen Sie die Funktion f auf Nullstellen und deren Vielfachheit. (3 BE)

1.2 Bestimmen Sie die maximalen Monotonieintervalle der Funktion f und ermitteln Sie Art und Koordinaten des relativen Extrempunkts von G_f. (6 BE)

1.3 Untersuchen Sie den Graphen G_f auf Wendepunkte. (4 BE)

1.4 Zeichnen Sie den Graphen G_f im Bereich $-4 \le x \le 2$ unter Verwendung vorliegender Ergebnisse und weiterer geeigneter Funktionswerte in ein kartesisches Koordinatensystem. (4 BE)

1.5 Zeigen Sie, dass die Gerade G_t, beschrieben durch die Funktion $t: x \mapsto -\frac{4}{3}x - \frac{2}{3}$ mit $D_t = \mathbb{R}$, Tangente an G_f im Punkt $P(-2 \mid y_P)$ ist.
Zeichnen Sie die Tangente in das vorhandene Koordinatensystem ein. (4 BE)

1.6 Die Tangente G_t, der Graph G_f und die y-Achse schließen ein endliches Flächenstück ein. Kennzeichnen Sie dieses Flächenstück in Ihrer Zeichnung und berechnen Sie die Maßzahl seines Inhalts. (5 BE)

2.0 Gegeben sind die reellen Funktionen
$g_a: x \mapsto \frac{1}{24}(x^4 + (6a-4)x^3 + (12a^2 - 12a)x^2)$ mit $D_{g_a} = \mathbb{R}$ und $a \in \mathbb{R}^+$.

2.1 Untersuchen Sie in Abhängigkeit von a das Symmetrieverhalten von G_{g_a} bzgl. des Koordinatensystems. (4 BE)

2.2 Berechnen Sie, für welche Werte von a die Funktion g_a genau eine Nullstelle besitzt. (7 BE)

2.3 Zeigen Sie, dass der Graph G_{g_a} unabhängig von a bei $x = 0$ die x-Achse als Tangente besitzt. (3 BE)

3.0 Eine Garage liegt 1 m über dem Straßenniveau. Die Zufahrt soll so gestaltet werden, dass sie „glatt“ (d. h. ohne Knick) an die Straße und die Garage anschließt (siehe Skizze). Alle Angaben sind in Meter. Bei den folgenden Rechnungen kann auf Einheiten verzichtet werden.

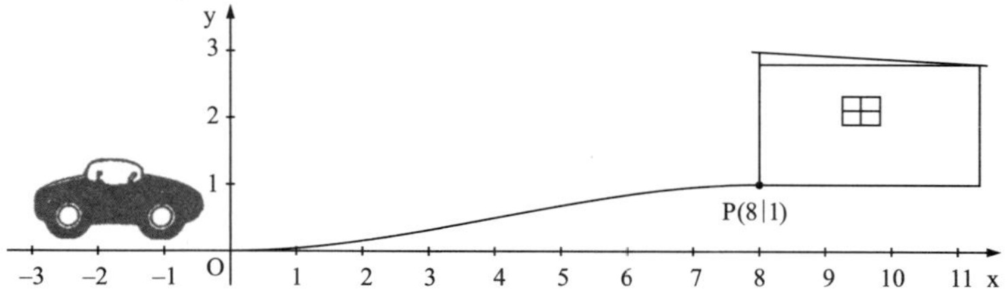

3.1 Der Querschnitt der Auffahrtsrampe wird durch eine ganzrationale Funktion r dritten Grades, eingeschränkt auf den Bereich $0 \leq x \leq 8$, beschrieben. Ermitteln Sie den Funktionsterm r(x). (7 BE)

[Ergebnis: $r(x) = -\frac{1}{256}x^3 + \frac{3}{64}x^2$]

3.2 Die Rampe soll eine Breite von 3 m bekommen. Berechnen Sie das Volumen des Materials, das hierfür aufgeschüttet werden muss. (5 BE)

3.3.0 Ein Nachbar behauptet, dass die Auffahrt gemäß Teilaufgabe 3.1 ungünstig, weil „zu steil", sei. Die unten skizzierte Variante sei besser.

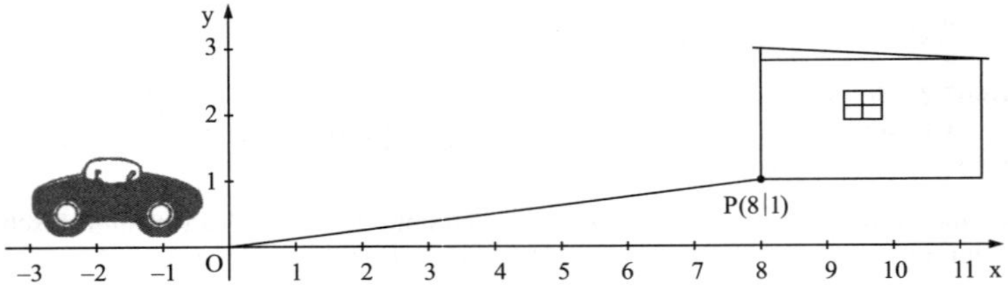

3.3.1 Bestimmen Sie denjenigen Bereich der Auffahrt (x-Werte), in dem die Behauptung des Nachbarn richtig ist, d. h. die Rampe aus Teilaufgabe 3.1 steiler ist als beim Vorschlag des Nachbarn. Runden Sie dabei auf eine Nachkommastelle. (6 BE)

3.3.2 Zeigen Sie, dass beim Vorschlag des Nachbarn genauso viel Material aufgeschüttet werden müsste wie bei der ursprünglichen Idee (Teilaufgabe 3.2). (2 BE)

(60 BE)

Tipps und Hinweise zur Lösung von Aufgabe A II

Teilaufgabe 1.1

- Ermitteln Sie mithilfe der Nullproduktregel die Nullstellen der Funktion f und geben Sie deren Vielfachheiten an.

Teilaufgabe 1.2

- Das Monotonieverhalten von f ermitteln Sie mit der ersten Ableitung.
- Das Vorzeichen von f' bestimmt das Monotonieverhalten in einem Intervall.
- Aus der Änderung des Monotonieverhaltens ergibt sich die Art des relativen Extrempunkts.

Teilaufgabe 1.3

- Untersuchen Sie mithilfe der notwendigen und hinreichenden Bedingungen den Graphen G_f auf Wendepunkte.

Teilaufgabe 1.4

- Zeichnen Sie den Graphen der Funktion f mithilfe vorliegender Ergebnisse und Berechnung zusätzlicher geeigneter Funktionswerte.

Teilaufgabe 1.5

Stellen Sie eine Gleichung der Tangente an den Graphen G_f im Punkt P auf.

Teilaufgabe 1.6

Berechnen Sie die Maßzahl des Flächeninhalts unter Verwendung des bestimmten Integrals.

Teilaufgabe 2.1

Überprüfen Sie die Punktsymmetrie zum Koordinatenursprung mit der Bedingung $g_a(-x) = -g_a(x),\ x \in D_{g_a}$.

Überprüfen Sie die Achsensymmetrie zur y-Achse mit der Bedingung $g_a(-x) = g_a(x),\ x \in D_{g_a}$.

Teilaufgabe 2.2

Faktorisieren Sie den Funktionsterm und ermitteln Sie mithilfe der Nullproduktregel die Nullstellen.

Führen Sie eine Fallunterscheidung für die Diskriminante der auftretenden quadratischen Gleichung durch.

Teilaufgabe 2.3

Beachten Sie den Zusammenhang zwischen der Vielfachheit einer Nullstelle und einer Berührstelle.

Teilaufgabe 3.1

Stellen Sie ein lineares Gleichungssystem auf und bestimmen Sie die gesuchten Koeffizienten („Steckbriefaufgabe").

Teilaufgabe 3.2

Berechnen Sie die Maßzahl des Inhalts der Querschnittsfläche unter Verwendung des bestimmten Integrals.

Verwenden Sie die Volumenformel $\text{Volumen} = \text{Querschnittsfläche} \cdot \text{Breite}$.

Teilaufgabe 3.3.1

Vergleichen Sie die Steigungen der Auffahrtsrampen.

Teilaufgabe 3.3.2

Berechnen Sie die Maßzahl des Inhalts der Querschnittsfläche unter Verwendung der Formel für das Dreieck.
$A_\Delta = \frac{1}{2}(\text{Grundseite} \cdot \text{Höhe})$

Verwenden Sie die Volumenformel $\text{Volumen} = \text{Querschnittsfläche} \cdot \text{Breite}$.

Lösung

1.1 **Nullstellen**

$$f(x)=0 \quad \Leftrightarrow$$

$$\frac{1}{24}x^4+\frac{1}{3}x^3+x^2=0 \quad \Leftrightarrow$$

$$x^2\left(\frac{1}{24}x^2+\frac{1}{3}x+1\right)=0$$

Mit dem Satz vom Nullprodukt (Nullproduktregel) folgt:

$$x^2=0 \;\vee\; \frac{1}{24}x^2+\frac{1}{3}x+1=0 \quad \Leftrightarrow$$

$$x_{1,2}=0 \;\vee\; x^2+8x+24=0 \quad (*)$$

Diskriminante der quadratischen Gleichung $(*)$:

$$D=8^2-4\cdot 1\cdot 24 \quad \Leftrightarrow$$

$$D=-32<0$$

Es gibt keine weitere Nullstelle.

Ergebnis: Die Funktion f hat die doppelte Nullstelle $x_{1,2}=0$.

1.2 Das **Monotonieverhalten** wird mit der 1. Ableitung ermittelt:

$$f'(x)=\frac{1}{6}x^3+x^2+2x$$

Faktorisierung des Funktionsterms von f':

$$f'(x)=x\left(\frac{1}{6}x^2+x+2\right)$$

Diskriminante der quadratischen Gleichung $\frac{1}{6}x^2+x+2=0$:

$$D=1^2-4\cdot\frac{1}{6}\cdot 2 \quad \Leftrightarrow$$

$$D=-\frac{1}{3}<0$$

Es gibt keine weitere Zerlegung des Funktionsterms von f' in Linearfaktoren.

Streng monoton zunehmend: $f'(x)>0$

$$x\left(\frac{1}{6}x^2+x+2\right)>0$$

Es gilt:

$$\frac{1}{6}x^2+x+2>0 \quad \text{für alle } x\in\mathbb{R}$$

Nachweis:

$$\frac{1}{6}x^2+x+2>0 \quad \Leftrightarrow$$

$$x^2+6x+12>0 \quad \Leftrightarrow$$

$$x^2+6x>-12 \quad \Leftrightarrow \quad \text{(quadratische Ergänzung)}$$

$$x^2+6x+3^2>-12+3^2 \quad \Leftrightarrow$$

$$(x+3)^2>-3 \quad \text{(allgemeingültig für alle } x\in\mathbb{R})$$

Somit folgt $f'(x) > 0$ für $x > 0$.
f ist im gesamten Definitionsbereich stetig, somit folgt:
f ist streng monoton zunehmend im Intervall $[0; \infty[$.

Streng monoton abnehmend: $f'(x) < 0$

$$x\left(\frac{1}{6}x^2 + x + 2\right) < 0$$

Mit $\frac{1}{6}x^2 + x + 2 > 0$ für alle $x \in \mathbb{R}$ folgt $f'(x) < 0$ für $x < 0$.

f ist im gesamten Definitionsbereich stetig, somit folgt:
f ist streng monoton abnehmend im Intervall $]-\infty; 0]$.

Aus dem Monotonieverhalten ergibt sich die **Art des relativen Extrempunkts**:

$$\left.\begin{array}{l} f'(x) > 0 \text{ für } x > 0 \\ f'(0) = 0 \\ f'(x) < 0 \text{ für } x < 0 \end{array}\right\} \Rightarrow \left\{\begin{array}{l} \text{f hat bei } x = 0 \text{ ein relatives Minimum} \\ T(0; 0) \text{ relativer Tiefpunkt} \end{array}\right.$$

1.3 $$f'(x) = \frac{1}{6}x^3 + x^2 + 2x$$

$$f''(x) = \frac{1}{2}x^2 + 2x + 2$$

$$f'''(x) = x + 2$$

Wendepunkte

Notwendige Bedingung: $f''(x) = 0 \iff$

$$\frac{1}{2}x^2 + 2x + 2 = 0 \iff$$

$$\frac{1}{2}(x^2 + 4x + 4) = 0 \iff$$

$$\frac{1}{2}(x + 2)^2 = 0$$

Mit dem Satz vom Nullprodukt (Nullproduktregel) folgt:

$x + 2 = 0 \vee x + 2 = 0 \iff$

$x_{1,2} = -2$

Hinreichende Bedingung:

$x_{1,2} = -2$ ist eine doppelte Nullstelle der zweiten Ableitung, deshalb tritt keine Änderung des Krümmungsverhaltens an dieser Stelle auf, G_f hat somit keinen Wendepunkt.

1.4 Wertetabelle für G_f:

					NSt., TP		
x	–4	–3	–2	–1	0	1	2
f(x)	5,33	3,38	2	0,71	0	1,38	7,33

Grafik für Teilaufgaben 1.4, 1.5 und 1.6

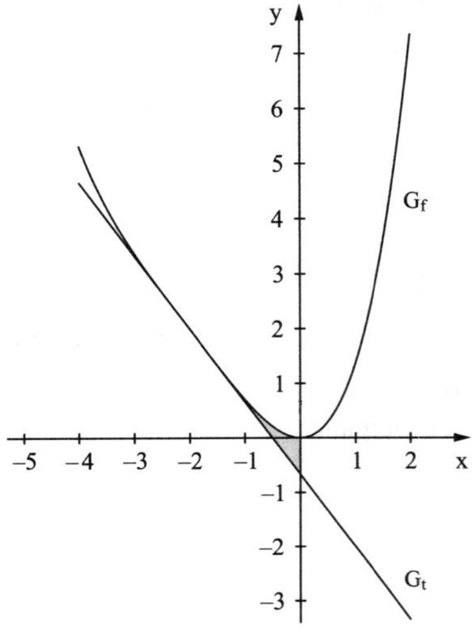

1.5 Für die Gleichung der Tangente t gilt:

$t(x) = f'(x_0)(x - x_0) + f(x_0)$

$f(x_0) = f(-2)$

$f(-2) = \frac{1}{24} \cdot (-2)^4 + \frac{1}{3} \cdot (-2)^3 + (-2)^2$

$f(-2) = 2$

$f'(x_0) = f'(-2)$

$f'(-2) = \frac{1}{6} \cdot (-2)^3 + (-2)^2 + 2(-2)$

$f'(-2) = -\frac{4}{3}$

Somit folgt:

$t(x) = -\frac{4}{3}(x + 2) + 2 \quad \Leftrightarrow$

$t(x) = -\frac{4}{3}x - \frac{2}{3}$

Einzeichnen der Tangente in das Koordinatensystem von Teilaufgabe 1.4.

1.6 Kennzeichnen des Flächenstücks im Koordinatensystem von Teilaufgabe 1.4.
Die Integrationsgrenzen ergeben sich mithilfe der Teilaufgabe 1.5.

$$A = \int_{-2}^{0} (f(x) - t(x))\,dx$$

$$A = \int_{-2}^{0} \left(\frac{1}{24}x^4 + \frac{1}{3}x^3 + x^2 - \left(-\frac{4}{3}x - \frac{2}{3}\right)\right) dx$$

$$A = \int_{-2}^{0} \left(\frac{1}{24}x^4 + \frac{1}{3}x^3 + x^2 + \frac{4}{3}x + \frac{2}{3}\right) dx$$

$$A = \left[\frac{1}{120}x^5 + \frac{1}{12}x^4 + \frac{1}{3}x^3 + \frac{2}{3}x^2 + \frac{2}{3}x\right]_{-2}^{0}$$

$$A = 0 - \left(\frac{1}{120}\cdot(-2)^5 + \frac{1}{12}\cdot(-2)^4 + \frac{1}{3}\cdot(-2)^3 + \frac{2}{3}\cdot(-2)^2 + \frac{2}{3}\cdot(-2)\right)$$

$$A = 0 - \left(-\frac{4}{15}\right) = \frac{4}{15}$$

2.1 Untersuchung in Bezug auf **Symmetrie zum Koordinatensystem**

$$g_a(x) = \frac{1}{24}(x^4 + (6a-4)x^3 + (12a^2 - 12a)x^2) \text{ mit } D_{g_a} = \mathbb{R} \text{ und } a \in \mathbb{R}^+$$

Es gilt:

$$g_a(-x) = \frac{1}{24}((-x)^4 + (6a-4)(-x)^3 + (12a^2 - 12a)(-x)^2) \quad \Leftrightarrow$$

$$g_a(-x) = \frac{1}{24}(x^4 - (6a-4)x^3 + (12a^2 - 12a)x^2)$$

Untersuchung in Bezug auf **Punktsymmetrie zum Koordinatenursprung**
Bedingung: $g_a(-x) = -g_a(x)$ für alle $x \in D_{g_a}$
Es gilt:
Diese Bedingung ist nicht erfüllbar, weil der Koeffizient 1 von x^4 unabhängig von a und verschieden von null ist.

Ergebnis: G_{g_a} ist nicht punktsymmetrisch zum Koordinatenursprung für jedes $a > 0$.

Untersuchung in Bezug auf **Symmetrie zur y-Achse**
Bedingung: $g_a(-x) = g_a(x)$ für alle $x \in D_{g_a}$
Es gilt:
Diese Bedingung ist nur erfüllbar, wenn der Koeffizient $(6a-4)$ von x^3 den Wert null annimmt. Somit muss gelten:

$$6a - 4 = 0 \quad \Leftrightarrow$$

$$a = \frac{2}{3}$$

Ergebnis: Für $a = \frac{2}{3}$ ist $G_{g_{\frac{2}{3}}}$ symmetrisch zur y-Achse.

Insgesamt gilt: Für $a > 0$ und $a \neq \frac{2}{3}$ weist G_{g_a} keine Symmetrie bezüglich des Koordinatensystems auf.

2.2 **Nullstellen**

$$g_a(x) = 0 \quad \Leftrightarrow$$

$$\frac{1}{24}(x^4 + (6a-4)x^3 + (12a^2 - 12a)x^2) = 0 \quad \Leftrightarrow$$

$$\frac{1}{24}x^2(x^2 + (6a-4)x + 12a^2 - 12a) = 0$$

Mit dem Satz vom Nullprodukt (Nullproduktregel) folgt:

$$x^2 = 0 \ \vee \ x^2 + (6a-4)x + 12a^2 - 12a = 0 \quad (*)$$

$$x_{1,2} = 0$$

unabhängig von a

Diskriminante der quadratischen Gleichung (*):

$$D = (6a-4)^2 - 4 \cdot 1 \cdot (12a^2 - 12a) \quad \Leftrightarrow$$

$$D = 36a^2 - 48a + 16 - 48a^2 + 48a = -12a^2 + 16$$

Ist die Diskriminante D positiv, so hat die quadratische Gleichung (*) zwei verschiedene Lösungen, und die Funktion g_a besitzt also mindestens eine weitere Nullstelle.

Ist die Diskriminante D gleich null, so hat die quadratische Gleichung (*) eine doppelte Lösung; die Funktion g_a besitzt also möglicherweise eine weitere (doppelte) Nullstelle.

$$D = 0: \quad -12a^2 + 16 = 0 \quad \Leftrightarrow$$

$$a^2 = \frac{4}{3} \quad \Leftrightarrow$$

$$a_1 = \sqrt{\frac{4}{3}} \ \vee \ a_2 = -\sqrt{\frac{4}{3}} \quad \text{(entfällt wegen } a > 0)$$

$$x_{3,4} = \frac{-(6a_1 - 4) \pm \sqrt{0}}{2}$$

$$x_{3,4} = 2 - 3a_1 = 2 - 3\sqrt{\frac{4}{3}} \neq 0$$

Somit besitzt g_a für $a = \sqrt{\frac{4}{3}}$ eine weitere (doppelte) Nullstelle $x_{3,4} = 2 - 3\sqrt{\frac{4}{3}}$.

Ist die Diskriminante D negativ, so hat die quadratische Gleichung (*) keine Lösung, und die Funktion g_a besitzt damit keine weitere Nullstelle.

$$D < 0: \quad -12a^2 + 16 < 0 \quad \Leftrightarrow$$

$$a^2 > \frac{4}{3} \quad \Leftrightarrow$$

$$a > \sqrt{\frac{4}{3}} \ \vee \ a < -\sqrt{\frac{4}{3}} \quad \text{(entfällt wegen } a > 0)$$

Somit besitzt g_a für $a > \sqrt{\frac{4}{3}}$ keine weitere Nullstelle.

Ergebnis: g_a hat für $a > \sqrt{\frac{4}{3}}$ genau eine (doppelte) Nullstelle $x_{1,2} = 0$.

2.3 Aus Teilaufgabe 2.2 folgt:
g_a hat unabhängig von a bei $x = 0$ eine (mindestens) doppelte Nullstelle.
Unabhängig von a gilt also: An der Stelle $x = 0$ liegt eine Berührstelle des Graphen G_{g_a} mit der x-Achse vor, d. h., G_{g_a} hat an der Stelle $x = 0$ die x-Achse als Tangente.

3.1 Für die Funktionsgleichung gilt allgemein:

$r(x) = ax^3 + bx^2 + cx + d;\ \ a \in \mathbb{R}\setminus\{0\};\ b, c, d \in \mathbb{R};\ D_r = [0;\ 8]$

$r'(x) = 3ax^2 + 2bx + c$

Der gegebene Graph der Funktion und die gegebenen Eigenschaften führen zu folgenden Gleichungen:

I $\quad r(0) = 0 \Rightarrow \quad d = 0$ (eingesetzt in IV)

II $\quad r'(0) = 0 \Rightarrow \quad c = 0$ (eingesetzt in III und IV)

III $\quad r'(8) = 0 \Rightarrow \quad 192a + 16b = 0$

IV $\quad r(8) = 1 \Rightarrow \quad 512a + 64b = 1$

Vereinfacht

III' $\quad b = -12a$

III' in IV eingesetzt ergibt:

IV' $\quad 512a + 64 \cdot (-12a) = 1 \quad \Leftrightarrow \quad a = -\frac{1}{256}$

IV' in III' eingesetzt ergibt:

III" $\quad b = \frac{3}{64}$

Ergebnis:

$r(x) = -\frac{1}{256}x^3 + \frac{3}{64}x^2$

3.2 Querschnittsfläche A_R der Auffahrtsrampe:

$$A_R = \int_0^8 r(x)\,dx$$

$$A_R = \int_0^8 \left(-\frac{1}{256}x^3 + \frac{3}{64}x^2\right)dx$$

$$A_R = \left[-\frac{1}{1\,024}x^4 + \frac{1}{64}x^3\right]_0^8$$

$$A_R = -\frac{1}{1\,024}\cdot 8^4 + \frac{1}{64}\cdot 8^3 - 0$$

$$A_R = 4$$

Für das Volumen V_R der Auffahrtsrampe folgt:

$V_R = A_R \cdot b_R$

$V_R = 4 \cdot 3$

$V_R = 12$

Ergebnis: Es werden 12 m^3 Material benötigt.

3.3.1 Für die Steigung der Auffahrtsrampe aus Teilaufgabe 3.1 ergibt sich:

$$r'(x) = -\frac{3}{256}x^2 + \frac{3}{32}x$$

Für die Steigung der Auffahrtsrampe aus Teilaufgabe 3.3.0 gilt:

$$m = \frac{1}{8}$$

Vergleich der Steigungen:

$$r'(x) > m \quad \Leftrightarrow$$

$$-\frac{3}{256}x^2 + \frac{3}{32}x > \frac{1}{8} \quad \Leftrightarrow \quad \text{(Normierung)}$$

$$x^2 - 8x < -\frac{32}{3} \quad \Leftrightarrow \quad \text{(quadratische Ergänzung)}$$

$$x^2 - 8x + 4^2 < -\frac{32}{3} + 4^2 \quad \Leftrightarrow$$

$$(x-4)^2 < \frac{16}{3} \quad \Leftrightarrow$$

$$|x-4| < \sqrt{\frac{16}{3}} \quad \Leftrightarrow \quad (\sqrt{a^2} = |a|,\ a \in \mathbb{R})$$

$$|x-4| < \frac{4\sqrt{3}}{3} \quad \Leftrightarrow$$

$$-\frac{4\sqrt{3}}{3} < x - 4 < \frac{4\sqrt{3}}{3} \quad \Leftrightarrow$$

$$4 - \frac{4\sqrt{3}}{3} < x < 4 + \frac{4\sqrt{3}}{3}$$

Näherung

$1{,}7 < x < 6{,}3$

Ergebnis: Die Auffahrtsrampe aus Teilaufgabe 3.1 ist im Bereich $1{,}7 < x < 6{,}3$ steiler als die schiefe Auffahrtsrampe aus Teilaufgabe 3.3.0.

3.3.2 Querschnittsfläche A_Δ der schiefen Auffahrtsrampe:

$$A_\Delta = \frac{1}{2} \cdot 8 \cdot 1$$

$$A_\Delta = 4$$

Für das Volumen V_Δ der schiefen Auffahrtsrampe aus Teilaufgabe 3.3.0 ergibt sich:

$$V_\Delta = A_\Delta \cdot b_R$$

$$V_\Delta = 4 \cdot 3$$

$$V_\Delta = 12$$

Ergebnis: Für die schiefe Auffahrtsrampe werden wie bei der Variante aus Teilaufgabe 3.1 12 m^3 Material benötigt.

Bayern – FOS · BOS 12 – Fachabiturprüfung 2012
Mathematik (Nichttechnische Ausbildungsrichtungen) – Stochastik S I

Bei den folgenden Aufgaben sollen relative Häufigkeiten als Wahrscheinlichkeiten interpretiert werden.

1.0 Statistiken geben den Anteil der Linkshänder in der Bevölkerung mit 15 Prozent an. In einer Fußgängerzone werden Passanten nach deren bevorzugter Schreibhand befragt.

1.1 Bestimmen Sie zum Beispiel mithilfe eines Baumdiagramms die Wahrscheinlichkeit, dass man spätestens bei der dritten Befragung auf einen Linkshänder stößt. (4 BE)

1.2 Bestimmen Sie die Wahrscheinlichkeit dafür, dass sich unter 50 Befragten

a) genau 10 Linkshänder
b) mindestens 8, aber nicht mehr als 12 Linkshänder
c) höchstens 25 Linkshänder
d) genau zwei Linkshänder und diese in der Befragung nacheinander

befinden. (6 BE)

2.0 In einer weiteren Befragung von 200 zufällig ausgewählten Personen wurden genau 30 Linkshänder (L) gezählt. Davon waren 9 Frauen (F). Die restlichen 51 Frauen in der Befragung waren Rechtshänder. Die Auswahl einer Person und die Ermittlung ihrer Schreibhand und ihres Geschlechts wird als Zufallsexperiment aufgefasst.

2.1 Ermitteln Sie mithilfe einer Vierfeldertafel die Wahrscheinlichkeiten aller Elementarereignisse des Zufallsexperiments. (4 BE)

2.2 Beschreiben Sie das Ereignis $E = \overline{F \cup \overline{L}}$ möglichst einfach mit Worten und geben Sie dessen Wahrscheinlichkeit an. (3 BE)

2.3 Untersuchen Sie, ob die Ereignisse L und F stochastisch unabhängig sind, und interpretieren Sie das Ergebnis im Sinne der vorliegenden Thematik. (3 BE)

3.0 30 Linkshänder unterziehen sich einem Reaktionstest, bei welchem sie mit der **rechten** Hand beim Auftreten eines Ereignisses eine Taste betätigen. Folgende Tabelle zeigt, mit den Parametern $a, b \in \mathbb{R}$, die gemessenen und auf Zehntelsekunden gerundeten Reaktionszeiten der Versuchspersonen:

Reaktionszeit in s	0,4	0,5	0,6	0,7	0,8
Anzahl der Personen	a	6	b	a	3

3.1 Berechnen Sie die Werte a und b, wenn bekannt ist, dass genau 21 Versuchspersonen höchstens 0,6 s Reaktionszeit benötigten. (4 BE)
[Teilergebnis: $b = 9$]

3.2 Die Zufallsgröße X gibt die Reaktionszeit einer zufällig herausgegriffenen Versuchsperson an.
Erstellen Sie die Wahrscheinlichkeitsverteilung der Zufallsgröße X und stellen Sie sie geeignet graphisch dar. (3 BE)

3.3 Berechnen Sie, mit welcher Wahrscheinlichkeit die Zufallswerte innerhalb der einfachen Standardabweichung um den Erwartungswert liegen. (5 BE)

4.0 Eine Versuchsperson vermutet, dass mindestens 80 % der Linkshänder eine Reaktionszeit von maximal 0,6 s haben, wenn beim Reaktionstest die Taste mit der **linken** Hand betätigt wird (= Testkriterium). Eine zweite Versuchsperson ist weniger optimistisch (Gegenhypothese). Dazu wird ein Test mit 30 Linkshändern durchgeführt.

4.1 Geben Sie für obigen Test die Testgröße sowie die Gegenhypothese an und bestimmen Sie den größtmöglichen Ablehnungsbereich der Nullhypothese auf dem 5 %-Niveau. Welche Entscheidung legt der Test nahe, wenn 70 % der Versuchspersonen das Testkriterium erfüllen? (6 BE)

4.2 Erläutern Sie, worin im vorliegenden Fall der Fehler 2. Art besteht. (2 BE)

(40 BE)

Tipps und Hinweise zur Lösung von Aufgabe S I

Teilaufgabe 1.1

- Es liegt ein dreistufiges Zufallsexperiment vor.
- Tragen Sie in ein reduziertes Baumdiagramm die gegebenen Wahrscheinlichkeiten ein.
- Ermitteln Sie mithilfe der Pfadregeln die gesuchten Wahrscheinlichkeiten der Elementarereignisse.

Teilaufgabe 1.2

- Es liegt eine Bernoulli-Kette vor. Machen Sie sich deren Länge und Trefferwahrscheinlichkeit klar.
- Verwenden Sie bei Ereignis E_a die Formel für genau k Treffer, bei Ereignis E_b den Ansatz $P(8 \leq X \leq 12)$, bei Ereignis E_c den Ansatz $P(X \leq 25)$ und beachten Sie bei Ereignis E_d, dass eine bestimmte Serie vorliegt.

Teilaufgabe 2.1

- Übertragen Sie die gegebenen absoluten Häufigkeiten in eine Vierfeldertafel und ergänzen Sie die fehlenden Werte.
- Berechnen Sie die relativen Häufigkeiten und tragen Sie diese Werte in eine Vierfeldertafel ein.
- Entnehmen Sie der Vierfeldertafel die Wahrscheinlichkeiten aller Elementarereignisse.

Teilaufgabe 2.2

- Wenden Sie die Regeln von De Morgan an.

Teilaufgabe 2.3

- Die beiden Ereignisse L und F sind stochastisch unabhängig, wenn die Produktregel $P(L \cap F) = P(L) \cdot P(F)$ erfüllt ist.

Teilaufgabe 3.1

- Stellen Sie ein lineares Gleichungssystem für die Parameter a und b auf.

Teilaufgabe 3.2

- Ordnen Sie den Zufallswerten x die Wahrscheinlichkeiten $P(X = x)$ zu.
- Als grafische Darstellung bietet sich ein Stabdiagramm an.

Teilaufgabe 3.3

- Ermitteln Sie den Erwartungswert μ der Zufallsgröße X.
- Bestimmen Sie mithilfe der Verschiebungsformel die Varianz und die Standardabweichung σ der Zufallsgröße X.
- Berechnen Sie daraus die gesuchte Wahrscheinlichkeit $P(|X - \mu| < \sigma)$.

Teilaufgabe 4.1

- Der Ablehnungsbereich der Nullhypothese hat die Gestalt $\overline{A} = \{0; \ldots; k\}$.
- Bestimmen Sie mithilfe der kumulativen Tabelle den Randwert.

Teilaufgabe 4.2

- Der Fehler 2. Art besteht darin, dass die Nullhypothese H_0 angenommen wird, obwohl sie falsch ist.

Lösung

1.1 dreistufiges (reduziertes) **Baumdiagramm**

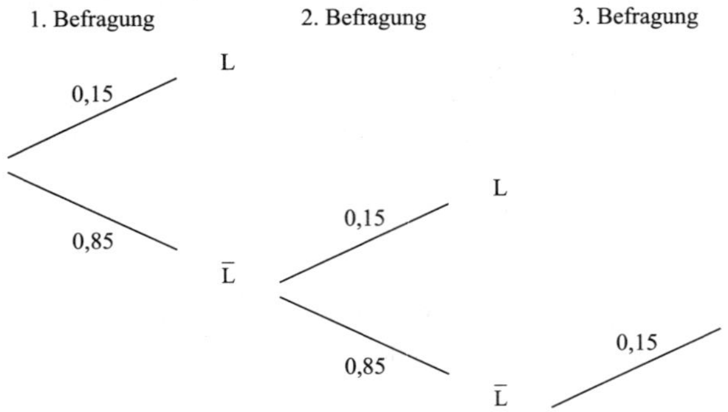

E: „Spätestens bei der dritten Befragung stößt man auf einen Linkshänder.“
Für die Wahrscheinlichkeit ergibt sich:

$P(E) = P(\{L\}) + P(\{\overline{L}L\}) + P(\{\overline{L}\overline{L}L\})$

$P(E) = 0,15 + 0,85 \cdot 0,15 + 0,85 \cdot 0,85 \cdot 0,15$

$P(E) \approx 0,15 + 0,1275 + 0,1084$

$P(E) = 0,3859$

1.2 Das Zufallsexperiment kann als Bernoulli-Kette der Länge $n = 50$ mit dem Parameter $p = 0,15$ angesehen werden.
Die Zufallsgröße X ist binomialverteilt nach B(50; 0,15).

a) E_a: „Unter den 50 Befragten befinden sich genau 10 Linkshänder.“

$P(E_a) = P(X = 10)$

$P(E_a) = B(50; 0,15; 10)$

Mit dem Tafelwerk der Stochastik folgt:

$P(E_a) = 0,08899$

b) E_b: „Unter den 50 Befragten befinden sich mindestens 8, aber nicht mehr als 12 Linkshänder.“

$P(E_b) = P(8 \le X \le 12)$

$P(E_b) = P(X \le 12) - P(X \le 7)$

$P(E_b) = F_{0,15}^{50}(12) - F_{0,15}^{50}(7)$

Mit dem Tafelwerk der Stochastik ergibt sich:

$P(E_b) = 0,96994 - 0,51875$

$P(E_b) = 0,45119$

c) E_c: „Unter den 50 Befragten befinden sich höchstens 25 Linkshänder.“

$P(E_c) = P(X \le 25)$

$P(E_c) = F_{0,15}^{50}(25)$

Mit dem Tafelwerk der Stochastik ergibt sich:

$P(E_c) \approx 1$ (Rundungsverfahren des Tafelwerks)

d) E_d: „Unter den 50 Befragten befinden sich genau zwei Linkshänder, die nacheinander befragt werden.“

$P(E_d) = 49 \cdot 0{,}15^2 \cdot 0{,}85^{48}$ (Wahrscheinlichkeit für eine bestimmte Serie. Der Faktor 49 ergibt sich mit dem Zählprinzip.)

$P(E_d) \approx 0{,}00045$

2.1 **Vierfeldertafel:** (absolute Häufigkeiten)

	L	$\overline{L}$	Σ
F	9	51	60
$\overline{F}$	21	119	140
Σ	30	170	200

= gegebene absolute Häufigkeiten

Vierfeldertafel: (relative Häufigkeiten)

	L	$\overline{L}$	Σ
F	$\frac{9}{200}$	$\frac{51}{200}$	$\frac{60}{200}$
$\overline{F}$	$\frac{21}{200}$	$\frac{119}{200}$	$\frac{140}{200}$
Σ	$\frac{30}{200}$	$\frac{170}{200}$	$\frac{200}{200}$

Für die Wahrscheinlichkeiten der Elementarereignisse ergibt sich:

$$P(\{LF\}) = \frac{9}{200} = 0{,}045$$

$$P(\{\overline{L}F\}) = \frac{51}{200} = 0{,}255$$

$$P(\{L\overline{F}\}) = \frac{21}{200} = 0{,}105$$

$$P(\{\overline{L}\overline{F}\}) = \frac{119}{200} = 0{,}595$$

2.2 $E = \overline{F \cup \overline{L}}$

Mit dem De-Morgan-Gesetz der Mengenalgebra folgt:

$E = \overline{F} \cap \overline{\overline{L}}$

Mit dem Gesetz des doppelten Komplements ergibt sich:

$E = \overline{F} \cap L$

E: „Die befragte Person ist ein Linkshänder und nicht weiblich.“

Es gilt:

$P(E) = P(\overline{F} \cap L) = 0{,}105$

2.3 Es gilt:
$P(L \cap F) = 0{,}045$
und
$P(L) \cdot P(F) = 0{,}15 \cdot 0{,}3 = 0{,}045$; d. h.,
$P(L \cap F) = P(L) \cdot P(F)$
$\Rightarrow$ Die Ereignisse L und F sind stochastisch unabhängig.

Interpretation
Die Eigenschaft „Linkshänder“ hängt nicht vom Geschlecht der Person ab.

3.1 Die Angaben führen zu folgenden Gleichungen:

I $\quad a + 6 + b + a + 3 = 30 \quad \Leftrightarrow$
$\quad 2a + b = 21$

II $\quad a + 6 + b = 21 \quad \Leftrightarrow \quad$ (21 Personen benötigen eine Reaktionszeit $\leq 0{,}6$ s)
$\quad a + b = 15$

Aus Gleichung II folgt $b = 15 - a$, eingesetzt in I ergibt:
I' $\quad 2a + 15 - a = 21 \quad \Leftrightarrow \quad a = 6 \quad$ in II eingesetzt ergibt:

II' $\quad 6 + b = 15 \quad \Leftrightarrow$
$\quad b = 9$

3.2 Mit den Werten von Teilaufgabe 3.1 ergibt sich folgende **Wahrscheinlichkeitsverteilung** der Zufallsgröße X:

x	0,4	0,5	0,6	0,7	0,8
$P(X = x)$	$\frac{6}{30} = \frac{2}{10}$	$\frac{6}{30} = \frac{2}{10}$	$\frac{9}{30} = \frac{3}{10}$	$\frac{6}{30} = \frac{2}{10}$	$\frac{3}{30} = \frac{1}{10}$

Stabdiagramm

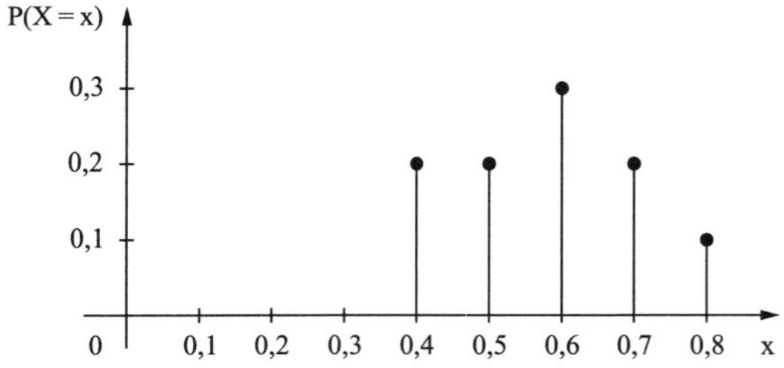

3.3 Für den Erwartungswert $\mu = E(X)$ der Zufallsgröße X gilt:
$\mu = E(X) = 0{,}4 \cdot 0{,}2 + 0{,}5 \cdot 0{,}2 + 0{,}6 \cdot 0{,}3 + 0{,}7 \cdot 0{,}2 + 0{,}8 \cdot 0{,}1$
$\mu = E(X) = 0{,}58$

Für die Varianz Var(X) der Zufallsgröße X gilt:
$\sigma^2 = \mathrm{Var}(X) = E(X^2) - (E(X))^2$ (Verschiebungsformel)

$\mathrm{Var}(X) = 0{,}4^2 \cdot 0{,}2 + 0{,}5^2 \cdot 0{,}2 + 0{,}6^2 \cdot 0{,}3 + 0{,}7^2 \cdot 0{,}2 + 0{,}8^2 \cdot 0{,}1 - 0{,}58^2$
$\mathrm{Var}(X) = 0{,}0156$

Für die Standardabweichung σ ergibt sich:

$\sigma = \sqrt{Var(X)}$

$\sigma = \sqrt{0{,}0156}$

$\sigma \approx 0{,}125$

Die Zufallswerte liegen innerhalb der einfachen Standardabweichung um den Erwartungswert $\mu = E(x)$, wenn gilt:

$|X - \mu| < \sigma$

Somit:

$$|X - 0{,}58| < 0{,}125 \quad \Leftrightarrow$$
$$-0{,}125 < X - 0{,}58 < 0{,}125 \quad \Leftrightarrow$$
$$-0{,}125 + 0{,}58 < X < 0{,}125 + 0{,}58 \quad \Leftrightarrow$$
$$0{,}455 < X < 0{,}705$$

$$\Rightarrow \quad P(|X - \mu| < \sigma) = P(0{,}455 < X < 0{,}705)$$
$$P(|X - \mu| < \sigma) = P(X = 0{,}5) + P(X = 0{,}6) + P(X = 0{,}7)$$
$$P(|X - \mu| < \sigma) = 0{,}2 + 0{,}3 + 0{,}2 = 0{,}7$$

4.1 Testgröße T: Anzahl der Linkshänder in einer Stichprobe vom Umfang 30, welche die Taste mit der linken Hand innerhalb von 0,6 s drücken.
T ist eine B(30; 0,8)-verteilte Zufallsgröße.

Testart: einseitiger (linksseitiger) Signifikanztest
Signifikanzniveau: $\alpha = 5\ \%$

Nullhypothese	Gegenhypothese
H_0: $p \geq 0{,}8$	H_1: $p < 0{,}8$
Annahmebereich von H_0:	Ablehnungsbereich von H_0:
$A = \{k+1; \ldots; 30\}$, $k \in \mathbb{N}_0$	$\overline{A} = \{0; 1; \ldots; k\}$, $k \in \mathbb{N}_0$

Entscheidungsregel: H_0 wird verworfen, wenn gilt:

$P(T \leq k) \leq 0{,}05$

$F_{0,8}^{30}(k) \leq 0{,}05$

Mithilfe der Stochastik-Tabellen ergibt sich:

$k = 19$

Maximaler Ablehnungsbereich von H_0:

$\overline{A} = \{0; 1; \ldots; 19\}$

Wenn 21 Personen (= 70 % des Stichprobenumfangs) die gestellte Bedingung erfüllen, wird die Nullhypothese angenommen ($21 \in A$).

4.2 Der Fehler 2. Art besteht bei diesem Test darin, dass die Nullhypothese nicht abgelehnt wird, obwohl sie falsch ist; d. h., dass man annimmt, dass mindestens 80 % der Linkshänder mit der linken Hand innerhalb von 0,6 Sekunden reagieren, obwohl dieser Anteil tatsächlich geringer ist.

1.0 Ein Discounter bietet in der Aktionswoche „Alles rund ums Radeln" unter anderem auch Radl-Handschuhe in den Größen S, M und L an. Die Hälfte der Handschuhpaare wird in Größe M und nur 20 % in der Größe L geliefert. Außerdem gibt es in den beiden kleineren Größen jeweils in gleicher Anzahl die Handschuhe in gefütterter (G) und in ungefütterter ($\overline{G}$) Variante. 80 % der Handschuhe in Größe L sind gefüttert. Die Auswahl eines Handschuhpaares wird als Zufallsexperiment aufgefasst. Die relativen Häufigkeiten werden als Wahrscheinlichkeiten interpretiert.

1.1 Bestimmen Sie mithilfe eines Baumdiagramms die Wahrscheinlichkeiten aller sechs Elementarereignisse. (4 BE)

1.2 Betrachtet werden nun folgende Ereignisse:

E_1: „Ein zufällig ausgewähltes Handschuhpaar hat nicht die Größe L."
E_2: „Es werden gefütterte Handschuhe genommen."
$E_3 = \overline{E_2 \cup \overline{E_1}}$

Geben Sie die drei Ereignisse E_1, E_2 und E_3 in aufzählender Mengenschreibweise an. Berechnen Sie ferner die Wahrscheinlichkeit, dass E_1 und E_2 gleichzeitig eintreten. (5 BE)

1.3 Am Nachmittag sind noch genau 20 Paare der gelieferten Handschuhe im Warenkorb. Vereinfacht gelten weiterhin die Wahrscheinlichkeiten aus 1.0. Berechnen Sie die Wahrscheinlichkeiten folgender Ereignisse:

E_4: „Es sind noch genau 10 Paare der Größe M vorhanden."
E_5: „Es sind mindestens sechs und höchstens 12 Paare der Größe S übrig."
E_6: „Es sind höchstens zwei gefütterte Handschuhpaare der Größe L im Korb." (6 BE)

1.4.0 Ein Hautarzt wird ca. zwei Wochen nach der Discounter-Aktion hellhörig, als von seinen 150 Patienten, die ihn innerhalb einer Woche konsultieren, genau die Hälfte mit Hautausschlägen an den Händen (A) zu ihm kommt. Bei seinen Nachforschungen stellt er fest, dass ein Drittel aller Patienten die Handschuhe aus dem Discounter trägt (H), von denen 25 über Hautausschlag klagen.

1.4.1 Erstellen Sie eine Vierfeldertafel und weisen Sie damit nach, dass das Tragen der Handschuhe aus dem Discounter den Ausschlag an den Händen nicht beeinflusst. (4 BE)

1.4.2 Ermitteln Sie die Wahrscheinlichkeit $P(A \cup \overline{H})$. (2 BE)

2.0 Der Marktleiter eines Discounters beobachtet an einem Tag das Kaufverhalten der Kunden bezüglich der Aktionsartikel. Die Zufallsgröße X gibt die Anzahl der gekauften Aktionsartikel pro Kunde an. Bei Verwendung geeigneter Parameter $a, b \in \mathbb{R}$ gilt hierfür folgende Wahrscheinlichkeitsverteilung:

x	0	1	2	3	4	5
$P(X=x)$	0,1	a	2a	4a + b	0,1	b

2.1 Berechnen Sie die Werte a und b, wenn die Wahrscheinlichkeit, dass weniger als 3 Artikel gekauft werden, 40 % beträgt. (4 BE)
[Teilergebnis: a = 0,1]

2.2 Stellen Sie die Wahrscheinlichkeitsverteilung der Zufallsgröße X geeignet grafisch dar. (2 BE)

2.3 Bestimmen Sie die Wahrscheinlichkeit dafür, dass die Zufallswerte außerhalb der einfachen Standardabweichung um den Erwartungswert liegen. (5 BE)

3.0 Die Zentrale eines Discounters behauptet, dass in einer bestimmten Filiale die Kundenzufriedenheit bei 70 % liegt. Der betroffene Marktleiter glaubt, dass dieser Anteil höher liegt (Gegenhypothese). Deshalb führt er eine Umfrage durch, bei der er 200 Kundenantworten auswertet.

3.1 Geben Sie zu diesem Test die Testgröße sowie die Nullhypothese an und ermitteln Sie den größtmöglichen Ablehnungsbereich $\overline{A}$ auf dem 5 %-Niveau. Welche Entscheidung legt der Test nahe, wenn von diesen 200 Kunden 152 Zufriedenheit äußern? (6 BE)

3.2 Erläutern Sie, worin im vorliegenden Fall der Fehler 2. Art besteht. (2 BE)

(40 BE)

Tipps und Hinweise zur Lösung von Aufgabe S II

Teilaufgabe 1.1

- Es liegt ein zweistufiges Zufallsexperiment vor.
- Tragen Sie in ein Baumdiagramm die gegebenen Wahrscheinlichkeiten ein.
- Ermitteln Sie mithilfe der Pfadregeln die gesuchten Wahrscheinlichkeiten der Elementarereignisse.

Teilaufgabe 1.2

- Greifen Sie auf das Baumdiagramm von Teilaufgabe 1.1 zurück.
- Wenden Sie die Regeln von De Morgan an.

Teilaufgabe 1.3

- Es liegt eine Bernoulli-Kette vor. Machen Sie sich deren Länge und die jeweilige Trefferwahrscheinlichkeit klar.
- Verwenden Sie bei Ereignis E_4 die Formel für genau k Treffer, bei Ereignis E_5 den Ansatz $P(6 \leq X \leq 12)$ und bei Ereignis E_6 den Ansatz $P(X \leq 2)$.
- Prüfen Sie bei jedem Ansatz, ob die gesuchten Wahrscheinlichkeiten tabellarisiert sind.

Teilaufgabe 1.4.1

- Übertragen Sie die gegebenen absoluten Häufigkeiten in eine Vierfeldertafel und ergänzen Sie die fehlenden Werte.
- Berechnen Sie die relativen Häufigkeiten und tragen Sie diese Werte in eine Vierfeldertafel ein.
- Die beiden Ereignisse A und H sind stochastisch unabhängig, wenn die Produktregel $P(A \cap H) = P(A) \cdot P(H)$ erfüllt ist.

Teilaufgabe 1.4.2

- Zur Berechnung von $P(A \cup \overline{H})$ können Sie den Satz von Sylvester für $n = 2$ verwenden.

Teilaufgabe 2.1

- Stellen Sie ein lineares Gleichungssystem mithilfe der Normierungsbedingung $\sum_{i=1}^{n} W(x_i) = 1$ und den weiteren Eigenschaften auf.

Teilaufgabe 2.2

- Als grafische Darstellung bietet sich ein Stabdiagramm an.

Teilaufgabe 2.3

- Ermitteln Sie den Erwartungswert μ der Zufallsgröße X.
- Bestimmen Sie mithilfe der Verschiebungsformel die Varianz und die Standardabweichung σ der Zufallsgröße X.
- Berechnen Sie daraus die gesuchte Wahrscheinlichkeit $P(|X - \mu| > \sigma)$.

Teilaufgabe 3.1

- Der Ablehnungsbereich der Nullhypothese hat die Gestalt $\overline{A} = \{k + 1; ...; 200\}$.
- Bestimmen Sie mithilfe der kumulativen Tabelle den Randwert.

Teilaufgabe 3.2

- Der Fehler 2. Art besteht darin, dass die Nullhypothese H_0 angenommen wird, obwohl sie falsch ist.

Lösung

1.1 Baumdiagramm

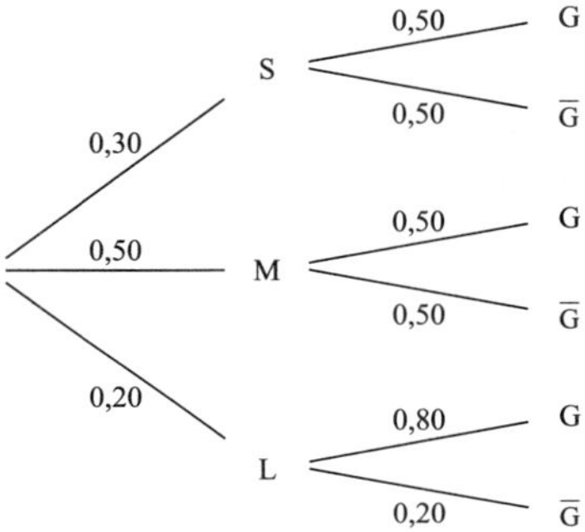

$\{\omega_i\}$	$P(\{\omega_i\})$
SG	$0{,}30 \cdot 0{,}50 = 0{,}15$
$S\overline{G}$	$0{,}30 \cdot 0{,}50 = 0{,}15$
MG	$0{,}50 \cdot 0{,}50 = 0{,}25$
$M\overline{G}$	$0{,}50 \cdot 0{,}50 = 0{,}25$
LG	$0{,}20 \cdot 0{,}80 = 0{,}16$
$L\overline{G}$	$0{,}20 \cdot 0{,}20 = 0{,}04$

1.2 E_1: „Ein zufällig ausgewähltes Handschuhpaar hat nicht die Größe L.“
In aufzählender Mengenschreibweise ist:

$E_1 = \{SG;\ S\overline{G};\ MG;\ M\overline{G}\}$

E_2: „Es werden gefütterte Handschuhe genommen.“
In aufzählender Mengenschreibweise ist:

$E_2 = \{SG;\ MG;\ LG\}$

$E_3 = \overline{E_2 \cup \overline{E_1}}$

Mit dem De-Morgan-Gesetz der Mengenalgebra folgt:

$E_3 = \overline{E_2} \cap \overline{\overline{E_1}}$

Mit dem Satz des doppelten Komplements ergibt sich:

$E_3 = \overline{E_2} \cap E_1$

In aufzählender Mengenschreibweise ist:

$E_3 = \{S\overline{G};\ M\overline{G}\}$

Für die Wahrscheinlichkeit, dass E_1 und E_2 gleichzeitig eintreten ($E_1 \cap E_2$), folgt:

$P(E_1 \cap E_2) = P(\{SG;\ MG\})$

$P(E_1 \cap E_2) = P(\{SG\}) + P(\{MG\})$

$P(E_1 \cap E_2) = 0{,}15 + 0{,}25 = 0{,}40$

1.3 Das Zufallsexperiment kann als Bernoulli-Kette der Länge $n = 20$ mit dem Parameter p angesehen werden.
Die Zufallsgröße X ist binomialverteilt nach $B(20;\ p)$.

E_4: „Es sind noch genau 10 Paare der Größe M vorhanden.“

$P(E_4) = P(X = 10)$

$P(E_4) = B(20;\ 0{,}5;\ 10)$

Mit dem Tafelwerk der Stochastik folgt:

$P(E_4) = 0{,}17620$

E_5: „Es sind mindestens sechs und höchstens 12 Paare der Größe S übrig."

$P(E_5) = P(6 \le X \le 12)$

$P(E_5) = P(X \le 12) - P(X \le 5)$

$P(E_5) = F_{0,3}^{20}(12) - F_{0,3}^{20}(5)$

Mit dem Tafelwerk der Stochastik ergibt sich:

$P(E_5) = 0,99872 - 0,41637$

$P(E_5) = 0,58235$

E_6: „Es sind höchstens zwei gefütterte Handschuhpaare der Größe L im Korb."

$P(E_6) = P(X \le 2) = F_{0,16}^{20}(2)$

Da diese Werte der Verteilungsfunktion nicht tabellarisiert sind, folgt mit der Bernoulli-Formel:

$P(E_6) = P(X = 0) + P(X = 1) + P(X = 2)$

$P(E_6) = \binom{20}{0} \cdot 0,16^0 \cdot 0,84^{20} + \binom{20}{1} \cdot 0,16^1 \cdot 0,84^{19} + \binom{20}{2} \cdot 0,16^2 \cdot 0,84^{18}$

$P(E_6) = 1 \cdot 1 \cdot 0,84^{20} + 20 \cdot 0,16 \cdot 0,84^{19} + 190 \cdot 0,16^2 \cdot 0,84^{18}$

$P(E_6) \approx 0,35800$

1.4.1 **Vierfeldertafel:** (absolute Häufigkeiten)

	A	$\overline{A}$	Σ
H	25	25	50
$\overline{H}$	50	50	100
Σ	75	75	150

(grau hinterlegt) = gegebene absolute Häufigkeit

Vierfeldertafel: (relative Häufigkeiten)

	A	$\overline{A}$	Σ
H	$\frac{25}{150} = \frac{1}{6}$	$\frac{25}{150} = \frac{1}{6}$	$\frac{50}{150} = \frac{1}{3}$
$\overline{H}$	$\frac{50}{150} = \frac{1}{3}$	$\frac{50}{150} = \frac{1}{3}$	$\frac{100}{150} = \frac{2}{3}$
Σ	$\frac{75}{150} = \frac{1}{2}$	$\frac{75}{150} = \frac{1}{2}$	$\frac{150}{150} = 1$

Es gilt:

$P(A \cap H) = \frac{1}{6}$

und

$P(A) \cdot P(H) = \frac{1}{2} \cdot \frac{1}{3} = \frac{1}{6}$; d.h.,

$P(A \cap H) = P(A) \cdot P(H)$

$\Rightarrow$ Die Ereignisse A und H sind stochastisch unabhängig.

Das Tragen der Handschuhe aus dem Discounter beeinflusst also nicht den Ausschlag an den Händen.

1.4.2 $P(A \cup \overline{H})$

Wendet man den Satz von Sylvester für n = 2 an, so ergibt sich:

$P(A \cup \overline{H}) = P(A) + P(\overline{H}) - P(A \cap \overline{H})$

$P(A \cup \overline{H}) = \frac{1}{2} + \frac{2}{3} - \frac{1}{3}$

$P(A \cup \overline{H}) = \frac{5}{6}$

2.1 Die Normierungsbedingung $\sum_{i=1}^{n} W(x_i) = 1$ und die Angaben führen zu folgenden Gleichungen:

I $\quad 0{,}1 + a + 2a + 4a + b + 0{,}1 + b = 1 \quad \Leftrightarrow$

$7a + 2b = 0{,}8$

II $\quad 0{,}1 + a + 2a = 0{,}4 \quad \Leftrightarrow$ (Mit einer Wahrscheinlichkeit von 0,4 werden weniger als 3 Artikel gekauft.)

$3a = 0{,}3 \quad \Leftrightarrow$

$a = 0{,}1$ eingesetzt in I ergibt:

I' $\quad 7 \cdot 0{,}1 + 2b = 0{,}8 \quad \Leftrightarrow \quad b = 0{,}05$

2.2 Mit den Werten von Teilaufgabe 2.1 ergibt sich folgende **Wahrscheinlichkeitsverteilung** der Zufallsgröße X:

x	0	1	2	3	4	5
P(X = x)	0,1	0,1	0,2	0,45	0,1	0,05

Stabdiagramm

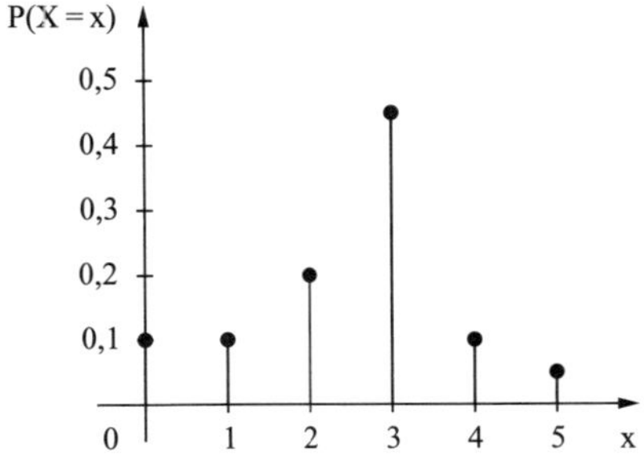

2.3 Für den Erwartungswert $\mu = E(X)$ der Zufallsgröße X gilt:

$E(X) = 0 \cdot 0{,}1 + 1 \cdot 0{,}1 + 2 \cdot 0{,}2 + 3 \cdot 0{,}45 + 4 \cdot 0{,}1 + 5 \cdot 0{,}05$

$E(X) = 2{,}5$

Für die Varianz Var(X) der Zufallsgröße X gilt:

$\sigma^2 = Var(X) = E(X^2) - (E(X))^2$ (Verschiebungsformel)

$Var(X) = 0^2 \cdot 0{,}1 + 1^2 \cdot 0{,}1 + 2^2 \cdot 0{,}2 + 3^2 \cdot 0{,}45 + 4^2 \cdot 0{,}1 + 5^2 \cdot 0{,}05 - 2{,}5^2$

$Var(X) = 1{,}55$

Für die Standardabweichung σ ergibt sich:

$\sigma = \sqrt{Var(X)}$

$\sigma = \sqrt{1,55}$

$\sigma \approx 1,24$

Die Zufallswerte liegen **außerhalb** der einfachen Standardabweichung um den Erwartungswert $\mu = E(x)$, wenn gilt:

$|X - \mu| > \sigma$

Somit:

$$\begin{aligned} |X - 2,5| &> 1,24 \quad \Leftrightarrow \\ X - 2,5 < -1,24 \;\vee\; X - 2,5 &> 1,24 \quad \Leftrightarrow \\ X < -1,24 + 2,5 \;\vee\; X &> 1,24 + 2,5 \quad \Leftrightarrow \\ X < 1,26 \;\vee\; X &> 3,74 \end{aligned}$$

$$\Rightarrow \quad P(|X - \mu| > \sigma) = P(X < 1,26) + P(X > 3,74)$$

$$P(|X - \mu| > \sigma) = P(X = 0) + P(X = 1) + P(X = 4) + P(X = 5)$$

$$P(|X - \mu| > \sigma) = 0,1 + 0,1 + 0,1 + 0,05 = 0,35$$

3.1 Testgröße T: Anzahl der Kunden in einer Stichprobe vom Umfang 200, die bei der Umfrage Zufriedenheit bekunden.
T ist eine B(200; 0,7)-verteilte Zufallsgröße.

Testart: einseitiger (rechtsseitiger) Signifikanztest
Signifikanzniveau: $\alpha = 5\ \%$

Nullhypothese	Gegenhypothese
H_0: $p = 0,7$	H_1: $p > 0,7$
Annahmebereich von H_0:	Ablehnungsbereich von H_0:
$A = \{0; 1; \ldots; k\}, k \in \mathbb{N}_0$	$\overline{A} = \{k+1; \ldots; 200\}, k \in \mathbb{N}_0$

Entscheidungsregel: H_0 wird verworfen, wenn gilt:

$P(T \geq k+1) \leq 0,05$

$$P(T \geq k+1) = 1 - F_{0,7}^{200}(k) \leq 0,05$$

$$F_{0,7}^{200}(k) \geq 0,95$$

Mithilfe der Stochastik-Tabellen ergibt sich:

$k = 151$

Maximaler Ablehnungsbereich von H_0:

$\overline{A} = \{152; \ldots; 200\}$

Wegen $152 \in \overline{A}$ sieht sich der Marktleiter in seiner Meinung bestätigt.

3.2 Der Fehler 2. Art besteht bei diesem Test darin, dass die Nullhypothese nicht abgelehnt wird, obwohl sie falsch ist; d. h., dass man annimmt, dass die Kundenzufriedenheit 70 % beträgt, obwohl sie tatsächlich höher liegt.

Bayern – FOS · BOS 12 – Fachabiturprüfung 2013
Mathematik (Nichttechnische Ausbildungsrichtungen) – Analysis A I

1.0 Gegeben sind die reellen Funktionen $f_a\colon x \mapsto \frac{1}{12}(x^3 - 2ax^2 + a^2x)$ mit $x, a \in \mathbb{R}$ und $a \geq 0$.

1.1 Bestimmen Sie die Nullstellen von f_a sowie deren Vielfachheit in Abhängigkeit von a. (5 BE)

1.2 Ermitteln Sie in Abhängigkeit von a Art und Koordinaten der Punkte des Graphen von f_a mit waagrechter Tangente. (9 BE)

Für alle folgenden Teilaufgaben ist $a = 6$: $f_6(x) = \frac{1}{12}x^3 - x^2 + 3x$

f_6 wird im Folgenden kurz mit f bezeichnet.

1.3 Bestimmen Sie die maximalen Krümmungsintervalle und berechnen Sie die Koordinaten des Wendepunktes des Graphen G_f. (6 BE)

1.4 Zeichnen Sie unter Verwendung der bisherigen Ergebnisse den Graphen G_f für $-1 \leq x \leq 8$ in ein Koordinatensystem. (4 BE)

1.5 Gegeben ist weiterhin die Ursprungsgerade G_g, welche den Graphen G_f im Hochpunkt $HP(2 \mid y_{HP})$ schneidet. Zeichnen Sie die Gerade in das vorhandene Koordinatensystem ein und bestimmen Sie ihre Gleichung. (3 BE)

1.6 Die Gerade G_g, die x-Achse und der Graph von f schließen im I. Quadranten ein Flächenstück ein. Markieren Sie diese Fläche im vorhandenen Koordinatensystem und berechnen Sie die zugehörige Flächenmaßzahl. (6 BE)

1.7 Gegeben ist nun die abschnittsweise definierte Funktion h durch

$$h(x) = \begin{cases} \frac{4}{3}x & \text{für } x < 3 \\ f(x) & \text{für } x \geq 3 \end{cases}$$

Markieren Sie G_h im vorhandenen Diagramm mit Farbe. Treffen Sie mithilfe des Graphen G_h eine Aussage über Stetigkeit und Differenzierbarkeit von h an der Nahtstelle. Belegen Sie anschließend Ihr Ergebnis rechnerisch. (6 BE)

2.0 Von einer ganzrationalen Funktion k mit der Definitionsmenge $D_k = \mathbb{R}$ ist Folgendes bekannt:

$k''(x) > 0$ für $x \in\ ]-\infty; -2[$ sowie für $x \in\ ]0; \infty[$

$k''(x) < 0$ für $x \in\ ]-2; 0[$

$k'(0) = 0 \wedge k''(0) = 0 \wedge k'''(0) \neq 0$

2.1 Beschreiben Sie die daraus resultierenden Eigenschaften des Graphen G_k in Worten. (5 BE)

2.2 Fertigen Sie mithilfe der bisherigen Angaben und Ergebnisse eine aussagekräftige Skizze von G_k an, wenn der Graph durch den Ursprung verläuft, einen Tiefpunkt bei $x = -3$ besitzt und die Funktion k den Grad 4 hat. (3 BE)

3.0 Bei einem Quadrat ABCD mit der Seitenlänge a wird von der Ecke D ausgehend je eine Strecke der Länge x mit $0 < x < a$ in Richtung A bis zum Punkt E und in Richtung C bis zum Punkt F abgetragen. Dann wird das Quadrat längs EF so gefaltet, dass das Dreieck FDE senkrecht zum ursprünglichen Quadrat steht. Die hochstehende Ecke D bildet mit den Punkten A, B, C, F und E eine Pyramide mit fünfeckiger Grundfläche.

3.1 Fertigen Sie eine Skizze des Quadrates ABCD mit den in 3.0 gegebenen Punkten und Strecken an. (2 BE)

3.2 Stellen Sie das Volumen $V_a(x)$ der entstehenden Pyramide in Abhängigkeit von x dar. Die Höhe der Pyramide h ist gegeben durch $h = \frac{\sqrt{2}}{2}x$. (4 BE)

[Mögliches Ergebnis: $V_a(x) = \frac{\sqrt{2}}{12}(2a^2x - x^3)$]

3.3 Bestimmen Sie x so, dass das Volumen der Pyramide den absolut größten Wert annimmt. Berechnen Sie für diesen Fall und mit $a = 3$ Volumen und Höhe der Pyramide. (7 BE)

(60 BE)

Tipps und Hinweise zur Lösung von Aufgabe A I

Teilaufgabe 1.1

- Faktorisieren Sie den Funktionsterm und ermitteln Sie mithilfe der Nullproduktregel die Nullstellen.
- Führen Sie eine Fallunterscheidung für a durch.

Teilaufgabe 1.2

- Ermitteln Sie die Nullstellen der ersten Ableitung und führen Sie eine geeignete Fallunterscheidung durch.
- Punkte des Graphen mit waagrechter Tangente sind Extrempunkte oder Terrassenpunkte.

Teilaufgabe 1.3

- Das Krümmungsverhalten von G_f ermitteln Sie mit der zweiten Ableitung.
- Das Vorzeichen von $f''(x)$ bestimmt das Krümmungsverhalten in einem Intervall.
- Aus der Änderung des Krümmungsverhaltens ergibt sich der Wendepunkt W.

Teilaufgabe 1.4

- Beachten Sie die Hinweise in der Aufgabenstellung.

Teilaufgabe 1.5

- Eine Ursprungsgerade besitzt die Funktionsgleichung $g(x) = mx$.
- Bestimmen Sie den Steigungsfaktor m.

Teilaufgabe 1.6

- Markieren Sie die gesuchte Fläche.
- Teilen Sie die markierte Fläche in zwei Teilflächen und berechnen Sie die Maßzahlen der Flächeninhalte.

Teilaufgabe 1.7

- Beachten Sie, dass G_f an der Nahtstelle $x = 3$ eine Sprungstelle hat.
- Zeigen Sie, dass die Stetigkeitsbedingung an der Nahtstelle nicht erfüllt ist.

Teilaufgabe 2.1

- Beachten Sie, dass das Vorzeichen von $k''(x)$ Aussagen über das Krümmungsverhalten des Funktionsgraphen ermöglicht.

Teilaufgabe 2.2

- Beachten Sie, dass G_k im Ursprung einen Terrassenpunkt besitzt.

Teilaufgabe 3.1

- Zeichnen Sie zunächst ein Quadrat ABCD und tragen Sie vom Punkt D aus die jeweiligen Strecken ab.

Teilaufgabe 3.2

- Verwenden Sie die Volumenformel der Pyramide.

Teilaufgabe 3.3

- Bestimmen Sie zunächst das relative Maximum der Funktionen $V_a(x)$.
- Zeigen Sie, dass das relative Maximum das absolute ist.

Lösung

1.1 **Nullstellen**

$$f_a(x) = 0 \quad \Leftrightarrow$$

$$\frac{1}{12}(x^3 - 2ax^2 + a^2x) = 0 \quad \Leftrightarrow$$

$$\frac{1}{12}x(x^2 - 2ax + a^2) = 0$$

Mit dem Satz vom Nullprodukt (Nullproduktregel) folgt:

$x_1 = 0 \ \vee \ x^2 - 2ax + a^2 = 0 \quad (*)$

Diskriminante der quadratischen Gleichung (*):

$D = (-2a)^2 - 4 \cdot 1 \cdot a^2 \quad \Leftrightarrow$

$D = 0$

$$x_{2,3} = \frac{2a}{2} = a$$

Fallunterscheidung für a

$a = 0$: eine dreifache Nullstelle $x_{1,2,3} = 0$

$a > 0$: eine einfache Nullstelle $x_1 = 0$
eine doppelte Nullstelle $x_{2,3} = a$

1.2 $$f_a(x) = \frac{1}{12}(x^3 - 2ax^2 + a^2x)$$

$$f_a'(x) = \frac{1}{12}(3x^2 - 4ax + a^2)$$

$$f_a''(x) = \frac{1}{12}(6x - 4a)$$

Punkte mit waagrechter Tangente

Notwendige Bedingung: $f_a'(x) = 0 \quad \Leftrightarrow$

$$\frac{1}{12}(3x^2 - 4ax + a^2) = 0 \quad \Leftrightarrow$$

$$3x^2 - 4ax + a^2 = 0 \quad (*)$$

Diskriminante der quadratischen Gleichung (*):

$D = (-4a)^2 - 4 \cdot 3 \cdot a^2 \quad \Leftrightarrow$

$D = 4a^2 = (2a)^2 > 0$

$$x_{1,2} = \frac{4a \pm 2a}{6}$$

$$x_1 = a \ \vee \ x_2 = \frac{a}{3}$$

Art der Punkte mit waagrechter Tangente

Fallunterscheidung für a

$a=0$: $x_{1,2}=0$

Mit $f_0''(x)=\frac{1}{2}x$ folgt $f_0''(0)=0$.

Vermutung: $x_{1,2}=0$ ist eine Terrassenstelle.
Nachweis: f_0'' hat bei $x_{1,2}=0$ eine einfache Nullstelle, somit wechselt f_0'' an der Stelle $x_{1,2}=0$ das Vorzeichen.

Ergebnis: Der Graph von f_0 hat einen Terrassenpunkt W(0; 0).

$a>0$: Hinreichende Bedingung: $f_a''(x)\neq 0$

$$f_a''(a)=\frac{1}{12}(6a-4a)=\frac{a}{6}>0 \quad\Rightarrow\quad \begin{cases} f_a \text{ hat bei } x_1=a \text{ ein relatives} \\ \text{Minimum} \\ T(a;0) \text{ relativer Tiefpunkt} \end{cases}$$

$$f_a''\left(\frac{a}{3}\right)=\frac{1}{12}\left(6\cdot\frac{a}{3}-4a\right)=-\frac{a}{6}<0 \quad\Rightarrow\quad \begin{cases} f \text{ hat bei } x_2=\frac{a}{3} \text{ ein relatives} \\ \text{Maximum} \\ H\left(\frac{a}{3};\frac{a^3}{81}\right) \text{ relativer Hochpunkt} \end{cases}$$

Ergebnis: Für $a>0$ hat der Graph von f_a einen relativen Hochpunkt $H\left(\frac{a}{3};\frac{a^3}{81}\right)$ und einen relativen Tiefpunkt T(a; 0).

1.3 $f'(x)=\frac{1}{4}x^2-2x+3$

Das **Krümmungsverhalten** wird mit der 2. Ableitung ermittelt:

$$f''(x)=\frac{1}{2}x-2$$

Linkskrümmung: $f''(x)>0$

$$\frac{1}{2}x-2>0 \quad\Leftrightarrow$$
$$x>4$$

f' ist im gesamten Definitionsbereich stetig, somit folgt:
G_f ist linksgekrümmt im Intervall $[4;\infty[$.

Rechtskrümmung: $f''(x)<0$

$$\frac{1}{2}x-2<0 \quad\Leftrightarrow$$
$$x<4$$

f' ist im gesamten Definitionsbereich stetig, somit folgt:
G_f ist rechtsgekrümmt im Intervall $]-\infty;4]$.

Wendepunkt

Aus der Änderung des Krümmungsverhaltens an der Stelle $x=4$ folgt der Wendepunkt $W\left(4;\frac{4}{3}\right)$.

1.4 Wertetabelle für G_f:

		NSt.		HP		WP		TP		
x	−1	0	1	2	3	4	5	6	7	8
f(x)	−4,08	0	2,08	2,67	2,25	1,33	0,42	0	0,58	2,67

Grafik für Teilaufgaben 1.4, 1.6 und 1.7

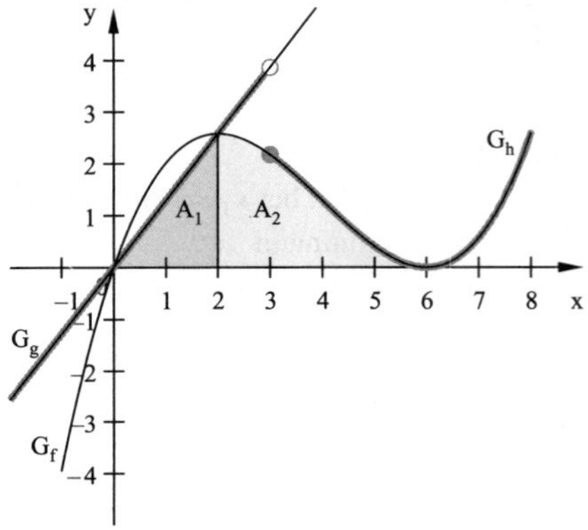

1.5 Einzeichnen der Geraden in das Koordinatensystem von Teilaufgabe 1.4.

Gleichung der Ursprungsgeraden G_g

$g(x) = m \cdot x$

Hochpunkt $H\left(2; \frac{8}{3}\right)$ (vgl. Teilaufgabe 1.2)

Steigung m:

$$m = \frac{y_{HP} - 0}{x_{HP} - 0} = \frac{\frac{8}{3} - 0}{2 - 0} = \frac{4}{3}$$

Somit folgt:

$$g(x) = \frac{4}{3}x$$

1.6 Markieren des Flächenstücks im Koordinatensystem von Teilaufgabe 1.4

Teilfläche A_1 (Dreieck)

$$A_1 = \frac{1}{2} \cdot 2 \cdot \frac{8}{3}$$

$$A_1 = \frac{8}{3}$$

Teilfläche A_2

$$A_2 = \int_2^6 f(x)\,dx$$

$$A_2 = \int_2^6 \left(\frac{1}{12}x^3 - x^2 + 3x\right) dx$$

$$A_2 = \left[\frac{1}{48}x^4 - \frac{1}{3}x^3 + \frac{3}{2}x^2\right]_2^6$$

$$A_2 = \frac{1}{48}\cdot 6^4 - \frac{1}{3}\cdot 6^3 + \frac{3}{2}\cdot 6^2 - \left(\frac{1}{48}\cdot 2^4 - \frac{1}{3}\cdot 2^3 + \frac{3}{2}\cdot 2^2\right)$$

$$A_2 = 9 - \frac{11}{3} = \frac{16}{3}$$

Gesamtfläche

$$A = A_1 + A_2$$

$$A = \frac{8}{3} + \frac{16}{3} = \frac{24}{3} = 8$$

1.7 $$h(x) = \begin{cases} \frac{4}{3}x & \text{für } x < 3 \\ \frac{1}{12}x^3 - x^2 + 3x & \text{für } x \geq 3 \end{cases}$$

Markieren des Graphen von h im Diagramm von Teilaufgabe 1.4

Stetigkeit und Differenzierbarkeit von h

Der Graph G_h hat in $x = 3$ eine Sprungstelle.

Die Funktion h ist somit nicht stetig in $x = 3$, deshalb ist die Funktion h auch nicht differenzierbar in $x = 3$.

Rechnerischer Beleg

Stetigkeit

Es muss gelten: $\lim\limits_{x \overset{<}{\to} 3} h(x) = h(3) = \lim\limits_{x \overset{>}{\to} 3} h(x)$

$$\lim_{x \overset{<}{\to} 3} h(x) = \lim_{x \overset{<}{\to} 3}\left(\frac{4}{3}x\right) = \lim_{h \to 0}\left(\frac{4}{3}(3-h)\right) = 4$$

$$h(3) = \frac{1}{12}\cdot 3^3 - 3^2 + 3\cdot 3 = \frac{9}{4}$$

$$\lim_{x \overset{>}{\to} 3} h(x) = \lim_{x \overset{>}{\to} 3}\left(\frac{1}{12}x^3 - x^2 + 3x\right) = \lim_{h \to 0}\left(\frac{1}{12}(3+h)^3 - (3+h)^2 + 3(3+h)\right) = \frac{9}{4}$$

Somit ergibt sich:

$$\lim_{x \overset{<}{\to} 3} h(x) \neq \lim_{x \overset{>}{\to} 3} h(x)$$

Ergebnis: h ist an der Nahtstelle $x = 3$ nicht stetig.

Differenzierbarkeit
Stetigkeit ist notwendige Voraussetzung für Differenzierbarkeit. Daher ist h an der Nahtstelle $x = 3$ auch nicht differenzierbar.

2.1 G_k ist rechtsgekrümmt auf $[-2; 0]$
G_k ist linksgekrümmt auf $]-\infty; -2]$ bzw. auf $[0; \infty[$
G_k hat bei $x = 0$ einen Terrassenpunkt W_1
G_k hat bei $x = -2$ einen Wendepunkt W_2

2.2

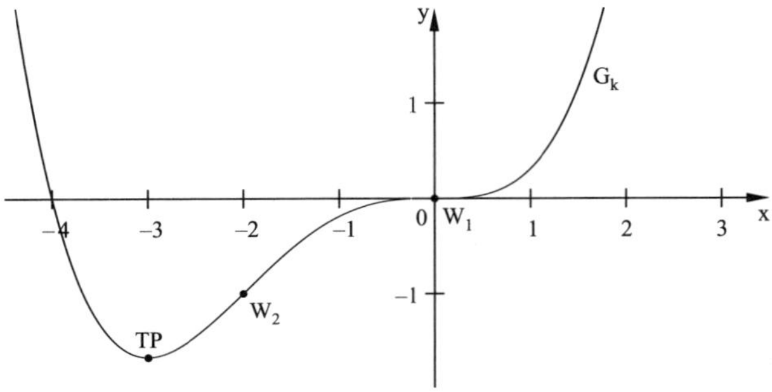

3.1

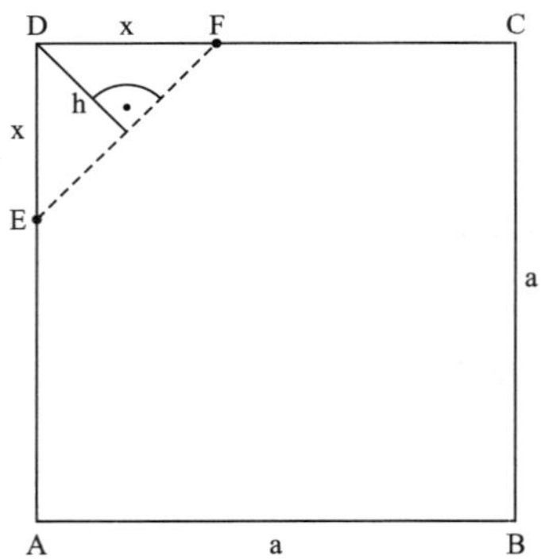

3.2 Höhe der Pyramide: $h(x) = \frac{\sqrt{2}}{2} x$ (gegeben)

Grundfläche der Pyramide: $A_a(x) = a \cdot a - \frac{1}{2} \cdot x \cdot x$

Volumen der Pyramide: $V_a(x) = \frac{1}{3} \cdot A_a(x) \cdot h(x)$

$$V_a(x) = \frac{1}{3}\left(a^2 - \frac{1}{2}x^2\right) \cdot \frac{\sqrt{2}}{2} x$$

$$V_a(x) = \frac{\sqrt{2}}{12}(2a^2 x - x^3)$$

3.3 $V_a(x) = \frac{\sqrt{2}}{12}(2a^2x - x^3), \qquad D_{V_a} =]0; a[$

$V_a'(x) = \frac{\sqrt{2}}{12}(2a^2 - 3x^2), \qquad D_{V_a'} =]0; a[$

$V_a''(x) = -\frac{\sqrt{2}}{2}x, \qquad D_{V_a''} =]0; a[$

Relatives Maximum

Notwendige Bedingung: $V_a'(x) = 0 \quad \Leftrightarrow$

$$\frac{\sqrt{2}}{12}(2a^2 - 3x^2) = 0 \quad \Leftrightarrow$$

$$2a^2 - 3x^2 = 0 \quad \Leftrightarrow$$

$$x^2 = \frac{2}{3}a^2 \quad \Leftrightarrow$$

$$x_1 = \sqrt{\frac{2}{3}}a \ \vee \ x_2 = -\sqrt{\frac{2}{3}}a \notin D_{V_a}$$

Hinreichende Bedingung: $V_a''(x_1) < 0$

$$V_a''\left(\sqrt{\frac{2}{3}}a\right) = -\frac{\sqrt{2}}{2} \cdot \sqrt{\frac{2}{3}}a < 0$$

Die Funktion V_a hat bei $x_1 = \sqrt{\frac{2}{3}}a$ ein relatives Maximum.

Absolutes Maximum

Die Funktion $V_a'(x)$ hat im Intervall $]0; a[$ nur eine Nullstelle, somit tritt keine weitere Änderung des Monotonieverhaltens im angegebenen Bereich auf. Das relative Maximum ist somit absolutes Maximum der Funktion $V_a(x)$.

Absolut größtes Volumen für a = 3

$$x_1 = \sqrt{\frac{2}{3}} \cdot 3 = \sqrt{6}$$

$$V_3(\sqrt{6}) = \frac{\sqrt{2}}{12}(2 \cdot 3^2 \cdot \sqrt{6} - \sqrt{6}^3)$$

$$V_3(\sqrt{6}) = \frac{\sqrt{2}}{12}(18\sqrt{6} - 6 \cdot \sqrt{6})$$

$$V_3(\sqrt{6}) = \frac{\sqrt{2}}{12}12 \cdot \sqrt{6} = \sqrt{2} \cdot \sqrt{6}$$

$$V_3(\sqrt{6}) = 2 \cdot \sqrt{3}$$

Höhe der Pyramide bei absolut größtem Volumen für a = 3

$$h(\sqrt{6}) = \frac{\sqrt{2}}{2} \cdot \sqrt{6} = \sqrt{\frac{12}{4}}$$

$$h(\sqrt{6}) = \sqrt{3}$$

Bayern – FOS · BOS 12 – Fachabiturprüfung 2013
Mathematik (Nichttechnische Ausbildungsrichtungen) – Analysis A II

1.0 Der Graph G_f einer ganzrationalen Funktion f mit der Definitionsmenge $D_f = \mathbb{R}$ berührt die x-Achse bei $x = -1$ und schneidet die y-Achse bei $y = 2$. Die Tangente an den Graphen G_f für $x = 2$ hat die Steigung $m = -9$.

1.1 Begründen Sie, dass die zugehörige ganzrationale Funktion nicht zweiten Grades sein kann. (3 BE)

1.2 Bestimmen Sie den Funktionsterm f(x) der ganzrationalen Funktion f dritten Grades.
[Ergebnis: $f(x) = -x^3 + 3x + 2$] (7 BE)

1.3 Weisen Sie durch entsprechende Berechnungen nach, dass die Gerade G_g mit $g(x) = 4$ Tangente an den Graphen G_f im Hochpunkt von G_f ist, und ermitteln Sie die Koordinaten des weiteren gemeinsamen Punktes von G_g und G_f. (8 BE)

1.4 Zeichnen Sie den Graphen G_f sowie die Gerade G_g im Bereich $-2 \leq x \leq 2$ mithilfe vorliegender Ergebnisse in ein Koordinatensystem. (4 BE)

1.5 Berechnen Sie die Maßzahl des Flächeninhalts für das Flächenstück F_1, welches der Graph G_f und die Gerade G_g mit der y-Achse im II. Quadranten einschließen. (4 BE)

1.6 Berechnen Sie die Maßzahl des Flächeninhalts für das Flächenstück F_2, welches der Graph G_f mit den Koordinatenachsen im I. Quadranten einschließt. Vergleichen Sie die Maßzahl des Flächeninhalts von F_1 und F_2. Welche Vermutung legt das Ergebnis bezüglich des Punktes $P(0\,|\,2)$ nahe? (5 BE)

2.0 Gegeben sind die reellen Funktionen $f_t(x) = -(x+1)^2(x-t)$; $D_{f_t} = \mathbb{R}$; $t \in \mathbb{R}$.

2.1 Bestimmen Sie die Nullstellen von f_t sowie deren Vielfachheit in Abhängigkeit von t. (4 BE)

2.2 Argumentieren Sie mithilfe der bisher bekannten Eigenschaften, dass die Funktion f aus Aufgabe 1 zur Funktionenschar f_t gehört. (4 BE)

3 Gegeben ist die abschnittsweise definierte Funktion h durch

$$h(x) = \begin{cases} f(x) & \text{für } x < 0 \\ -0{,}5(x-1)^2 + 2{,}5 & \text{für } x \geq 0 \end{cases} \quad \text{mit } f(x) \text{ aus 1.2}$$

Weisen Sie nach, dass die Funktion h an der Nahtstelle stetig ist. Untersuchen Sie anschließend rechnerisch, ob der Graph von h an dieser Stelle „ohne Knick“ verläuft. (7 BE)

4 Die folgende Darstellung zeigt den Graphen G_r der ganzrationalen Funktion r und den Graphen G_s der ganzrationalen Funktion s.

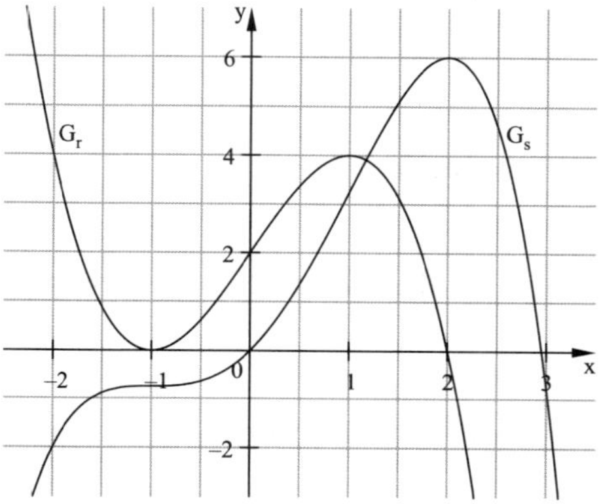

Begründen Sie: Die Funktion s kann eine Stammfunktion der Funktion r sein. (5 BE)

5.0 Eine Schule veranstaltet eine Projektwoche zum Thema „Work-Life-Balance“. Zum Abschluss erhalten alle Teilnehmer je einen Relax-Ball, der in einer zylinderförmigen Schachtel verpackt ist. Von dieser ist bekannt, dass sie eine Oberfläche von 180 cm² besitzt. Bei der Rechnung wird auf Einheiten verzichtet.

5.1 Zeigen Sie, dass für das Volumen der Schachtel in Abhängigkeit vom Zylinderradius r gilt: $V(r) = -\pi \cdot r^3 + 90r$ (4 BE)

5.2 Nach Informationen des Verbraucherschutzes kann eine Verpackung dann als unzulässig deklariert werden, wenn die Füllmenge vom Fassungsvermögen einer Verpackung um mehr als 30 % abweicht.
Prüfen Sie, ob eine Verpackung dieser Anforderung gerecht wird, wenn die Schachtel mit r = 3,1 cm einen Ball mit dem Durchmesser von 60 mm enthält. Runden Sie alle Ergebnisse auf zwei Nachkommastellen. (5 BE)

(60 BE)

Tipps und Hinweise zur Lösung von Aufgabe A II

Teilaufgabe 1.1

- Nehmen Sie zunächst an, dass der Graph G_f eine Parabel ist, und zeigen Sie, dass die gegebenen Eigenschaften zu einem Widerspruch führen.

Teilaufgabe 1.2

- Verwenden Sie die allgemeine Funktionsgleichung $f(x) = ax^3 + bx^2 + cx + d$.
- Stellen Sie mithilfe der gegebenen Eigenschaften ein lineares Gleichungssystem auf und bestimmen Sie die gesuchten Koeffizienten („Steckbriefaufgabe“).

Teilaufgabe 1.3

- Ermitteln Sie mithilfe der notwendigen und hinreichenden Bedingungen die Art und die Koordinaten der Extrempunkte des Graphen.
- Bestimmen Sie die Schnittstelle aus der Gleichung $f(x) = g(x)$.

Teilaufgabe 1.4

- Nutzen Sie zum Zeichnen des Graphen G_f die bisherigen Ergebnisse.

Teilaufgabe 1.5

- Berechnen Sie die Maßzahl des Flächeninhalts des Flächenstücks F_1 unter Verwendung des bestimmten Integrals.

Teilaufgabe 1.6

- Berechnen Sie die Maßzahl des Flächeninhalts des Flächenstücks F_2 unter Verwendung des bestimmten Integrals.
- Vergleichen Sie die Maßzahlen der Flächeninhalte von F_1 und F_2.
- Welche Symmetriebeziehung besteht zwischen den Flächenstücken F_1 und F_2?

Teilaufgabe 2.1

- Ermitteln Sie mithilfe der Nullproduktregel die Nullstellen und geben Sie deren Vielfachheit in Abhängigkeit von t an.

Teilaufgabe 2.2

- Beachten Sie, dass die Funktion f bei $x = -1$ eine doppelte Nullstelle und bei $x = 2$ eine einfache Nullstelle besitzt.
- Verwenden Sie den Ansatz $f(x) = a(x+1)^2 \cdot (x-2)$.
- Bestimmen Sie den Leitkoeffizienten a.

Teilaufgabe 3

- Zeigen Sie, dass die Stetigkeitsbedingung an der Nahtstelle erfüllt ist.
- Bilden Sie die Ableitung der abschnittsweise definierten Funktion h.
- Zeigen Sie, dass die Differenzierbarkeitsbedingung an der Nahtstelle nicht erfüllt ist.

Teilaufgabe 4

- Entnehmen Sie der gegebenen Darstellung den Zusammenhang zwischen dem Monotonieverhalten der Funktion s und dem Vorzeichen der Funktionswerte der Funktion r.
- Beachten Sie den Zusammenhang zwischen der Terrassenstelle der Funktion s und der doppelten Nullstelle der Funktion r.

Teilaufgabe 5.1

- Verwenden Sie die Formeln für Volumen und Oberfläche des Zylinders.

Teilaufgabe 5.2

- Verwenden Sie die Volumenformel der Kugel.

Lösung

1.1 Annahme: Der Graph G_f ist eine Parabel, d. h. die zugehörige ganzrationale Funktion hat den Grad 2.

Aus den Angaben folgt:

(1) Der Scheitelpunkt der Parabel liegt auf der x-Achse (Scheitelabszisse $x=-1$).

(2) Die Parabel ist nach oben geöffnet, weil der Ordinatenabschnitt $y=2>0$ ist.

Folgerung: Rechts vom Scheitelpunkt (d. h. für $x>-1$) hat die Parabel eine positive Steigung.
Dies steht im Widerspruch zur gegebenen negativen Tangentensteigung $m=-9$ bei $x=2$.

Ergebnis: f kann keine ganzrationale Funktion zweiten Grades sein.

1.2 Für die Funktionsgleichung gilt allgemein:
$f(x)=ax^3+bx^2+cx+d;\quad a\in\mathbb{R}\setminus\{0\};\ b,c,d\in\mathbb{R};\ D_f=\mathbb{R}$
$f'(x)=3ax^2+2bx+c$

Die gegebenen Eigenschaften führen zu folgenden Gleichungen:

I $\quad f(-1)=0 \;\Rightarrow\; a\cdot(-1)^3+b\cdot(-1)^2+c\cdot(-1)+d=0 \quad$ ($P(-1;0)\in G_f$)

II $\quad f'(-1)=0 \;\Rightarrow\; 3a\cdot(-1)^2+2b\cdot(-1)+c=0 \quad$ (waagerechte Tangente)

III $\quad f(0)=2 \;\Rightarrow\; a\cdot 0^3+b\cdot 0^2+c\cdot 0+d=2 \quad$ ($P(0;2)\in G_f$)

IV $\quad f'(2)=-9 \;\Rightarrow\; 3a\cdot 2^2+2b\cdot 2+c=-9 \quad$ (bei $x=2$ Steigung $m=-9$)

Vereinfacht

I' $\quad -a+b-c+d=0 \;\Leftrightarrow\; a=b-c+d$

II' $\quad 3a-2b+c=0$

III' $\quad d=2$

IV' $\quad 12a+4b+c=-9$

III' in I' eingesetzt ergibt:
I'' $\quad a=b-c+2$

I'' in II' und IV' eingesetzt ergibt:
II'' $\quad 3(b-c+2)-2b+c=0 \;\Leftrightarrow\; b-2c+6=0 \;\Leftrightarrow\; b=2c-6$
IV'' $\quad 12(b-c+2)+4b+c=-9 \;\Leftrightarrow\; 16b-11c+24=-9$

II'' in IV'' eingesetzt ergibt:
IV''' $\quad 16(2c-6)-11c+24=-9 \;\Leftrightarrow\; 21c-72=-9 \;\Leftrightarrow\; c=3$

IV''' in II'' eingesetzt ergibt:
II''' $\quad b=2\cdot 3-6 \;\Leftrightarrow\; b=0$

II''' und IV''' in I'' eingesetzt ergibt:
I''' $\quad a=0-3+2 \;\Leftrightarrow\; a=-1$

Ergebnis:

$f(x)=-x^3+3x+2$

1.3 $f(x) = -x^3 + 3x + 2$ (aus Teilaufgabe 1.2)

$f'(x) = -3x^2 + 3$

$f''(x) = -6x$

Relative Extrempunkte

Notwendige Bedingung: $f'(x) = 0 \Leftrightarrow$

$$-3x^2 + 3 = 0 \Leftrightarrow$$

$$x^2 = 1 \Leftrightarrow$$

$$x_1 = 1 \vee x_2 = -1$$

Hinreichende Bedingung: $f''(x) \neq 0$

$$f''(1) = -6 < 0 \quad \Rightarrow \begin{cases} \text{f hat bei } x_1 = 1 \text{ ein relatives Maximum} \\ \text{H(1; 4) relativer Hochpunkt} \end{cases}$$

$$f''(-1) = 6 > 0 \quad \Rightarrow \begin{cases} \text{f hat bei } x_2 = -1 \text{ ein relatives Minimum} \\ \text{T(−1; 0) relativer Tiefpunkt} \end{cases}$$

Tangente im Punkt H(1; 4)

$g(x) = f'(1) \cdot (x - 1) + f(1)$

$g(x) = 0 \cdot (x - 1) + 4$

$g(x) = 4$

Weiterer Schnittpunkt

$$f(x) = g(x)$$

$$-x^3 + 3x + 2 = 4$$

$$x^3 - 3x + 2 = 0 \qquad \text{(kubische Gleichung)}$$

$x_1 = 1$ ist eine Lösung dieser Gleichung

Polynomdivision

$$\begin{array}{l} (x^3 - 3x + 2) : (x - 1) = x^2 + x - 2 \\ \underline{-(x^3 - x^2)} \\ \quad x^2 - 3x \\ \underline{-(x^2 - \ \ x)} \\ \qquad -2x + 2 \\ \quad \underline{-(-2x + 2)} \\ \qquad\qquad 0 \end{array}$$

Weitere Lösungen

$x^2 + x - 2 = 0$

Diskriminante der quadratischen Gleichung:

$D = 1^2 - 4 \cdot 1 \cdot (-2) \Leftrightarrow$

$D = 9 = 3^2 > 0$

$$x_{3,4} = \frac{-1 \pm 3}{2}$$

$x_3 = 1 \vee x_4 = -2$ (Schnittstelle)

Mit $f(-2) = 4$ folgt:
weiterer gemeinsamer Punkt S(–2; 4)

1.4 Wertetabelle für G_f:

		TP		HP	NS
x	–2	–1	0	1	2
f(x)	4	0	2	4	0

Grafik für Teilaufgabe 1.4

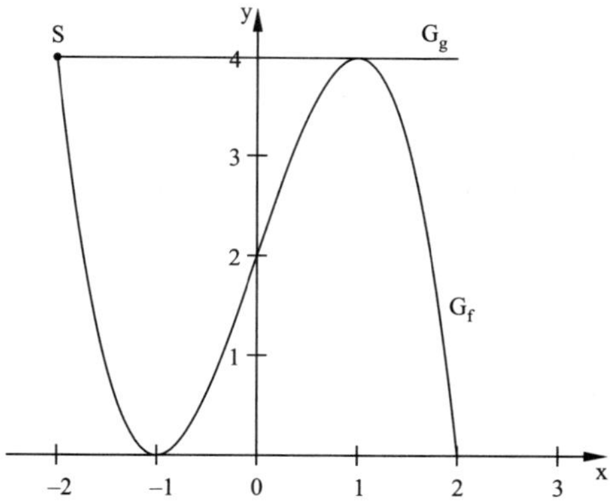

1.5 $$A_1 = \int_{-2}^{0} (g(x) - f(x))\, dx$$

$$A_1 = \int_{-2}^{0} (4 - (-x^3 + 3x + 2))\, dx$$

$$A_1 = \int_{-2}^{0} (x^3 - 3x + 2)\, dx$$

$$A_1 = \left[\frac{1}{4}x^4 - \frac{3}{2}x^2 + 2x\right]_{-2}^{0}$$

$$A_1 = 0 - \left(\frac{1}{4}\cdot(-2)^4 - \frac{3}{2}\cdot(-2)^2 + 2\cdot(-2)\right)$$

$$A_1 = 0 - (-6) = 6$$

1.6 $A_2 = \int_0^2 f(x)\,dx$

$$A_2 = \int_0^2 (-x^3 + 3x + 2)\,dx$$

$$A_2 = \left[-\frac{1}{4}x^4 + \frac{3}{2}x^2 + 2x\right]_0^2$$

$$A_2 = \left(-\frac{1}{4}\cdot 2^4 + \frac{3}{2}\cdot 2^2 + 2\cdot 2\right) - 0$$

$$A_2 = 6$$

Vergleich: Die beiden Flächenstücke F_1 und F_2 haben den gleichen Inhalt.
Vermutung: Der Graph G_f liegt punktsymmetrisch zum Punkt P(0; 2).

2.1 **Nullstellen**

$$f_t(x) = 0 \quad \Leftrightarrow$$

$$-(x+1)^2 \cdot (x - t) = 0$$

Mit dem Satz vom Nullprodukt (Nullproduktregel) folgt:

$$(x+1)^2 = 0 \quad \vee \quad x - t = 0 \quad \Leftrightarrow$$

$$x_{1,2} = -1 \quad \vee \quad x_3 = t$$

Fallunterscheidung für t

$t = -1$: eine dreifache Nullstelle $x_{1,2,3} = -1$

$t \neq -1$: eine doppelte Nullstelle $x_{1,2} = -1$
eine einfache Nullstelle $x_3 = t$

2.2 Die Funktion f hat bei $x = -1$ eine doppelte Nullstelle (siehe 1.0) und bei $x = 2$ eine einfache Nullstelle (Teilaufgabe 1.4).

Somit kann die Funktion wie folgt dargestellt werden:

$$f(x) = a \cdot (x+1)^2 \cdot (x - 2)$$

Nach Teilaufgabe 1.2 folgt für den Leitkoeffizienten $a = -1$.

Also ergibt sich:

$$f(x) = -(x+1)^2 \cdot (x - 2)$$

Ergebnis: Die Funktion f gehört mit $t = 2$ zur gegebenen Funktionenschar f_t.

3 $h(x) = \begin{cases} -x^3 + 3x + 2 & \text{für } x < 0 \\ -0{,}5 \cdot (x-1)^2 + 2{,}5 & \text{für } x \geq 0 \end{cases}$

Stetigkeit

Es muss gelten: $\lim\limits_{x \overset{<}{\to} 0} h(x) = h(0) = \lim\limits_{x \overset{>}{\to} 0} h(x)$

$$\lim_{x \overset{<}{\to} 0} h(x) = \lim_{x \overset{<}{\to} 0} (-x^3 + 3x + 2) = \lim_{h \to 0} (-(0-h)^3 + 3(0-h) + 2) = 2$$

$$h(0) = -0,5 \cdot (0-1)^2 + 2,5 = 2$$

$$\lim_{x \overset{>}{\to} 0} h(x) = \lim_{x \overset{>}{\to} 0} (-0,5 \cdot (x-1)^2 + 2,5) = \lim_{h \to 0} (-0,5 \cdot (0+h-1)^2 + 2,5) = 2$$

Ergebnis: Die Funktion h ist an der Nahtstelle $x = 0$ stetig.

Differenzierbarkeit

Es muss gelten: $\lim_{x \overset{<}{\to} 0} h'(x) = \lim_{x \overset{>}{\to} 0} h'(x)$

Für die Ableitung gilt:

$$h'(x) = \begin{cases} -3x^2 + 3 & \text{für } x < 0 \\ -(x-1) & \text{für } x > 0 \end{cases}$$

Somit folgt:

$$\lim_{x \overset{<}{\to} 0} h'(x) = \lim_{x \overset{<}{\to} 0} (-3x^2 + 3) = \lim_{h \to 0} (-3(0-h)^2 + 3) = 3$$

$$\lim_{x \overset{>}{\to} 0} h'(x) = \lim_{x \overset{>}{\to} 0} (-x + 1) = \lim_{h \to 0} (-(0+h) + 1) = 1$$

Ergebnis: Die Funktion h ist an der Nahtstelle $x = 0$ nicht differenzierbar (der Graph von h hat bei $x = 0$ eine „Knickstelle").

4 Falls die Funktion s eine Stammfunktion der Funktion r ist, muss gelten:
$s'(x) = r(x)$

Dies kann gelten, wegen:

(1) s ist streng monoton zunehmend auf $]-\infty; 2]$ und streng monoton abnehmend auf $[2; \infty[$. In diesen Intervallen ist $r(x) \geq 0$ bzw. $r(x) \leq 0$.

(2) $x = -1$ ist Terrassenstelle des Graphen von s. An dieser Stelle hat die Funktion r eine doppelte Nullstelle.

(3) $x = 2$ ist Maximalstelle des Graphen von s. An dieser Stelle hat die Funktion r eine Nullstelle mit Vorzeichenwechsel von + auf –.

5.1 Für die Volumenmaßzahl V des Zylinders gilt:
$V(r; h) = r^2 \pi h$

Für die Oberflächenmaßzahl S des Zylinders gilt:
$S(r; h) = 2r\pi h + 2r^2\pi$

Nebenbedingung:
$2r\pi h + 2r^2\pi = 180$

Auflösen nach h ergibt:

$$h = \frac{180 - 2r^2\pi}{2r\pi} \quad \Leftrightarrow$$

$$h = \frac{90 - r^2\pi}{r\pi}$$

Einsetzen in V(r; h) ergibt:

$$V(r) = r^2\pi \cdot \frac{90 - r^2\pi}{r\pi}$$

$$V(r) = -r^3\pi + 90r$$

5.2 Für das Volumen der Schachtel gilt nach Teilaufgabe 5.1:

$$V_{Schachtel}(r) = -r^3\pi + 90r$$

Mit $r_{Schachtel} = 3{,}1$ cm folgt:

$$V_{Schachtel} = -3{,}1^3 \cdot \pi + 90 \cdot 3{,}1$$

$$V_{Schachtel} \approx 185{,}41$$

Der Ball kann als Kugel mit dem Radius r angesehen werden.

$$V_{Ball}(r) = \frac{4}{3} r^3\pi$$

Mit $r_{Ball} = 30\text{ mm} = 3\text{ cm}$ folgt:

$$V_{Ball} = \frac{4}{3} \cdot 3^3 \cdot \pi$$

$$V_{Ball} \approx 113{,}10$$

relative Abweichung zwischen $V_{Schachtel}$ und V_{Ball}:

$$\frac{V_{Schachtel} - V_{Ball}}{V_{Schachtel}} = \frac{185{,}41 - 113{,}10}{185{,}41} \approx 0{,}39$$

Ergebnis: Die Abweichung beträgt ca. 39 % und erfüllt die Anforderungen des Verbraucherschutzes also nicht.

Bayern – FOS · BOS 12 – Fachabiturprüfung 2013
Mathematik (Nichttechnische Ausbildungsrichtungen) – Stochastik S I

1.0 Beim Buchen eines Fluges kann man zwischen der Business- (B) und der Touristenklasse (T) wählen. Außerdem kann man angeben, ob man einen Fensterplatz (F), einen Platz am Gang (G) oder keinen besonderen Platz (K) wünscht.
Bei einem zufällig ausgewählten Flug wurde ermittelt, dass 90 % der Fluggäste in der Touristenklasse fliegen. In der Businessklasse wird von 20 % ein Fensterplatz gewünscht. Für Gangplätze in der Businessklasse gehen keine Wünsche ein. Die Passagiere der Touristenklasse wünschen sich zu 15 % einen Fensterplatz und zu 10 % einen Platz am Gang.

1.1 Stellen Sie die Buchung eines zufällig ausgewählten Kunden als Zufallsexperiment in einem Baumdiagramm dar und bestimmen Sie die Wahrscheinlichkeiten aller Elementarereignisse. (4 BE)

1.2.0 Beim Buchen kann man mit der Kreditkarte (C) oder per Überweisung ($\overline{C}$) zahlen. Bei 140 zufällig ausgewählten Buchungen wurde in 90 % die Touristenklasse gebucht. 70 % aller Buchungen wurden mit der Kreditkarte bezahlt. Zwei Buchungen der Businessklasse wurden durch Überweisung bezahlt. Die relativen Häufigkeiten werden als Wahrscheinlichkeiten interpretiert.

1.2.1 Bestimmen Sie mithilfe einer Vierfeldertafel die Wahrscheinlichkeiten folgender Ereignisse. Rechnen Sie mit exakten Werten.
E_1: „Ein Kunde bucht Touristenklasse oder zahlt nicht mit der Kreditkarte“
$E_2 = \overline{\overline{C} \cup B}$
Beschreiben Sie das Ereignis E_2 möglichst einfach in Worten. (6 BE)

1.2.2 Zeigen Sie, dass die Ereignisse B und C stochastisch abhängig sind und erklären Sie, was dies im Sachzusammenhang bedeutet. (3 BE)

2.0 In der Touristenklasse wird Gepäck bis maximal 20 kg pro Fluggast kostenlos befördert. Für je 2 angefangene kg, die über 20 kg hinausgehen, wird eine Gebühr von 12 € verlangt. Folgende Tabelle gibt die Wahrscheinlichkeiten für die Gewichtsverteilung der Gepäckstücke in kg an:

Gewicht m	≤ 20	$20 < m \le 22$	$22 < m \le 24$	$24 < m \le 26$	$26 < m \le 28$
Wahrsch.	0,7	0,05	0,12	0,08	0,05

2.1 Die Zufallsgröße X gibt die anfallenden Gepäckkosten pro Person an. Stellen Sie die Wahrscheinlichkeitsverteilung von X in tabellarischer Form und geeignet grafisch dar. (3 BE)

2.2 Untersuchen Sie, ob die Kosten für ein Gepäckstück mit $m = 24$ noch innerhalb der einfachen Standardabweichung um den Erwartungswert liegen. (5 BE)

3.0 Bei einem bestimmten Flug sind 100 Plätze besetzt. Beim Essen können die Passagiere zwischen einem Fleischgericht und einem vegetarischen Gericht wählen. Erfahrungsgemäß entscheiden sich 65 % für das Fleischgericht.

3.1 Berechnen Sie die Wahrscheinlichkeiten folgender Ereignisse:
E_3: „Es werden höchstens 40 vegetarische Gerichte gewählt.“
E_4: „Es werden mindestens 30 vegetarische Gerichte gewählt.“
$E_5 = E_3 \cap E_4$ (5 BE)

3.2 Bestimmen Sie, wie viele Fleischgerichte mindestens mitgeführt werden müssen, damit mit einer Wahrscheinlichkeit von mindestens 99 % jeder der 100 Passagiere, der ein Fleischgericht wünscht, dieses bekommen kann. (3 BE)

4.0 Erfahrungsgemäß treten 12,5 % der Passagiere, die Tickets gekauft haben, den Flug nicht an. Damit die Flugzeuge möglichst voll besetzt sind, werden die Maschinen überbucht.

4.1 Für einen Flug mit 183 Sitzplätzen werden 200 Tickets verkauft. Berechnen Sie die Wahrscheinlichkeit dafür, dass nicht mehr Passagiere den Flug antreten, als tatsächlich in der Maschine Platz finden. (4 BE)

4.2 Man vermutet, dass inzwischen mehr als 12,5 % der Buchungen nicht wahrgenommen werden (Gegenhypothese). Dazu wird ein Test anhand von 200 Buchungen durchgeführt.
Geben Sie die Testgröße und die Nullhypothese an und bestimmen Sie den maximalen Ablehnungsbereich der Nullhypothese auf dem 5 %-Niveau. Erläutern Sie, wie man entscheiden wird, wenn 170 den Flug antreten. (7 BE)

(40 BE)

Tipps und Hinweise zur Lösung von Aufgabe S I

Teilaufgabe 1.1

- Es liegt ein zweistufiges Zufallsexperiment vor.
- Tragen Sie in ein Baumdiagramm die gegebenen Wahrscheinlichkeiten ein.
- Ermitteln Sie mithilfe der Pfadregeln die gesuchten Wahrscheinlichkeiten der Elementarereignisse.

Teilaufgabe 1.2.1

- Übertragen Sie die gegebenen absoluten Häufigkeiten in eine Vierfeldertafel und ergänzen Sie die fehlenden Werte.
- Berechnen Sie die relativen Häufigkeiten und tragen Sie diese Werte in eine Vierfeldertafel ein.
- Zur Berechnung von $P(E_1)$ können Sie den Satz von Sylvester für zwei Ereignisse verwenden.
- Zur Berechnung von $P(E_2)$ wenden Sie die Regeln von De Morgan an.

Teilaufgabe 1.2.2

- Die beiden Ereignisse B und C sind stochastisch unabhängig, wenn die Produktregel $P(B \cap C) = P(B) \cdot P(C)$ erfüllt ist.

Teilaufgabe 2.1

- Ordnen Sie den Zufallswerten x die Wahrscheinlichkeiten $P(X = x)$ zu.
- Als grafische Darstellung bietet sich ein Stabdiagramm an.

Teilaufgabe 2.2

- Ermitteln Sie den Erwartungswert $\mu = E(x)$ mit der Formel $\mu = \sum_{i=1}^{n} x_i \cdot W(x_i)$.
- Ermitteln Sie mithilfe der Verschiebungsformel die Varianz und die Standardabweichung der Zufallsgröße X.

Teilaufgabe 3.1

- Es liegt eine Bernoulli-Kette vor, überlegen Sie sich Länge und Trefferwahrscheinlichkeit.
- Berechnen Sie $P(X \leq 40)$ und $P(X \geq 30)$.

Teilaufgabe 3.2

- Verwenden Sie den Ansatz $P(X \leq a) \geq 0{,}99$ und ermitteln Sie mithilfe der kumulativen Tabelle den Randwert a.

Teilaufgabe 4.1

- Berechnen Sie $P(T \geq 17)$.

Teilaufgabe 4.2

- Der Ablehnungsbereich der Nullhypothese hat die Gestalt $\overline{A} = \{k+1; \ldots; 200\}$.
- Ermitteln Sie mithilfe der kumulativen Tabelle den Randwert.

Lösung

1.1 Die Buchung eines Platzes ist ein zweistufiges Zufallsexperiment.

Baumdiagramm

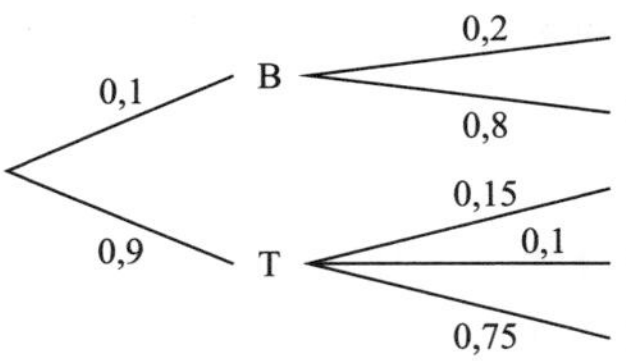

$\{\omega_i\}$	$P(\{\omega_i\})$
BF	$0{,}1 \cdot 0{,}2 = 0{,}020$
BK	$0{,}1 \cdot 0{,}8 = 0{,}080$
TF	$0{,}9 \cdot 0{,}15 = 0{,}135$
TG	$0{,}9 \cdot 0{,}1 = 0{,}090$
TK	$0{,}9 \cdot 0{,}75 = 0{,}675$

1.2.1 **Vierfeldertafel:** (absolute Häufigkeiten)

	C	$\overline{C}$	Σ
B	12	2	14
$\overline{B} = T$	86	40	126
Σ	98	42	140

= gegebene absolute Häufigkeiten

Vierfeldertafel: (relative Häufigkeiten)

	C	$\overline{C}$	Σ
B	$\frac{12}{140} = \frac{3}{35}$	$\frac{2}{140} = \frac{1}{70}$	$\frac{14}{140} = \frac{1}{10}$
T	$\frac{86}{140} = \frac{43}{70}$	$\frac{40}{140} = \frac{2}{7}$	$\frac{126}{140} = \frac{9}{10}$
Σ	$\frac{98}{140} = \frac{7}{10}$	$\frac{42}{140} = \frac{3}{10}$	$\frac{140}{140} = 1$

E_1: „Ein Kunde bucht Touristenklasse oder zahlt nicht mit der Kreditkarte."

$P(E_1) = P(T \cup \overline{C})$

Wendet man den Satz von Sylvester für zwei Ereignisse an, so ergibt sich:

$P(E_1) = P(T) + P(\overline{C}) - P(T \cap \overline{C})$

$$P(E_1) = \frac{126}{140} + \frac{42}{140} - \frac{40}{140}$$

$$P(E_1) = \frac{128}{140} = \frac{32}{35}$$

$E_2 = \overline{\overline{C} \cup B}$

Mit dem De-Morgan-Gesetz der Mengenalgebra folgt:

$E_2 = \overline{\overline{C}} \cap \overline{B}$

Mit dem Gesetz des doppelten Komplements ergibt sich:

$E_2 = C \cap \overline{B}$

Für die Wahrscheinlichkeit folgt:

$P(E_2) = P(C \cap \overline{B}) = P(C \cap T)$

$P(E_2) = \frac{43}{70}$

E_2: „Der Kunde bucht Touristenklasse und bezahlt mit der Kreditkarte."

1.2.2 Es gilt:

$P(B \cap C) = \frac{3}{35}$

und

$P(B) \cdot P(C) = \frac{1}{10} \cdot \frac{7}{10} = \frac{7}{100}$; d. h.,

$P(B \cap C) \neq P(B) \cdot P(C)$

$\Rightarrow$ Die Ereignisse B und C sind stochastisch abhängig.

Bedeutung im Sachzusammenhang
Der Anteil der Kreditkartenzahler in der Businessklasse entspricht nicht dem Anteil der Kreditkartenzahler insgesamt.

2.1 **Wahrscheinlichkeitsverteilung** der Zufallsgröße X:

x	0	12	24	36	48
P(X = x)	0,7	0,05	0,12	0,08	0,05

Stabdiagramm

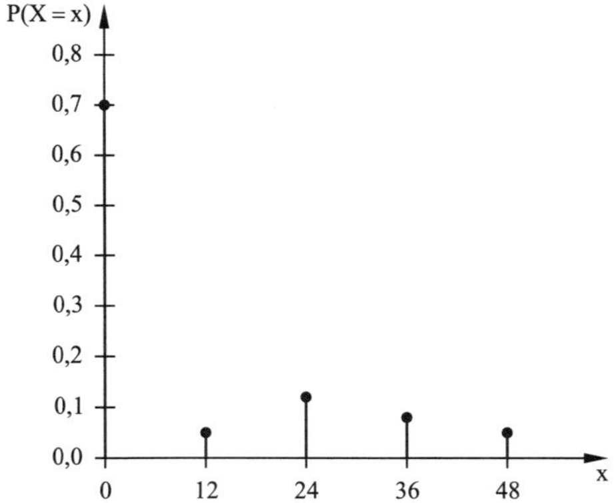

2.2 Für den Erwartungswert $\mu = E(X)$ der Zufallsgröße X gilt:

$E(X) = 0 \cdot 0{,}7 + 12 \cdot 0{,}05 + 24 \cdot 0{,}12 + 36 \cdot 0{,}08 + 48 \cdot 0{,}05$

$E(X) = 8{,}76$

Für die Varianz Var(X) der Zufallsgröße X gilt:

$\sigma^2 = Var(X) = E(X^2) - (E(X))^2$ (Verschiebungsformel)

$Var(X) = 0^2 \cdot 0{,}7 + 12^2 \cdot 0{,}05 + 24^2 \cdot 0{,}12 + 36^2 \cdot 0{,}08 + 48^2 \cdot 0{,}05 - 8{,}76^2$

$Var(X) = 218{,}46$

Für die Standardabweichung σ ergibt sich:

$\sigma = \sqrt{Var(X)}$

$\sigma = \sqrt{218{,}46}$

$\sigma \approx 14{,}78$

Die Zufallswerte liegen **innerhalb** der einfachen Standardabweichung um den Erwartungswert $\mu = E(X)$, wenn gilt:

$|X - \mu| < \sigma$

Somit:

$$|X - 8{,}76| < 14{,}78 \quad \Leftrightarrow$$
$$-14{,}78 < X - 8{,}76 < 14{,}78 \quad \Leftrightarrow$$
$$-14{,}78 + 8{,}76 < X < 14{,}78 + 8{,}76 \quad \Leftrightarrow$$
$$-6{,}02 < X < 23{,}54$$

Ergebnis: Die Kosten für ein Gepäckstück mit $m = 24$ entsprechen dem Zufallswert $x = 24$ der Zufallsgröße X und liegen daher nicht innerhalb der einfachen Standardabweichung um den Erwartungswert.

3.1 Das Zufallsexperiment kann als Bernoulli-Kette der Länge $n = 100$ mit dem Parameter $p = 0{,}35$ angesehen werden.
Die Zufallsgröße X ist binomialverteilt nach B(100; 0,35).

E_3: „Es werden höchstens 40 vegetarische Gerichte gewählt."

$P(E_3) = P(X \leq 40)$

$P(E_3) = F_{0,35}^{100}(40)$

Mit dem Tafelwerk der Stochastik ergibt sich:

$P(E_3) = 0{,}8750$

E_4: „Es werden mindestens 30 vegetarische Gerichte gewählt."

$P(E_4) = P(X \geq 30)$

$P(E_4) = 1 - P(X \leq 29)$

$P(E_4) = 1 - F_{0,35}^{100}(29)$

Mit dem Tafelwerk der Stochastik ergibt sich:

$P(E_4) = 1 - 0{,}12360$

$P(E_4) = 0{,}8764$

$E_5 = E_3 \cap E_4$

$P(E_5) = P(30 \leq X \leq 40)$

$P(E_5) = P(X \leq 40) - P(X \leq 29)$

$P(E_5) = F_{0,35}^{100}(40) - F_{0,35}^{100}(29)$

$P(E_5) = P(E_3) - F_{0,35}^{100}(29)$

$P(E_5) = 0{,}8750 - 0{,}1236$

$P(E_5) = 0{,}7514$

3.2 Es soll gelten:

$P(X \leq a) \geq 0{,}99$

$F_{0,65}^{100}(a) \geq 0{,}99$

Mit dem Tafelwerk der Stochastik ergibt sich:

$a = 76$

Ergebnis: Es müssen mindestens 76 Fleischgerichte mitgeführt werden.

4.1 Das Zufallsexperiment kann als Bernoulli-Kette der Länge $n = 200$ mit dem Parameter $p = 0{,}125$ angesehen werden.
Die Zufallsgröße T ist binomialverteilt nach B(200; 0,125).

$P(T \geq 17) = 1 - P(T \leq 16)$

$P(T \geq 17) = 1 - F_{0,125}^{200}(16)$

Mit dem Tafelwerk der Stochastik ergibt sich:

$P(T \geq 17) = 1 - 0{,}02920$

$P(T \geq 17) = 0{,}9708$

4.2 Testgröße T: Anzahl der nicht wahrgenommenen Buchungen von 200 durchgeführten
T ist eine B(200; 0,125)-verteilte Zufallsgröße.

Testart: einseitiger (rechtsseitiger) Signifikanztest
Signifikanzniveau: $\alpha = 5\ \%$

Nullhypothese	Gegenhypothese
H_0: $p = 0{,}125$	H_1: $p > 0{,}125$
Annahmebereich von H_0:	Ablehnungsbereich von H_0:
$A = \{0; 1; 2; \ldots; k\}$, $k \in \mathbb{N}_0$	$\overline{A} = \{k+1; \ldots; 200\}$, $k \in \mathbb{N}_0$

Entscheidungsregel: H_0 wird verworfen, wenn gilt:

$P(T \geq k+1) \leq 0{,}05$

$P(T \geq k+1) = 1 - F_{0,125}^{200}(k) \leq 0{,}05$

$F_{0,125}^{200}(k) \geq 0{,}95$

Mithilfe der Stochastik-Tabellen ergibt sich:

$k = 33$

Maximaler Ablehnungsbereich von H_0:

$\overline{A} = \{34; 35; \ldots; 200\}$

Wenn 170 Passagiere den Flug antreten, so bedeutet dies, dass 30 Passagiere den Flug nicht antreten.
Wegen $30 \in A$ wird die Nullhypothese H_0 nicht abgelehnt.

1.0 Eine Agentur vertreibt Tickets für Sportveranstaltungen (S), Konzerte (K), Musicals (M) und Eventreisen (E).
20 % der Kunden bestellen Tickets für Sportveranstaltungen, 30 % für Konzerte und 35 % für Musicals.
Die Eintrittskarten können telefonisch (t) oder online (o) bestellt werden.
56 % der Karten für Sportveranstaltungen, 9 % der Tickets für Eventreisen und 35 % der Musicalkarten werden online bestellt. Die telefonische Bestellung hat insgesamt einen Anteil von 51,2 %. Die Entscheidungen für die Kartenart und die Bestellart werden als Zufallsexperiment betrachtet.

1.1 Ermitteln Sie mithilfe eines vollständig ausgefüllten Baumdiagramms die Wahrscheinlichkeiten aller acht Elementarereignisse des Zufallsexperiments.
[Teilergebnis: $P(\{Ko\})=0{,}24$] (6 BE)

1.2 Betrachtet werden nun folgende Ereignisse:
E_1: „Ein Kunde bestellt online oder eine Eventreise telefonisch."
E_2: „Ein Kunde bestellt online, aber weder Konzert- noch Musicalkarten."
Geben Sie beide Ereignisse in aufzählender Mengenschreibweise an und untersuchen Sie E_1 und E_2 auf stochastische Unabhängigkeit. (6 BE)

1.3 Berechnen Sie die Wahrscheinlichkeit des Ereignisses
E_3: „In einer Folge von 10 Ticketbestellungen sind die ersten beiden und insgesamt 4 Konzertkartenbestellungen online." (3 BE)

2.0 Für eine Bestellung fallen Zusatzkosten (Vorverkaufsgebühr und Porto/Versand) in € gemäß folgender Tabelle an:

Vorverkaufsgebühr	5	4	3	2	3	2	2
Porto/Versand	2	2	2	2	0	1	0
Kundenanteil in %	5	20	25	10	15	5	20

Die Zufallsgröße X gibt die Zusatzkosten einer zufällig herausgegriffenen Bestellung an.

2.1 Geben Sie die Wahrscheinlichkeitsverteilung der Zufallsgröße X in Tabellenform an und stellen Sie sie in Form eines Histogramms grafisch dar. (3 BE)

2.2 Berechnen Sie die Wahrscheinlichkeit dafür, dass mehr als 3,50 € aber höchstens 6,00 € an Zusatzkosten anfallen. (2 BE)

2.3 Bestimmen Sie die Wahrscheinlichkeit, mit der die Zufallswerte innerhalb der einfachen Standardabweichung um den Erwartungswert liegen, und interpretieren Sie den Erwartungswert im Sinn der vorliegenden Thematik.
Schraffieren Sie im Histogramm aus Teilaufgabe 2.1 die Fläche, die zur oben berechneten Wahrscheinlichkeit gehört. (7 BE)

3 Die Ticketagentur hat viele Stammkunden, von denen 60 % Karten für Musicals (M) und 75 % Karten für Konzerte (K) bestellen, wobei 95 % mindestens eines der beiden Angebote nutzen.
Berechnen Sie die Wahrscheinlichkeit des Ereignisses $E_4 = \overline{M \cap K}$ unter Verwendung einer Vierfeldertafel und beschreiben Sie dieses Ereignis in Worten. (5 BE)

4.0 Erfahrungsgemäß bestellt ein bestimmter Großkunde des Unternehmens zu 30 % telefonisch.

4.1 Berechnen Sie die Wahrscheinlichkeit dafür, dass von 200 Bestellungen mehr als 35 % per Telefon erfolgen. (2 BE)

4.2 Ein Mitarbeiter vermutet, dass sich der Anteil der Online-Bestellungen von 70 % erhöht hat (Gegenhypothese). Anhand von 100 Bestellungen soll die Vermutung überprüft werden.
Geben Sie die Testgröße sowie die Nullhypothese an und ermitteln Sie den maximalen Ablehnungsbereich der Nullhypothese auf dem 5 %-Niveau.
Welche Entscheidung liegt nahe, wenn 76 Bestellungen online getätigt werden? (6 BE)

(40 BE)

Tipps und Hinweise zur Lösung von Aufgabe S II

Teilaufgabe 1.1

- Es liegt ein zweistufiges Zufallsexperiment vor.
- Tragen Sie in das Baumdiagramm die gegebenen Wahrscheinlichkeiten ein und bezeichnen Sie die fehlenden Wahrscheinlichkeiten mit x und $1-x$.
- Ermitteln Sie mithilfe der Pfadregeln die gesuchten Wahrscheinlichkeiten.

Teilaufgabe 1.2

- Die beiden Ereignisse E_1 und E_2 sind stochastisch unabhängig, wenn die Produktregel $P(E_1 \cap E_2) = P(E_1) \cdot P(E_2)$ erfüllt ist.

Teilaufgabe 1.3

- Es liegt eine Bernoulli-Kette vor, überlegen Sie sich die Länge und Trefferwahrscheinlichkeit.
- Beachten Sie, dass bei Ereignis E_3 eine bestimmte Serie vorliegt.

Teilaufgabe 2.1

- Ordnen Sie den Zufallswerten x die Wahrscheinlichkeiten $P(X = x)$ zu.

Teilaufgabe 2.2

- Berechnen Sie $P(3{,}5 < X \leq 6)$.

Teilaufgabe 2.3

- Ermitteln Sie den Erwartungswert $\mu = E(X)$ mit der Formel $\mu = \sum_{i=1}^{n} x_i \cdot W(x_i)$.
- Ermitteln Sie mithilfe der Verschiebungsformel die Varianz und die Standardabweichung der Zufallsgröße X.

Teilaufgabe 3

- Übertragen Sie die gegebenen Wahrscheinlichkeiten in eine Vierfeldertafel und ergänzen Sie die fehlenden Werte.

Teilaufgabe 4.1

- Es liegt eine Bernoulli-Kette vor, überlegen Sie sich Länge und Trefferwahrscheinlichkeit.
- Berechnen Sie $P(X > 70)$.

Teilaufgabe 4.2

- Der Ablehnungsbereich der Nullhypothese hat die Gestalt $\overline{A} = \{k+1; \ldots; 100\}$.
- Ermitteln Sie mithilfe der kumulativen Tabelle den Randwert.

Lösung

1.1 Baumdiagramm

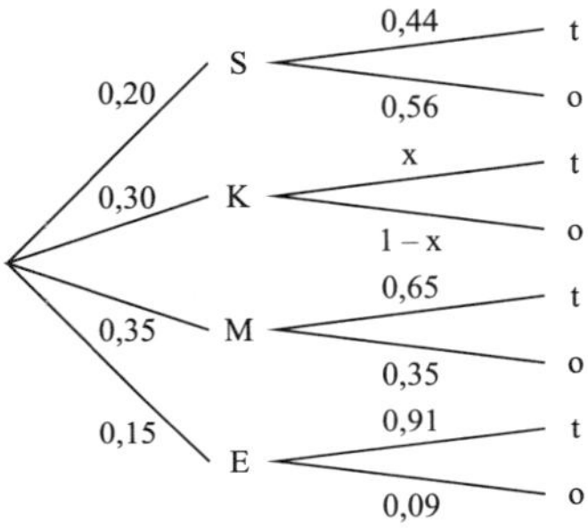

$\{\omega_i\}$	$P(\{\omega_i\})$
St	$0{,}20 \cdot 0{,}44 = 0{,}088$
So	$0{,}20 \cdot 0{,}56 = 0{,}112$
Kt	$0{,}30 \cdot x$
Ko	$0{,}30 \cdot (1 - x)$
Mt	$0{,}35 \cdot 0{,}65 = 0{,}2275$
Mo	$0{,}35 \cdot 0{,}35 = 0{,}1225$
Et	$0{,}15 \cdot 0{,}91 = 0{,}1365$
Eo	$0{,}15 \cdot 0{,}09 = 0{,}0135$

Mit den Pfadregeln ergibt sich:

$$P(\{St\}) + P(\{Kt\}) + P(\{Mt\}) + P(\{Et\}) = 0{,}512 \quad \Leftrightarrow$$
$$0{,}088 + 0{,}30x + 0{,}2275 + 0{,}1365 = 0{,}512 \quad \Leftrightarrow$$
$$x = 0{,}20$$

Somit ergibt sich:

$$P(\{Kt\}) = 0{,}30 \cdot 0{,}20 = 0{,}06$$
$$P(\{Ko\}) = 0{,}30 \cdot (1 - 0{,}20) = 0{,}24$$

1.2

E_1: „Ein Kunde bestellt online oder eine Eventreise telefonisch.“
In aufzählender Mengenschreibweise ist:

$E_1 = \{So; Ko; Mo; Eo; Et\}$

Für die Wahrscheinlichkeit ergibt sich:

$$P(E_1) = P(\{So\}) + P(\{Ko\}) + P(\{Mo\}) + P(\{Eo\}) + P(\{Et\})$$
$$P(E_1) = 0{,}112 + 0{,}24 + 0{,}1225 + 0{,}0135 + 0{,}1365$$
$$P(E_1) = 0{,}6245$$

E_2: „Ein Kunde bestellt online, aber weder Konzert- noch Musicalkarten.“
In aufzählender Mengenschreibweise ist:

$E_2 = \{So; Eo\}$

Für die Wahrscheinlichkeit ergibt sich:

$$P(E_2) = P(\{So\}) + P(\{Eo\})$$
$$P(E_2) = 0{,}112 + 0{,}0135$$
$$P(E_2) = 0{,}1255$$

Wegen $E_1 \cap E_2 = E_2$ gilt:

$$P(E_1 \cap E_2) = 0{,}1255$$

und

$$P(E_1) \cdot P(E_2) = 0{,}6245 \cdot 0{,}1255 = 0{,}0783; \text{ d.h.,}$$

$$P(E_1 \cap E_2) \neq P(E_1) \cdot P(E_2)$$

$\Rightarrow$ Die Ereignisse E_1 und E_2 sind stochastisch abhängig.

1.3 Das Zufallsexperiment kann als Bernoulli-Kette der Länge $n = 10$ mit dem Parameter $p = 0{,}24$ angesehen werden.

E_3: „In einer Folge von zehn Ticketbestellungen sind die ersten beiden und insgesamt vier Konzertkartenbestellungen online."

$P(E_3) = 0{,}24^2 \cdot \binom{8}{2} \cdot 0{,}24^2 \cdot 0{,}76^6$ (Wahrscheinlichkeit für eine bestimmte Serie)

$P(E_3) = 0{,}24^4 \cdot 28 \cdot 0{,}76^6$

$P(E_3) = 0{,}0179$

2.1

Zusatzkosten	5 + 2 = 7	4 + 2 = 6	3 + 2 = 5	2 + 2 = 4	3 + 0 = 3	2 + 1 = 3	2 + 0 = 2
Kundenanteil	0,05	0,20	0,25	0,10	0,15	0,05	0,20

Wahrscheinlichkeitsverteilung der Zufallsgröße X:

x	2	3	4	5	6	7
P(X = x)	0,20	0,15 + 0,05 = 0,20	0,10	0,25	0,20	0,05

Histogramm ($\Delta x = 1$); Grafik für Teilaufgaben 2.1 und 2.3

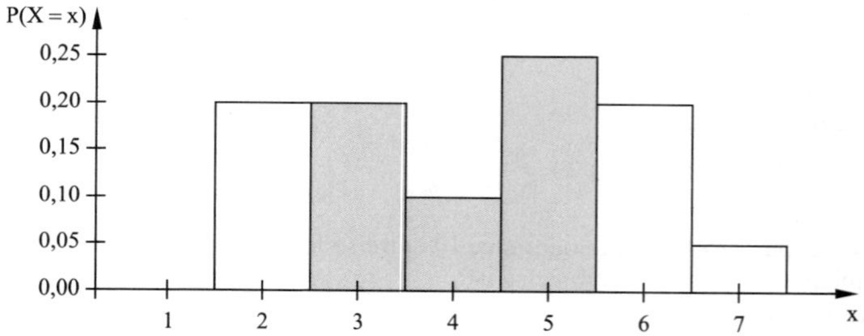

2.2 $P(3{,}5 < X \leq 6) = P(X = 4) + P(X = 5) + P(X = 6)$

$P(3{,}5 < X \leq 6) = 0{,}10 + 0{,}25 + 0{,}20$

$P(3{,}5 < X \leq 6) = 0{,}55$

2.3 Für den Erwartungswert $\mu = E(X)$ der Zufallsgröße X gilt:

$E(X) = 2 \cdot 0{,}20 + 3 \cdot 0{,}20 + 4 \cdot 0{,}10 + 5 \cdot 0{,}25 + 6 \cdot 0{,}20 + 7 \cdot 0{,}05$

$E(X) = 4{,}2$

Für die Varianz Var(X) der Zufallsgröße X gilt:

$\sigma^2 = Var(X) = E(X^2) - (E(X))^2$ (Verschiebungsformel)

$Var(X) = 2^2 \cdot 0{,}20 + 3^2 \cdot 0{,}20 + 4^2 \cdot 0{,}10 + 5^2 \cdot 0{,}25 + 6^2 \cdot 0{,}20 + 7^2 \cdot 0{,}05 - 4{,}2^2$

$Var(X) = 2{,}46$

Für die Standardabweichung σ ergibt sich:

$\sigma = \sqrt{Var(X)}$

$\sigma = \sqrt{2{,}46}$

$\sigma \approx 1{,}57$

Die Zufallswerte liegen **innerhalb** der einfachen Standardabweichung um den Erwartungswert $\mu = E(X)$, wenn gilt:

$|X - \mu| < \sigma$

Somit:

$$|X - 4,2| < 1,57 \quad \Leftrightarrow$$
$$-1,57 < X - 4,2 < 1,57 \quad \Leftrightarrow$$
$$-1,57 + 4,2 < X < 1,57 + 4,2 \quad \Leftrightarrow$$
$$2,63 < X < 5,77$$

$$\Rightarrow \quad P(|X - \mu| < \sigma) = P(2,63 < X < 5,77)$$
$$P(|X - \mu| < \sigma) = P(X = 3) + P(X = 4) + P(X = 5)$$
$$P(|X - \mu| < \sigma) = 0,20 + 0,10 + 0,25 = 0,55$$

Interpretation

Die Zusatzkosten pro Bestellung betragen im Durchschnitt 4,20 €.

Tönung im Histogramm von Teilaufgabe 2.1

3 Es gilt:

$$P(M) = 0,60$$
$$P(K) = 0,75$$
$$P(M \cup K) = 0,95 \quad \Leftrightarrow \quad 1 - P(\overline{M \cup K}) = 0,95 \qquad \text{(Gegenereignis)}$$
$$\Leftrightarrow \quad P(\overline{M \cup K}) = 0,05$$
$$\Leftrightarrow \quad P(\overline{M} \cap \overline{K}) = 0,05 \qquad \text{(Gesetz von De Morgan)}$$

Vierfeldertafel: (relative Häufigkeiten)

	M	$\overline{M}$	Σ
K	0,40	0,35	0,75
$\overline{K}$	0,20	0,05	0,25
Σ	0,60	0,40	1

(grau) = gegebene Wahrscheinlichkeiten

$$P(E_4) = P(\overline{M \cap K})$$
$$P(E_4) = 1 - P(M \cap K) \qquad \text{(Gegenereignis)}$$
$$P(E_4) = 1 - 0,40$$
$$P(E_4) = 0,60$$

E_4: „Ein Stammkunde bestellt bei der Ticketagentur nicht gleichzeitig Karten für Musical und Konzert.“

4.1 Das Zufallsexperiment kann als Bernoulli-Kette der Länge $n = 200$ mit dem Parameter $p = 0,3$ angesehen werden.
Die Zufallsgröße X ist binomialverteilt nach B(200; 0,3).

Der Anteil von mehr als 35 % von 200 Bestellungen entspricht mehr als 70 Bestellungen.

$P(X > 70) = P(X \geq 71)$

$P(X > 70) = 1 - P(X \leq 70)$

$P(X > 70) = 1 - F_{0,3}^{200}(70)$

Mit dem Tafelwerk der Stochastik ergibt sich:

$P(X > 70) = 1 - 0,94579$

$P(X > 70) = 0,05421$

4.2 Testgröße T: Anzahl der Online-Bestellungen von 100.
T ist eine B(100; 0,7)-verteilte Zufallsgröße.

Testart: einseitiger (rechtsseitiger) Signifikanztest
Signifikanzniveau: $\alpha = 5\ \%$

Nullhypothese	Gegenhypothese
H_0: $p = 0,7$	H_1: $p > 0,7$
Annahmebereich von H_0:	Ablehnungsbereich von H_0:
$A = \{0; 1; \ldots; k\}, k \in \mathbb{N}_0$	$\overline{A} = \{k+1; \ldots; 100\}, k \in \mathbb{N}_0$

Entscheidungsregel: H_0 wird verworfen, wenn gilt:

$P(T \geq k+1) \leq 0,05$

$P(T \geq k+1) = 1 - F_{0,7}^{100}(k) \leq 0,05$

$F_{0,7}^{100}(k) \geq 0,95$

Mithilfe der Stochastik-Tabellen ergibt sich:

$k = 77$

Maximaler Ablehnungsbereich von H_0:

$\overline{A} = \{78; 79; \ldots; 100\}$

Wegen $76 \in A$ wird die Nullhypothese H_0 nicht abgelehnt.

Bayern – FOS · BOS 12 – Fachabiturprüfung 2014
Mathematik (Nichttechnische Ausbildungsrichtungen) – Analysis A I

1.0 Gegeben ist die reelle Funktion $f: x \mapsto -\frac{1}{4}(x^3 - 4x^2 - 2x + 8)$ mit der Definitionsmenge $D_f = \mathbb{R}$.

1.1 Bestimmen Sie sämtliche Nullstellen der Funktion f und deren Vielfachheit. Begründen Sie dann ohne weitere Rechnung, dass in den Intervallen $]-\sqrt{2}; \sqrt{2}[$ sowie $]\sqrt{2}; 4[$ jeweils eine Extremstelle liegt. Geben Sie auch deren Art an. (7 BE)

1.2 Berechnen Sie Art und Koordinaten der Extrempunkte des Graphen G_f. Runden Sie auf zwei Stellen nach dem Komma. (5 BE)

1.3 Ermitteln Sie die maximalen Intervalle, in denen der Graph G_f rechts- bzw. linksgekrümmt ist, sowie die Koordinaten des Wendepunkts. (4 BE)

1.4 Zeichnen Sie den Graphen im Bereich $-2 \leq x \leq 4{,}5$, auch unter Verwendung vorliegender Ergebnisse, in ein kartesisches Koordinatensystem. (4 BE)

1.5 Die Gerade G_t enthält die Schnittpunkte des Graphen G_f mit der y-Achse und mit der x-Achse bei $x = 4$. Zeigen Sie, dass die Gerade G_t Tangente an G_f ist, und zeichnen Sie G_t in das vorhandene Koordinatensystem ein. (4 BE)

1.6 Die Graphen G_f und G_t schließen ein endliches Flächenstück ein. Berechnen Sie die Maßzahl seines Flächeninhalts. (4 BE)

1.7 Gegeben ist zusätzlich die Funktion p mit $D_p = \mathbb{R}$ und es gilt:

$$f(x) - p(x) = -\frac{1}{4}(x^3 - 5x^2)$$

Bestimmen Sie die Nullstellen der Funktion $f - p$ mit deren Vielfachheit und erläutern Sie die geometrische Bedeutung dieser Stellen für die Graphen der beiden Funktionen. (4 BE)

2.0 Gegeben sind die reellen Funktionen

$$k_a: x \mapsto \frac{a}{4}[x^3 - (2a+2)x^2 + (8a-10)x + 8] \text{ mit } D_{k_a} = \mathbb{R} \text{ und } a \in \mathbb{R}^+.$$

2.1 Berechnen Sie den Wert des Parameters a so, dass der Graph der Funktion k_a bei $x = 4$ die x-Achse als Tangente besitzt. (4 BE)

2.2 Untersuchen Sie, welcher Zusammenhang zwischen den Graphen der Funktionen f (aus 1.0) und k_1 ($a = 1$) besteht. (2 BE)

3 Eine Kugel soll eine Bahn hinabrollen, die durch den Graphen G_h der Funktion

$$h: x \mapsto \begin{cases} g(x) & \text{für } 0 \leq x \leq 4 \\ -\frac{1}{8}(x^2 - 6x) & \text{für } 4 < x \leq 6 \end{cases}$$

beschrieben wird. Dabei ist der Graph von g das in nebenstehender Skizze dargestellte Geradenstück.

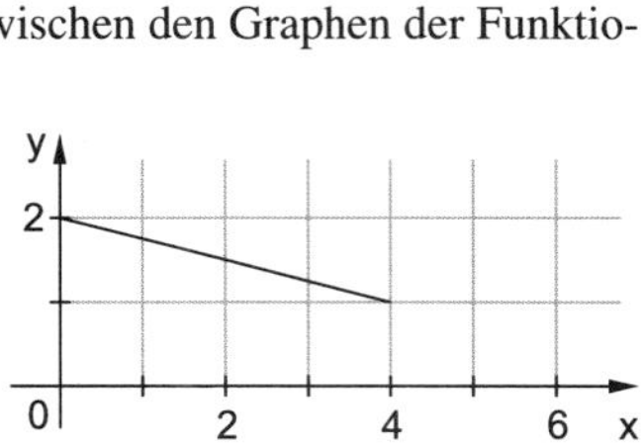

Prüfen Sie durch Rechnung, ob die Bahn G_h an der Stelle $x = 4$ einen Sprung bzw. einen Knick aufweist. (7 BE)

4.0 Der Querschnitt eines Abflusskanals ist begrenzt durch ein Rechteck und einen Halbkreis mit Radius r. Alle Angaben sind in Meter. Auf Einheiten wird in der Rechnung verzichtet.

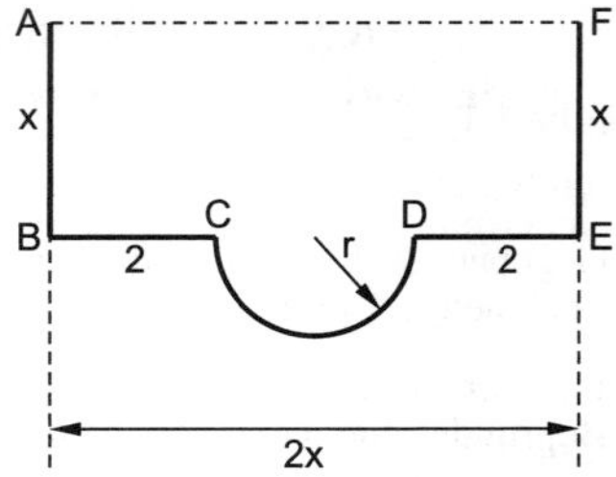

4.1 Zeigen Sie, dass sich die Maßzahl A(x) der Querschnittsfläche des Kanals in Abhängigkeit von x durch $A(x) = (2 + 0{,}5\pi)x^2 - 2\pi x + 2\pi$ darstellen lässt. (5 BE)

4.2 Die Strecken [AB], [BC], [DE] und [EF] besitzen in der Summe höchstens eine Länge von 12 m. Weisen Sie nach, dass dann für die sinnvolle maximale Definitionsmenge D_A der Funktion $A\colon x \mapsto A(x)$ gilt: $D_A =]\,2; 4]$. (3 BE)

4.3 Bestimmen Sie x so, dass die zugehörige Querschnittsfläche maximalen Inhalt annimmt. (4 BE)

4.4 Nun sei $x = 4$. Der Kanal ist bis 1 m unter der Oberkante gefüllt. Berechnen Sie, wie viel Prozent der Querschnittsfläche des Kanals ausgelastet sind. (3 BE)

(60 BE)

Tipps und Hinweise zur Lösung von Aufgabe A I

Teilaufgabe 1.1

- Bestimmen Sie eine Nullstelle der Funktion f z. B. mithilfe der Tabellenfunktion des Taschenrechners und führen Sie dann eine Polynomdivision durch.
- Skizzieren Sie den Graphen der Funktion f mithilfe der Nullstellen und des Vorzeichens des Leitkoeffizienten $-\frac{1}{4}$.

Teilaufgabe 1.2

- Ermitteln Sie mithilfe der notwendigen und der hinreichenden Bedingung die Art und die Koordinaten der Extrempunkte des Graphen.

Teilaufgabe 1.3

- Das Krümmungsverhalten des Graphen ermitteln Sie mithilfe der zweiten Ableitung.
- Das Vorzeichen von f'' bestimmt das Krümmungsverhalten in einem Intervall.
- Aus der Änderung des Krümmungsverhaltens ergibt sich der Wendepunkt des Graphen.

Teilaufgabe 1.4

- Zeichnen Sie den Graphen der Funktion f mithilfe vorliegender Ergebnisse in ein Koordinatensystem ein.

Teilaufgabe 1.5

- Bestimmen Sie eine Gleichung der Geraden G_t durch die Achsenschnittpunkte des Graphen der Funktion f.
- Zeigen Sie, dass die Ableitung von f an der Stelle $x = 0$ gleich der Steigung der Geraden G_t ist.

Teilaufgabe 1.6

- Berechnen Sie die Maßzahl des Flächeninhalts unter Verwendung des bestimmten Integrals.

Teilaufgabe 1.7

- Ermitteln Sie mithilfe der Nullproduktregel die Nullstellen der Differenzfunktion $f - p$ mit deren Vielfachheit.

Teilaufgabe 2.1

- Zeigen Sie, dass unabhängig von a die Bedingung $k_a(4) = 0$ erfüllt ist.
- Bestimmen Sie den Wert des Parameters aus der Bedingung $k'_a(4) = 0$.

Teilaufgabe 2.2

- Stellen Sie eine Beziehung zwischen den Funktionstermen $k_1(x)$ und $f(x)$ her und folgern Sie eine Symmetrie zwischen den zugehörigen Graphen.

Teilaufgabe 3

- Bestimmen Sie den Funktionsterm g(x) durch Aufstellen der Geradengleichung.
- Beachten Sie, dass eine Sprungstelle durch eine Stetigkeitsuntersuchung ermittelt wird.
- Beachten Sie, dass eine Knickstelle durch eine Differenzierbarkeitsuntersuchung ermittelt wird.

Teilaufgabe 4.1

- Verwenden Sie die Flächenformeln für ein Rechteck und einen Halbkreis.

Teilaufgabe 4.2

- Eine sinnvolle maximale Definitionsmenge ergibt sich aus der positiven Maßzahl des Radius r und der Begrenzung der Streckensumme.

Teilaufgabe 4.3

- Zeigen Sie, dass das absolute Maximum der Funktion A ein Randextremum ist.

Teilaufgabe 4.4

- Bestimmen Sie die Querschnittsfläche A*, wenn der Kanal bis 1 m unter der Oberkante gefüllt ist.
- Berechnen Sie den Anteil $\frac{A^*}{A(4)}$.

Lösung

1.1 **Nullstellen**

$$f(x) = 0 \quad \Leftrightarrow$$

$$-\frac{1}{4}(x^3 - 4x^2 - 2x + 8) = 0 \quad \Leftrightarrow$$

$$x^3 - 4x^2 - 2x + 8 = 0$$

Mithilfe der Tabellenfunktion des Taschenrechners ist zu erkennen, dass f(4) = 0 gilt. Also ist $x_1 = 4$ Lösung dieser Gleichung.

Polynomdivision

$$\begin{array}{l} (x^3 - 4x^2 - 2x + 8) : (x - 4) = x^2 - 2 \\ \underline{-(x^3 - 4x^2)} \\ \qquad\qquad -2x + 8 \\ \qquad\quad \underline{-(-2x + 8)} \\ \qquad\qquad\qquad 0 \end{array}$$

Weitere Nullstellen

$$x^2 - 2 = 0 \quad \Leftrightarrow$$

$$x^2 = 2 \quad \Leftrightarrow$$

$$x_{2,3} = \pm\sqrt{2}$$

x_1, x_2 und x_3 sind jeweils einfache Nullstellen.

Extremstellen
f ist stetig für alle $x \in \mathbb{R}$.
Skizze des Graphen der Funktion f

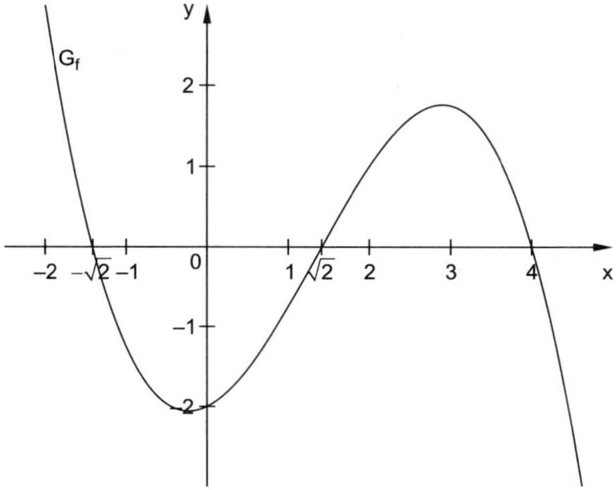

Gemäß der Skizze liegt im Intervall $]-\sqrt{2}; \sqrt{2}[$ eine Minimalstelle sowie im Intervall $]\sqrt{2}; 4[$ eine Maximalstelle.

1.2 $f'(x) = -\frac{1}{4}(3x^2 - 8x - 2)$

$f''(x) = -\frac{1}{4}(6x - 8)$

Relative Extrempunkte
Notwendige Bedingung: $f'(x) = 0 \quad \Leftrightarrow$

$$-\frac{1}{4}(3x^2 - 8x - 2) = 0 \quad \Leftrightarrow$$

$$3x^2 - 8x - 2 = 0$$

Diskriminante der quadratischen Gleichung:

$D = (-8)^2 - 4 \cdot 3 \cdot (-2) \quad \Leftrightarrow$
$D = 88 > 0$

$x_{1,2} = \frac{8 \pm \sqrt{88}}{6}$

$x_1 \approx 2{,}90 \quad \vee \quad x_2 \approx -0{,}23$

Hinreichende Bedingung: $f''(x) \neq 0$

$$f''\left(\frac{8+\sqrt{88}}{6}\right) = -\frac{1}{4}\left(6 \cdot \frac{8+\sqrt{88}}{6} - 8\right) \approx -2{,}35 < 0 \quad \Rightarrow \quad \begin{cases} \text{f hat bei } x_1 \approx 2{,}90 \text{ ein} \\ \text{relatives Maximum} \\ \text{H}(2{,}90; 1{,}76) \text{ relativer} \\ \text{Hochpunkt} \end{cases}$$

$$f''\left(\frac{8-\sqrt{88}}{6}\right) = -\frac{1}{4}\left(6 \cdot \frac{8-\sqrt{88}}{6} - 8\right) \approx 2{,}35 > 0 \quad \Rightarrow \quad \begin{cases} \text{f hat bei } x_2 \approx -0{,}23 \text{ ein} \\ \text{relatives Minimum} \\ \text{T}(-0{,}23; -2{,}06) \text{ relativer} \\ \text{Tiefpunkt} \end{cases}$$

1.3 Das **Krümmungsverhalten** wird mit der 2. Ableitung ermittelt:

$f''(x) = -\frac{1}{4}(6x - 8)$ (siehe Teilaufgabe 1.2)

Grafische Lösung
Nullstelle

$$f''(x) = 0 \quad \Leftrightarrow$$
$$6x - 8 = 0 \quad \Leftrightarrow$$
$$x = \frac{4}{3}$$

y-Achsenabschnitt

$$f''(0) = -\frac{1}{4}(6 \cdot 0 - 8) = -\frac{1}{4} \cdot (-8) = 2$$

Skizze des Graphen der Funktion f''

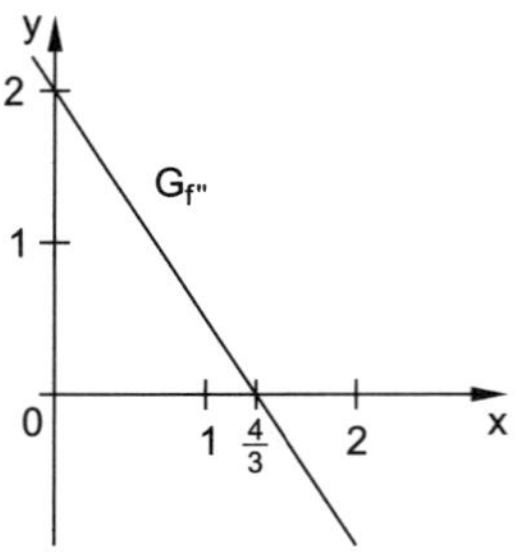

Linkskrümmung: $f''(x) > 0$
Anhand der Skizze ist zu erkennen, dass $f''(x) > 0$ für $x < \frac{4}{3}$ gilt.
f' ist im gesamten Definitionsbereich stetig, somit folgt:
G_f ist linksgekrümmt im Intervall $\left]-\infty; \frac{4}{3}\right]$.

Rechtskrümmung: $f''(x) < 0$
Anhand der Skizze ist zu erkennen, dass $f''(x) < 0$ für $x > \frac{4}{3}$ gilt.
f' ist im gesamten Definitionsbereich stetig, somit folgt:
G_f ist rechtsgekrümmt im Intervall $\left[\frac{4}{3}; \infty\right[$.

Wendepunkt
Aus der Änderung des Krümmungsverhaltens an der Stelle $x = \frac{4}{3}$ folgt der Wendepunkt $W\left(\frac{4}{3}; -\frac{4}{27}\right)$.

1.4 Wertetabelle für G_f:

			TP				HP		NSt.	
x	–2	–1	–0,23	0	1	2	2,90	3	4	4,5
f(x)	3	–1,25	–2,06	–2	–0,75	1	1,76	1,75	0	–2,28

Grafik für Teilaufgaben 1.4 und 1.5

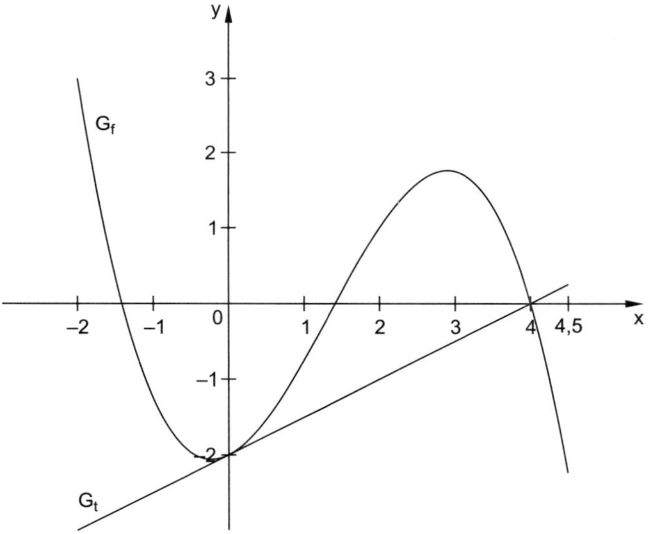

1.5 Der Graph der Funktion f schneidet die x-Achse im Punkt P(4; 0) und die y-Achse im Punkt Q(0; –2).

Gleichung der Geraden G_t durch die Punkte P und Q

$t(x) = m \cdot (x - x_Q) + y_Q$ (Punkt-Steigungsform einer Geradengleichung; vgl. Merkhilfe)

Mit $m = \frac{y_P - y_Q}{x_P - x_Q}$ folgt:

$$m = \frac{0-(-2)}{4-0} = \frac{1}{2}$$

Somit ergibt sich:

$$t(x) = \frac{1}{2}(x-0) - 2 \quad \Leftrightarrow$$

$$t(x) = \frac{1}{2}x - 2$$

Tangente G_t im Punkt Q(0; –2)

$t(x) = f'(0) \cdot (x - 0) + f(0)$

Mit $f'(0) = -\frac{1}{4}(3 \cdot 0^2 - 8 \cdot 0 - 2) = \frac{1}{2}$ und $f(0) = -2$ folgt:

$$t(x) = \frac{1}{2} \cdot (x - 0) + (-2) \quad \Leftrightarrow$$

$$t(x) = \frac{1}{2}x - 2$$

Einzeichnen der Tangente G_t in das Koordinatensystem von Teilaufgabe 1.4.

1.6 Die Integrationsgrenzen ergeben sich mithilfe der Teilaufgabe 1.5.

$$A = \int_0^4 (f(x) - t(x))\,dx$$

$$A = \int_0^4 \left(-\frac{1}{4}(x^3 - 4x^2 - 2x + 8) - \left(\frac{1}{2}x - 2\right)\right) dx$$

$$A = \int_0^4 \left(-\frac{1}{4}x^3 + x^2\right) dx$$

$$A = \left[-\frac{1}{16}x^4 + \frac{1}{3}x^3\right]_0^4$$

$$A = -\frac{1}{16} \cdot 4^4 + \frac{1}{3} \cdot 4^3 - 0$$

$$A = \frac{16}{3}$$

1.7 **Nullstellen** der Funktion $f - p$:

$$f(x) - p(x) = 0 \quad \Leftrightarrow$$

$$-\frac{1}{4}(x^3 - 5x^2) = 0 \quad \Leftrightarrow$$

$$-\frac{1}{4}x^2(x - 5) = 0$$

Mit dem Satz vom Nullprodukt (Nullproduktregel) folgt:

$$x^2 = 0 \ \vee \ x - 5 = 0 \quad \Leftrightarrow$$

$$x_{1,2} = 0 \ \vee \ x_3 = 5$$

Ergebnis: Die Funktion $f - p$ hat die doppelte Nullstelle $x_{1,2} = 0$ und die einfache Nullstelle $x_3 = 5$.

Geometrische Bedeutung der Stellen $x_{1,2}$ und x_3 für die Graphen der Funktionen f und p:

$x_{1,2} = 0$: Berührstelle von G_f und G_p

$x_3 = 5$: Schnittstelle von G_f und G_p

2.1 $k_a(x) = \frac{a}{4}(x^3 - (2a+2)x^2 + (8a-10)x + 8)$

$k'_a(x) = \frac{a}{4}(3x^2 - (2a+2) \cdot 2x + 8a - 10)$

Damit der Graph der Funktion k_a bei $x = 4$ die x-Achse als Tangente besitzt, müssen die beiden Bedingungen (*) und (**) erfüllt sein:

(*) G_{k_a} schneidet die x-Achse in P(4; 0):

$$k_a(4) = 0 \quad \Leftrightarrow$$
$$\frac{a}{4}(4^3 - (2a+2) \cdot 4^2 + (8a-10) \cdot 4 + 8) = 0 \quad \Leftrightarrow$$
$$\frac{a}{4}(64 - 32a - 32 + 32a - 40 + 8) = 0 \quad \Leftrightarrow$$
$$0 = 0$$

$\Rightarrow$ Unabhängig vom Wert von a schneidet der Graph der Funktion k_a die x-Achse im Punkt P(4; 0).

(**) G_{k_a} hat eine waagrechte Tangente in P(4; 0):

$$k'_a(4) = 0 \quad \Leftrightarrow$$
$$\frac{a}{4}(3 \cdot 4^2 - (2a+2) \cdot 2 \cdot 4 + 8a - 10) = 0 \quad \Leftrightarrow$$
$$\frac{a}{4}(48 - 16a - 16 + 8a - 10) = 0 \quad \Leftrightarrow$$
$$\frac{a}{4}(-8a + 22) = 0 \quad \Leftrightarrow$$
$$a(-4a + 11) = 0$$

Mit dem Satz vom Nullprodukt (Nullproduktregel) folgt:

$$a_1 = 0 \notin D_a = \mathbb{R}^+$$
$$\vee \quad -4a + 11 = 0 \quad \Leftrightarrow$$
$$a_2 = \frac{11}{4}$$

2.2 Für $a = 1$ ergibt sich folgende Funktionsgleichung von k_1:

$k_1(x) = \frac{1}{4}(x^3 - 4x^2 - 2x + 8) = -f(x)$

Ergebnis: Die beiden Graphen der Funktionen f und k_1 sind zueinander achsensymmetrisch mit der **x-Achse** als Spiegelachse.

3 Aus dem Diagramm ist ersichtlich:
$A(0; 2) \in G_g$ sowie $B(4; 1) \in G_g$.

Gleichung der Geraden G_g durch die Punkte A und B

$g(x) = m \cdot (x - x_A) + y_A$ (Punkt-Steigungsform einer Geradengleichung; vgl. Merkhilfe)

Mit $m = \frac{y_B - y_A}{x_B - x_A}$ folgt:

$$m = \frac{1-2}{4-0} = -\frac{1}{4}$$

Somit ergibt sich:

$$g(x) = -\frac{1}{4}(x-0) + 2 \quad \Leftrightarrow$$

$$g(x) = -\frac{1}{4}x + 2$$

Für die Funktion h ergibt sich:

$$h(x) = \begin{cases} -\frac{1}{4}x + 2 & \text{für } 0 \le x \le 4 \\ -\frac{1}{8}(x^2 - 6x) & \text{für } 4 < x \le 6 \end{cases}$$

Stetigkeit

Sprungstellen werden durch eine Stetigkeitsuntersuchung ermittelt.

Es muss gelten: $\lim\limits_{x \overset{<}{\to} 4} h(x) = h(4) = \lim\limits_{x \overset{>}{\to} 4} h(x)$

$$\lim_{x \overset{<}{\to} 4} h(x) = \lim_{x \overset{<}{\to} 4}\left(-\frac{1}{4}x + 2\right) = \lim_{h \to 0}\left(-\frac{1}{4}(4-h) + 2\right) = 1$$

$$h(4) = -\frac{1}{4} \cdot 4 + 2 = 1$$

$$\lim_{x \overset{>}{\to} 4} h(x) = \lim_{x \overset{>}{\to} 4}\left(-\frac{1}{8}(x^2 - 6x)\right) = \lim_{h \to 0}\left(-\frac{1}{8}((4+h)^2 - 6(4+h))\right) = 1$$

$\Rightarrow$ Die Funktion h ist an der Nahtstelle $x = 4$ stetig.

Differenzierbarkeit

Knickstellen werden durch eine Differenzierbarkeitsuntersuchung ermittelt.

Es muss gelten: $\lim\limits_{x \overset{<}{\to} 4} h'(x) = \lim\limits_{x \overset{>}{\to} 4} h'(x)$

Für die Ableitung von h gilt:

$$h'(x) = \begin{cases} -\frac{1}{4} & \text{für } 0 < x < 4 \\ -\frac{1}{8}(2x - 6) & \text{für } 4 < x < 6 \end{cases}$$

Somit gilt:

$$\lim_{x \overset{<}{\to} 4} h'(x) = \lim_{x \overset{<}{\to} 4}\left(-\frac{1}{4}\right) = -\frac{1}{4}$$

$$\lim_{x \overset{>}{\to} 4} h'(x) = \lim_{x \overset{>}{\to} 4}\left(-\frac{1}{8}(2x-6)\right) = \lim_{h \to 0}\left(-\frac{1}{8}(2(4+h) - 6)\right) = -\frac{1}{4}$$

$\Rightarrow$ Die Funktion h ist an der Nahtstelle $x = 4$ differenzierbar.

Ergebnis: Die Bahn G_h verläuft an der Nahtstelle $x = 4$ ohne Sprung und ohne Knick.

4.1 Für die Flächenmaßzahl A der Querschnittsfläche gilt:

$$A(x; r) = 2x \cdot x + \frac{1}{2}r^2\pi$$

Aus der Zeichnung ergibt sich als Nebenbedingung:
$2x = 2 + 2r + 2$
Auflösen nach r ergibt:
$r = x - 2 \quad (\#)$

Einsetzen in A(x; r) ergibt:

$$A(x) = 2x^2 + \frac{1}{2}(x-2)^2 \cdot \pi$$

$$A(x) = 2x^2 + \frac{1}{2}\pi(x^2 - 4x + 4)$$

$$A(x) = 2x^2 + \frac{1}{2}\pi x^2 - 2\pi x + 2\pi$$

$$A(x) = (2 + 0{,}5\pi)x^2 - 2\pi x + 2\pi$$

4.2 Aus der Nebenbedingung (#) folgt mit $r > 0$:

$$x - 2 > 0 \iff x > 2$$

Die Strecken [AB], [BC], [DE] und [EF] besitzen in der Summe höchstens eine Länge von 12 m. Daher gilt:

$$\overline{AB} + \overline{BC} + \overline{DE} + \overline{EF} \leq 12 \iff x + 2 + 2 + x \leq 12 \iff 2x \leq 8 \iff x \leq 4$$

Als maximale Definitionsmenge ergibt sich somit:
$D_A =]2; 4]$

4.3 $A(x) = (2 + 0{,}5\pi)x^2 - 2\pi x + 2\pi, \quad D_A =]2; 4]$
$A'(x) = 2(2 + 0{,}5\pi)x - 2\pi, \quad D_{A'} =]2; 4[$

Relatives Maximum

Notwendige Bedingung: $A'(x) = 0 \iff$

$$2(2 + 0{,}5\pi)x - 2\pi = 0 \iff$$

$$(2 + 0{,}5\pi)x = \pi \iff$$

$$x = \frac{\pi}{2 + 0{,}5\pi} \approx 0{,}88 \notin D_A$$

Die Funktion A besitzt kein relatives Maximum, somit kann nur ein Randmaximum auftreten.

Wertetabelle für G_A

x	2	2,5	3	3,5	4
A(x)	n. d.	12,89	19,57	28,03	38,28

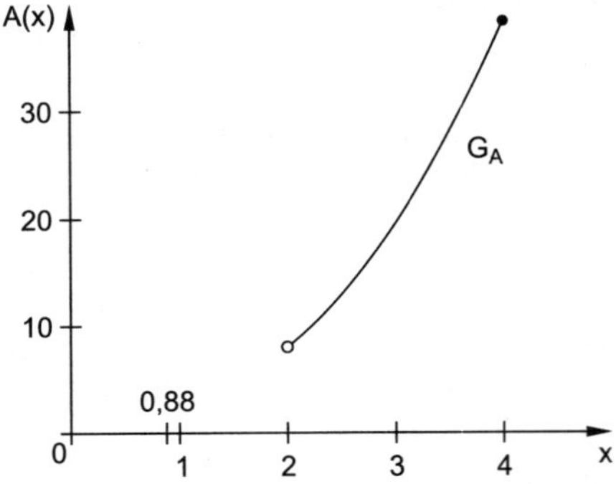

Anhand der Skizze des Graphen von A ist zu erkennen, dass das absolute Maximum am rechten Rand $x = 4$ der Definitionsmenge D_A liegt; $A_{max} = A(4)$.

4.4 Es gilt $x = 4$.

Für den bis zur Oberkante gefüllten Kanal ergibt sich eine Querschnittsfläche von:

$$A(4) = (2 + 0{,}5\pi) \cdot 4^2 - 2\pi \cdot 4 + 2\pi$$

$$A(4) \approx 38{,}28$$

Für den bis 1 m unter der Oberkante gefüllten Kanal ergibt sich die Querschnittsfläche A*:

$$A^* = 2x \cdot (x-1) + \frac{1}{2} r^2 \pi$$

$$A^* = 8 \cdot 3 + \frac{1}{2}\left(\frac{8-4}{2}\right)^2 \cdot \pi$$

$$A^* \approx 30{,}28$$

Anteil:

$$\frac{A^*}{A(4)} = \frac{30{,}28}{38{,}28} \approx 0{,}791 = 79{,}1\,\%$$

1.0 Gegeben ist die reelle Funktion $f\colon x \mapsto \frac{1}{20}x^4 - \frac{2}{5}x^2 - \frac{9}{8}x + \frac{4}{5}$ mit der Definitionsmenge $D_f = \mathbb{R}$.

1.1 Zeigen Sie, dass G_f für $x = \frac{5}{2}$ einen Punkt mit waagrechter Tangente besitzt. Bestimmen Sie mithilfe der maximalen Monotonieintervalle Art und Koordinaten aller Punkte auf G_f mit waagrechter Tangente. (8 BE)

1.2 Ermitteln Sie die Koordinaten aller Wendepunkte von G_f auf zwei Nachkommastellen gerundet. (4 BE)

1.3 Begründen Sie, dass f im Intervall $I =]\,3; 4\,[$ genau eine Nullstelle x_0 besitzt. Ermitteln Sie ein Intervall $I_0 \subset I$ der Länge $\Delta x = 0{,}25$, das diese Nullstelle x_0 enthält. (5 BE)

1.4 Weisen Sie durch Rechnung nach, dass sich die Graphen der Funktionen f und g mit $g\colon x \mapsto -\frac{9}{8}x$ und $D_g = \mathbb{R}$ für $x = \pm 2$ berühren. Berechnen Sie die Koordinaten der Berührpunkte. (6 BE)

1.5 Zeichnen Sie die Graphen der Funktionen f und g im Bereich $-3 \leq x \leq 4$, auch unter Verwendung vorliegender Ergebnisse, in ein kartesisches Koordinatensystem. (6 BE)

1.6 Die Graphen G_f und G_g schließen ein endliches Flächenstück ein. Berechnen Sie die Maßzahl seines Flächeninhalts. (4 BE)

2 Gegeben ist die allgemeine ganzrationale Funktion u vierten Grades durch $u(x) = ax^4 + bx^3 + cx^2 + dx + e$ mit $a, b, c, d, e, x \in \mathbb{R}$ und $a \neq 0$.
Geben Sie ohne Begründung und ohne Rechnung einen Überblick, wie viele Nullstellen (Anzahl und Vielfachheit!) die Funktion u haben kann. (4 BE)

3.0 Gegeben sind mit dem Parameter $k \in \mathbb{R} \setminus \{0\}$ und $D_{h_k} = \mathbb{R}$ die quadratischen Funktionen $h_k\colon x \mapsto kx^2 + (2k-1) \cdot x + \frac{1}{4}k^2 + \frac{1}{4k}$.

3.1 Untersuchen Sie, für welchen Parameterwert k der Graph von h_k symmetrisch zum Koordinatensystem ist. Erläutern Sie Ihr Vorgehen. (3 BE)

3.2 Weisen Sie nach, dass $D = -k^3 + 4k^2 - 4k$ die Diskriminante der Gleichung $h_k(x) = 0$ ist. (4 BE)

3.3 Bestimmen Sie nun diejenigen Werte k, für die die quadratische Funktion h_k mindestens eine Nullstelle besitzt. (5 BE)

4.0 Die Graphen der reellen Funktionen p und q mit $p(x) = -x^2 + 4$ und $q(x) = \frac{1}{2}x^2 - 2$ und mit $D_p = D_q = [-2; 2]$ bilden die nebenstehend abgebildete Fläche. Darin einbeschrieben ist das Rechteck ABCD, dessen Eckpunkte auf den Graphen der Funktionen p und q liegen.

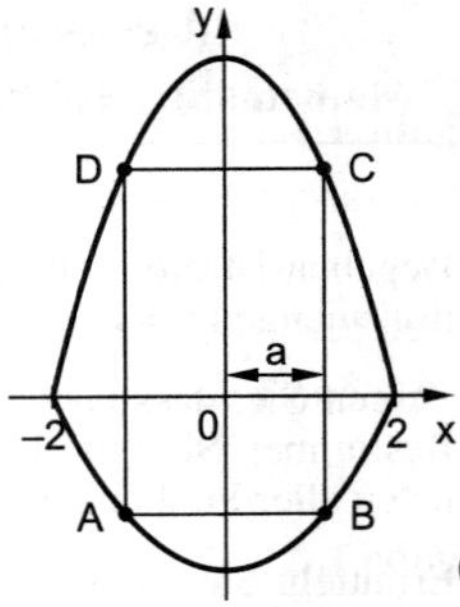

4.1 Bestimmen Sie die Maßzahl A(a) der Fläche des Rechtecks in Abhängigkeit von a und geben Sie eine sinnvolle maximale Definitionsmenge D_A an.
[Mögliches Teilergebnis: $A(a) = -3a^3 + 12a$] (4 BE)

4.2 Bestimmen Sie a so, dass die zugehörige Fläche maximalen Inhalt annimmt. Berechnen Sie für diesen Fall die Maßzahlen für die Fläche, Breite und Länge des Rechtecks. (7 BE)

(60 BE)

Tipps und Hinweise zur Lösung von Aufgabe A II

Teilaufgabe 1.1

- Zeigen Sie, dass $x = \frac{5}{2}$ eine Nullstelle von f' ist.
- Das Monotonieverhalten von f ermitteln Sie mithilfe der ersten Ableitung.
- Das Vorzeichen von f' bestimmt das Monotonieverhalten in einem Intervall.
- Aus der Änderung des Monotonieverhaltens ergibt sich die Art des Punktes mit waagrechter Tangente.

Teilaufgabe 1.2

- Ermitteln Sie mithilfe der notwendigen und der hinreichenden Bedingung die Koordinaten der Wendepunkte des Graphen.

Teilaufgabe 1.3

- Zeigen Sie durch eine Vorzeichenuntersuchung der Randwerte des Intervalls I, dass es mindestens eine Nullstelle gibt.
- Zeigen Sie durch eine Monotonieuntersuchung im Intervall I, dass es genau eine Nullstelle gibt.

Teilaufgabe 1.4

- Stellen Sie die Tangenten an den Graphen der Funktion f in den Berührpunkten $B_1(2; f(2))$ und $B_2(-2; f(-2))$ auf.

Teilaufgabe 1.5

- Zeichnen Sie den Graphen der Funktion f mithilfe vorliegender Ergebnisse und Berechnung zusätzlicher geeigneter Funktionswerte.

Teilaufgabe 1.6

- Berechnen Sie die Maßzahl des Flächeninhalts unter Verwendung des bestimmten Integrals.
- Die Berührstellen der Graphen G_f und G_g sind die Integrationsgrenzen.

Teilaufgabe 2

- Beachten Sie, dass eine ganzrationale Funktion vierten Grades keine, eine, zwei, drei oder vier Nullstellen haben kann.
  Dabei können einfache, zweifache, dreifache und vierfache Nullstellen auftreten.

Teilaufgabe 3.1

- Verwenden Sie die Bedingung für die Symmetrie zur y-Achse:
  $h_k(-x) = h_k(x)$ für alle $x \in D_{h_k} = \mathbb{R}$

Teilaufgabe 3.2

- Beachten Sie, dass eine quadratische Gleichung der Form $ax^2 + bx + c = 0$ die Diskriminante $D = b^2 - 4ac$ besitzt.

Teilaufgabe 4.1

Beachten Sie, dass für die Höhe $\overline{BC}$ des Rechtecks wegen $q(a) < 0$ gilt:
$\overline{BC} = p(a) - q(a)$

Teilaufgabe 4.2

Bestimmen Sie zunächst das relative Maximum der Funktion A.

Zeigen Sie, dass das relative Maximum das absolute ist.

Lösung

1.1 $f(x) = \frac{1}{20}x^4 - \frac{2}{5}x^2 - \frac{9}{8}x + \frac{4}{5}$

$f'(x) = \frac{1}{5}x^3 - \frac{4}{5}x - \frac{9}{8}$

Punkte mit waagrechter Tangente
An den Stellen, an denen $f'(x) = 0$ gilt, hat G_f einen Punkt mit waagrechter Tangente.
Es gilt:

$f'\left(\frac{5}{2}\right) = \frac{1}{5} \cdot \left(\frac{5}{2}\right)^3 - \frac{4}{5} \cdot \frac{5}{2} - \frac{9}{8}$

$f'\left(\frac{5}{2}\right) = \frac{25}{8} - 2 - \frac{9}{8} = 0 \qquad \Rightarrow \quad x = \frac{5}{2}$ ist eine Waagrechtstelle.

Das **Monotonieverhalten** wird mit der 1. Ableitung ermittelt.
Mit $x = \frac{5}{2}$ ist eine Lösung der Gleichung $f'(x) = 0$ bekannt.
Die Faktorisierung des Funktionsterms von f' erfolgt mittels **Polynomdivision**:

$$\left(\frac{1}{5}x^3 - \frac{4}{5}x - \frac{9}{8}\right) : \left(x - \frac{5}{2}\right) = \frac{1}{5}x^2 + \frac{1}{2}x + \frac{9}{20}$$

$$-\left(\frac{1}{5}x^3 - \frac{1}{2}x^2\right)$$

$$\frac{1}{2}x^2 - \frac{4}{5}x$$

$$-\left(\frac{1}{2}x^2 - \frac{5}{4}x\right)$$

$$\frac{9}{20}x - \frac{9}{8}$$

$$-\left(\frac{9}{20}x - \frac{9}{8}\right)$$

$$0$$

Weitere Nullstellen

$$\frac{1}{5}x^2+\frac{1}{2}x+\frac{9}{20}=0$$

Diskriminante der quadratischen Gleichung:

$$D=\left(\frac{1}{2}\right)^2-4\cdot\frac{1}{5}\cdot\frac{9}{20} \quad \Leftrightarrow$$

$$D=-\frac{11}{100}<0 \qquad \Rightarrow \text{ Die quadratische Gleichung besitzt keine Lösung.}$$

$$\Rightarrow \text{ Die Funktion f' hat keine weiteren Nullstellen.}$$

Faktorisierte Darstellung von f'(x)

$$f'(x)=\left(x-\frac{5}{2}\right)\left(\frac{1}{5}x^2+\frac{1}{2}x+\frac{9}{20}\right)$$

Streng monoton zunehmend: $f'(x)>0$

$$\left(x-\frac{5}{2}\right)\left(\frac{1}{5}x^2+\frac{1}{2}x+\frac{9}{20}\right)>0$$

Es gilt:

$$\frac{1}{5}x^2+\frac{1}{2}x+\frac{9}{20}>0 \quad \text{für alle } x\in\mathbb{R}$$

Nachweis:

$$\frac{1}{5}x^2+\frac{1}{2}x+\frac{9}{20}>0 \quad \Leftrightarrow$$

$$x^2+\frac{5}{2}x+\frac{9}{4}>0 \quad \Leftrightarrow$$

$$x^2+\frac{5}{2}x>-\frac{9}{4} \quad \Leftrightarrow \quad \text{(quadratische Ergänzung)}$$

$$x^2+\frac{5}{2}x+\left(\frac{5}{4}\right)^2>-\frac{9}{4}+\left(\frac{5}{4}\right)^2 \quad \Leftrightarrow$$

$$\left(x+\frac{5}{2}\right)^2>-\frac{11}{16} \qquad \text{(allgemeingültig für alle } x\in\mathbb{R})$$

Somit folgt:

$$f'(x)>0 \text{ für } x-\frac{5}{2}>0 \quad \Leftrightarrow$$

$$x>\frac{5}{2}$$

f ist im gesamten Definitionsbereich stetig, somit folgt:

f ist streng monoton zunehmend im Intervall $\left[\frac{5}{2};\infty\right[$.

Streng monoton abnehmend: $f'(x) < 0$

$$\left(x - \frac{5}{2}\right)\left(\frac{1}{5}x^2 + \frac{1}{2}x + \frac{9}{20}\right) < 0$$

Mit $\frac{1}{5}x^2 + \frac{1}{2}x + \frac{9}{20} > 0$ für alle $x \in \mathbb{R}$ folgt:

$$f'(x) < 0 \text{ für } x - \frac{5}{2} < 0 \quad \Leftrightarrow$$

$$x < \frac{5}{2}$$

f ist im gesamten Definitionsbereich stetig, somit folgt:
f ist streng monoton abnehmend im Intervall $\left]-\infty; \frac{5}{2}\right]$.

Aus dem Monotonieverhalten ergibt sich die **Art des Punktes von G_f mit waagrechter Tangente**:

$$\left.\begin{array}{l} f'(x) > 0 \quad \text{für } x > \frac{5}{2} \\ f'\left(\frac{5}{2}\right) = 0 \\ f'(x) < 0 \quad \text{für } x < \frac{5}{2} \end{array}\right\} \Rightarrow \left\{\begin{array}{l} \text{f hat bei } x = \frac{5}{2} \text{ ein relatives Minimum} \\ T\left(\frac{5}{2}; -\frac{819}{320}\right) \text{ relativer Tiefpunkt} \end{array}\right.$$

1.2 $f'(x) = \frac{1}{5}x^3 - \frac{4}{5}x - \frac{9}{8}$

$$f''(x) = \frac{3}{5}x^2 - \frac{4}{5}$$

Wendepunkte

Notwendige Bedingung: $f''(x) = 0 \quad \Leftrightarrow$

$$\frac{3}{5}x^2 - \frac{4}{5} = 0 \quad \Leftrightarrow$$

$$3x^2 - 4 = 0 \quad \Leftrightarrow$$

$$x^2 = \frac{4}{3} \quad \Leftrightarrow$$

$$x_1 = \frac{2}{\sqrt{3}} \approx 1{,}15 \ \vee \ x_2 = -\frac{2}{\sqrt{3}} \approx -1{,}15$$

Hinreichende Bedingung:
f'' wechselt an den Stellen x_1 und x_2 das Vorzeichen, somit tritt an diesen Stellen eine Änderung des Krümmungsverhaltens auf.
G_f hat die beiden Wendepunkte $W_1(-1{,}15;\ 1{,}65)$ und $W_2(1{,}15;\ -0{,}94)$.

1.3 **Existenz einer Nullstelle** („Es gibt *mindestens* eine Nullstelle.")
Es gilt:

$$f(3) = -\frac{17}{8} < 0 \quad \text{und} \quad f(4) = \frac{27}{10} > 0$$

Somit haben die Funktionswerte an den Rändern des Intervalls I verschiedene Vorzeichen. Mit dem Nullstellensatz für stetige Funktionen folgt:
f hat im Intervall $I =]3; 4[$ mindestens eine Nullstelle.

Eindeutigkeit der Nullstelle („Es gibt *genau* eine Nullstelle.")
Nach Teilaufgabe 1.1 ist die Funktion f im Intervall $I =]3; 4[\subset \left[\frac{5}{2}; \infty\right[$ streng monoton zunehmend. Somit besitzt die Funktion f im Intervall I genau eine Nullstelle x_0.

Intervall I_0
Mit
$f(3,25) = -1,50 < 0, \quad f(3,5) = -0,53 < 0 \quad \text{und} \quad f(3,75) \approx 0,84 > 0$
folgt (als eine von unendlich vielen möglichen Lösungen):
$I_0 =]3,5; 3,75[$

1.4 Tangenten an G_f in den Punkten $B_1(2; f(2))$ und $B_2(-2; f(-2))$

Es gilt:
$f(2) = -\frac{9}{4} \quad \text{und} \quad f'(2) = -\frac{9}{8}$
Somit ergibt sich für die Tangente t_1 im Punkt B_1:
$t_1(x) = -\frac{9}{8}(x-2) - \frac{9}{4} \quad \Leftrightarrow$
$t_1(x) = -\frac{9}{8}x$
D. h., der Graph der Funktion g ist Tangente an den Graphen der Funktion f im Berührpunkt $B_1\left(2; -\frac{9}{4}\right)$.

Es gilt:
$f(-2) = \frac{9}{4} \quad \text{und} \quad f'(-2) = -\frac{9}{8}$
Somit ergibt sich für die Tangente t_2 im Punkt B_2:
$t_2(x) = -\frac{9}{8}(x+2) + \frac{9}{4} \quad \Leftrightarrow$
$t_2(x) = -\frac{9}{8}x$
D. h., der Graph der Funktion g ist Tangente an den Graphen der Funktion f im Berührpunkt $B_2\left(-2; \frac{9}{4}\right)$.

1.5 Wertetabelle für G_f:

		B_2				B_1	TP		
x	−3	−2	−1	0	1	2	2,5	3	4
f(x)	4,63	2,25	1,58	0,8	−0,68	−2,25	−2,56	−2,13	2,7

Grafik für Teilaufgabe 1.5

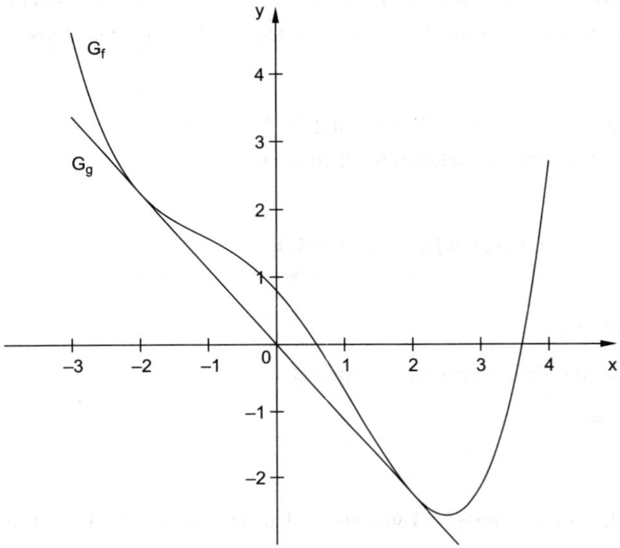

1.6 Die Berührstellen der Graphen G_f und G_g sind die Integrationsgrenzen.

$$A = \int_{-2}^{2} (f(x) - g(x))\,dx$$

$$A = \int_{-2}^{2} \left(\frac{1}{20}x^4 - \frac{2}{5}x^2 - \frac{9}{8}x + \frac{4}{5} - \left(-\frac{9}{8}x\right)\right) dx$$

$$A = \int_{-2}^{2} \left(\frac{1}{20}x^4 - \frac{2}{5}x^2 + \frac{4}{5}\right) dx$$

$$A = \left[\frac{1}{100}x^5 - \frac{2}{15}x^3 + \frac{4}{5}x\right]_{-2}^{2}$$

$$A = \frac{1}{100}\cdot 2^5 - \frac{2}{15}\cdot 2^3 + \frac{4}{5}\cdot 2 - \left(\frac{1}{100}\cdot(-2)^5 - \frac{2}{15}\cdot(-2)^3 + \frac{4}{5}\cdot(-2)\right)$$

$$A = \frac{128}{75}$$

2 $u(x) = ax^4 + bx^3 + cx^2 + dx + e$ mit $a, b, c, d, e, x \in \mathbb{R}$ und $a \neq 0$

Fall 1: vier Nullstellen: jeweils einfache Nullstellen
Fall 2: drei Nullstellen: zwei jeweils einfache Nullstellen sowie eine zweifache Nullstelle
Fall 3: zwei Nullstellen: eine einfache Nullstelle sowie eine dreifache Nullstelle
Fall 4: zwei Nullstellen: jeweils eine einfache Nullstelle
Fall 5: zwei Nullstellen: jeweils eine zweifache Nullstelle
Fall 6: eine Nullstelle: eine vierfache Nullstelle
Fall 7: eine Nullstelle: eine zweifache Nullstelle
Fall 8: keine Nullstelle

3.1 Untersuchung in Bezug auf **Symmetrie zum Koordinatensystem**

$h_k(x) = kx^2 + (2k-1)x + \frac{1}{4}k^2 + \frac{1}{4k}$ mit $D_{h_k} = \mathbb{R}$ und $k \in \mathbb{R}\setminus\{0\}$

Es gilt:

$$h_k(-x) = k(-x)^2 + (2k-1)(-x) + \frac{1}{4}k^2 + \frac{1}{4k} \quad \Leftrightarrow$$

$$h_k(-x) = kx^2 - (2k-1)x + \frac{1}{4}k^2 + \frac{1}{4k}$$

Untersuchung in Bezug auf **Punktsymmetrie zum Koordinatenursprung**
Bedingung: $h_k(-x) = -h_k(x)$ für alle $x \in D_{h_k}$
Es gilt:
Diese Bedingung ist nicht erfüllbar, weil der Koeffizient k von x^2 wegen $k \in \mathbb{R}\setminus\{0\}$ verschieden von null ist.

Ergebnis: G_{h_k} ist nicht punktsymmetrisch zum Koordinatenursprung.

Untersuchung in Bezug auf **Symmetrie zur y-Achse**
Bedingung: $h_k(-x) = h_k(x)$ für alle $x \in D_{h_k}$
Es gilt:
Diese Bedingung ist nur erfüllbar, wenn der Koeffizient $(2k-1)$ von x den Wert null annimmt. Somit muss gelten:

$$2k - 1 = 0 \quad \Leftrightarrow$$

$$k = \frac{1}{2}$$

Ergebnis: Für $k = \frac{1}{2}$ ist G_{h_k} symmetrisch zur y-Achse.

Die Voraussetzung der symmetrischen Definitionsmenge ist wegen $D_{h_k} = \mathbb{R}$ erfüllt.

3.2 $$h_k(x) = 0 \quad \Leftrightarrow$$

$$kx^2 + (2k-1)x + \frac{1}{4}k^2 + \frac{1}{4k} = 0$$

Diskriminante der quadratischen Gleichung:

$$D = (2k-1)^2 - 4 \cdot k \cdot \left(\frac{1}{4}k^2 + \frac{1}{4k}\right) \quad \Leftrightarrow$$

$$D = 4k^2 - 4k + 1 - k^3 - 1 \quad \Leftrightarrow$$

$$D = -k^3 + 4k^2 - 4k$$

3.3 Die Funktion h_k hat mindestens eine Nullstelle, wenn gilt:

$$D \geq 0 \quad \Leftrightarrow$$
$$-k^3 + 4k^2 - 4k \geq 0 \quad \Leftrightarrow$$
$$-k(k^2 - 4k + 4) \geq 0 \quad \Leftrightarrow$$
$$-k(k-2)^2 \geq 0 \qquad \text{(Produktungleichung)}$$

Wegen $(k-2)^2 \geq 0$ folgt:
$-k \geq 0 \quad \Leftrightarrow$
$k \leq 0$
Zudem gilt $k \in \mathbb{R} \setminus \{0\}$.

Ergebnis: h_k hat mindestens eine Nullstelle für $k \in \left]-\infty; 0\right[\cup \{2\}$.

Alternativ: Skizze von $D = -k^3 + 4k^2 - 4k$ und Ablesen des Ergebnisses

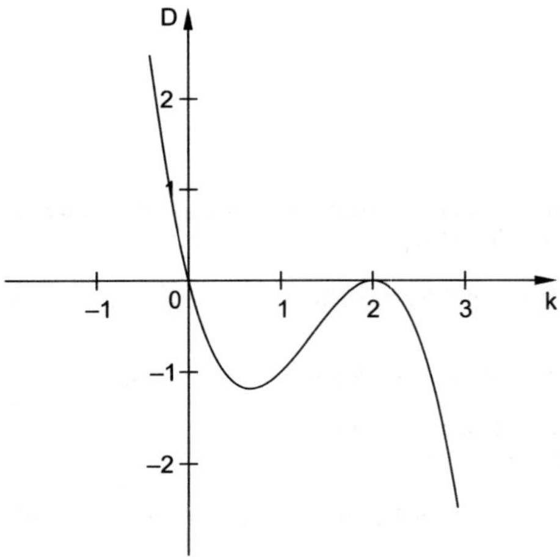

4.1 $A(a) = 2a(p(a) - q(a))$ (wegen $q(a) < p(a)$)

$$A(a) = 2a\left(-a^2 + 4 - \left(\frac{1}{2}a^2 - 2\right)\right)$$

$$A(a) = 2a\left(-a^2 + 4 - \frac{1}{2}a^2 + 2\right)$$

$$A(a) = 2a\left(-\frac{3}{2}a^2 + 6\right)$$

$$A(a) = -3a^3 + 12a$$

Eine sinnvolle maximale Definitionsmenge ist wegen $a > 0$ und $a < 2$:
$D_A = \left]0; 2\right[$

4.2 $A(a) = -3a^3 + 12a, \quad D_A =]0; 2[$
$A'(a) = -9a^2 + 12, \quad D_{A'} =]0; 2[$
$A''(a) = -18a, \quad D_{A''} =]0; 2[$

Relatives Maximum
Notwendige Bedingung: $A'(a) = 0 \quad \Leftrightarrow$

$$-9a^2 + 12 = 0 \quad \Leftrightarrow$$

$$a^2 = \frac{4}{3} \quad \Leftrightarrow$$

$$a_1 = \frac{2}{\sqrt{3}} \vee a_2 = -\frac{2}{\sqrt{3}} \notin D_A$$

Hinreichende Bedingung: $A''(a_1) < 0$

$$A''\left(\frac{2}{\sqrt{3}}\right) = -18 \cdot \left(\frac{2}{\sqrt{3}}\right) = -\frac{36}{\sqrt{3}} < 0$$

Die Funktion A hat bei $a_1 = \frac{2}{\sqrt{3}}$ ein relatives Maximum.

Absolutes Maximum
Die Funktion A' hat im Intervall $]0; 2[$ nur eine Nullstelle, somit tritt keine weitere Änderung des Monotonieverhaltens im angegebenen Bereich auf. Das relative Maximum ist somit absolutes Maximum der Funktion A.

Absolut größter Flächeninhalt

$$A_{max} = A\left(\frac{2}{\sqrt{3}}\right)$$

$$A_{max} = -3 \cdot \left(\frac{2}{\sqrt{3}}\right)^3 + 12 \cdot \frac{2}{\sqrt{3}}$$

$$A_{max} = -\frac{8}{\sqrt{3}} + \frac{24}{\sqrt{3}}$$

$$A_{max} = \frac{16}{\sqrt{3}}$$

Breite b des Rechtecks bei absolut größtem Flächeninhalt

$$b = 2 \cdot a_1$$

$$b = 2 \cdot \frac{2}{\sqrt{3}}$$

$$b = \frac{4}{\sqrt{3}}$$

Länge ℓ des Rechtecks bei absolut größtem Flächeninhalt

$$\ell = \frac{A_{max}}{b}$$

$$\ell = \frac{\frac{16}{\sqrt{3}}}{\frac{4}{\sqrt{3}}} = 4$$

Im Folgenden werden relative Häufigkeiten als Wahrscheinlichkeiten interpretiert.

1.0 Bei einer Casting-Show werden Models gekürt. Dazu gehen junge Damen einen Laufsteg entlang und präsentieren Kleider. Jedes Model hat genau einen Auftritt.

1.1 Zwei blonde (b) Models, ein schwarzhaariges (s) und ein rothaariges (r) Model bereiten sich auf ihren Auftritt vor. Die Reihenfolge, in der die ersten drei Models aufgerufen werden, wird als Zufallsexperiment aufgefasst.
Bestimmen Sie mithilfe eines Baumdiagramms die Wahrscheinlichkeiten aller 12 Elementarereignisse. Begründen Sie, ob es sich um ein Laplace-Experiment handelt. (6 BE)

1.2 Betrachtet werden nun folgende Ereignisse:
E_1: „Das dritte Model hat rote Haare."
E_2: „Das erste Model ist nicht blond."
$E_3 = \overline{E_1 \cup \overline{E_2}}$
Berechnen Sie die Wahrscheinlichkeiten der Ereignisse E_1, E_2 und E_3. (4 BE)

2.0 Es steht eine große Zahl Kleider der Marken A, D, G und V zur Verfügung. Im Folgenden werden fünf Auftritte des Models Eva betrachtet. Die Auswahl eines Kleides erfolgt zufällig, wobei das getragene Kleid wieder zurückgehängt wird und für einen weiteren Auftritt zur Verfügung steht.
Es gelten folgende Wahrscheinlichkeiten: $P(A) = \frac{1}{3}$; $P(D) = \frac{1}{4}$ und $P(V) = \frac{1}{8}$.

2.1 Bestimmen Sie die Wahrscheinlichkeiten der folgenden Ereignisse:
E_4: „Eva trägt kein Kleid der Marke V."
E_5: „Eva trägt mehr als dreimal ein Kleid der Marke D."
E_6: „Eva trägt jeweils genau zwei Kleider der Marke A hintereinander und der Marke G hintereinander." (7 BE)

2.2 Die Zufallsgröße X gibt die Anzahl der von Eva getragenen Kleider der Marke A an.
Berechnen Sie die Wahrscheinlichkeit, dass die Werte der Zufallsgröße innerhalb der einfachen Standardabweichung um den Erwartungswert liegen. (5 BE)

3 Drei Viertel von 24 Models tragen Schuhe einer bestimmten Marke (M). Neun der Models, die diese Schuhe tragen, klagen über Hautreizungen (H) an den Füßen. Insgesamt hat die Hälfte aller Models keine Hautreizungen.
Prüfen Sie mithilfe einer vollständigen Vierfeldertafel, ob die Ereignisse M und H stochastisch unabhängig sind, und interpretieren Sie das Ergebnis im vorliegenden Zusammenhang. (5 BE)

4.0 Am Ende der Show bewerten die Zuschauer jedes Model. Eva hatte bei der letzten Bewertung eine Zustimmung von 60 % erhalten. Es wird vermutet, dass Eva bei der nächsten Bewertung weniger Zustimmung bekommt (Gegenhypothese).
Zur Überprüfung der Vermutung wird eine Umfrage unter 200 Personen durchgeführt.

4.1 Geben Sie die Testgröße sowie die Nullhypothese an und ermitteln Sie den minimalen Annahmebereich der Nullhypothese auf dem 5 %-Niveau. (5 BE)

4.2 Geben Sie an, wie man anhand des Tests (vgl. 4.1) entscheidet, wenn nur 55 % der Befragten Eva die Zustimmung geben.
Erläutern Sie, worin im vorliegenden Fall der Fehler 2. Art besteht und warum man seine Wahrscheinlichkeit nicht berechnen kann. (4 BE)

5 Das Monatsgehalt Y der Vorjahressiegerin der Casting-Show kann als Zufallsgröße mit folgender Wahrscheinlichkeitsverteilung aufgefasst werden:

y in €	1 000	2 000	4 000	10 000	12 000
P(Y = y)	0,15	0,3	0,4	0,1	0,05

Stellen Sie die Wahrscheinlichkeitsverteilung geeignet graphisch dar und untersuchen Sie rechnerisch, ob das Model mit einem festen Monatsgehalt von 3 540 € auf lange Sicht mehr verdienen würde. (4 BE)

(40 BE)

Tipps und Hinweise zur Lösung von Aufgabe S I

Teilaufgabe 1.1

- Es liegt ein dreistufiges Zufallsexperiment vor.
- Tragen Sie in ein Baumdiagramm die gegebenen Wahrscheinlichkeiten ein.
- Ermitteln Sie mithilfe der Pfadregeln die gesuchten Wahrscheinlichkeiten der Elementarereignisse.

Teilaufgabe 1.2

- Greifen Sie auf das Baumdiagramm von Teilaufgabe 1.1 zurück.
- Wenden Sie die Regeln von De Morgan an.

Teilaufgabe 2.1

- Für die Ereignisse E_4 und E_5 liegt jeweils eine Bernoulli-Kette vor. Machen Sie sich deren Längen und Trefferwahrscheinlichkeiten klar.
- Beachten Sie, dass bei Ereignis E_6 eine bestimmte Serie vorliegt.

Teilaufgabe 2.2

- Ermitteln Sie den Erwartungswert μ der Zufallsgröße X.
- Bestimmen Sie mithilfe der Verschiebungsformel die Varianz und die Standardabweichung σ der Zufallsgröße X.
- Berechnen Sie daraus die gesuchte Wahrscheinlichkeit $P(|X-\mu|<\sigma)$.

Teilaufgabe 3

- Übertragen Sie die gegebenen absoluten Häufigkeiten in eine Vierfeldertafel und ergänzen Sie die fehlenden Werte.
- Berechnen Sie die relativen Häufigkeiten und tragen Sie diese Werte in eine Vierfeldertafel ein.
- Die beiden Ereignisse M und H sind stochastisch unabhängig, wenn die Produktregel $P(M \cap H) = P(M) \cdot P(H)$ erfüllt ist.

Teilaufgabe 4.1

- Der Ablehnungsbereich der Nullhypothese hat die Gestalt $\overline{A} = \{0; 1; \ldots; k\}$.
- Bestimmen Sie mithilfe der kumulativen Tabelle den Randwert.

Teilaufgabe 4.2

- Überprüfen Sie, ob 55 % des Stichprobenumfangs zu A oder $\overline{A}$ gehören.
- Der Fehler 2. Art besteht darin, dass die Nullhypothese H_0 nicht abgelehnt wird, obwohl sie falsch ist.

Teilaufgabe 5

- Als grafische Darstellung bietet sich ein Stabdiagramm an.
- Ermitteln Sie den Erwartungswert μ der Zufallsgröße Y.

Lösung

1.1 Für den ersten Auftritt stehen vier Models zur Auswahl, für den zweiten Auftritt drei Models und für den dritten Auftritt zwei Models.

Baumdiagramm

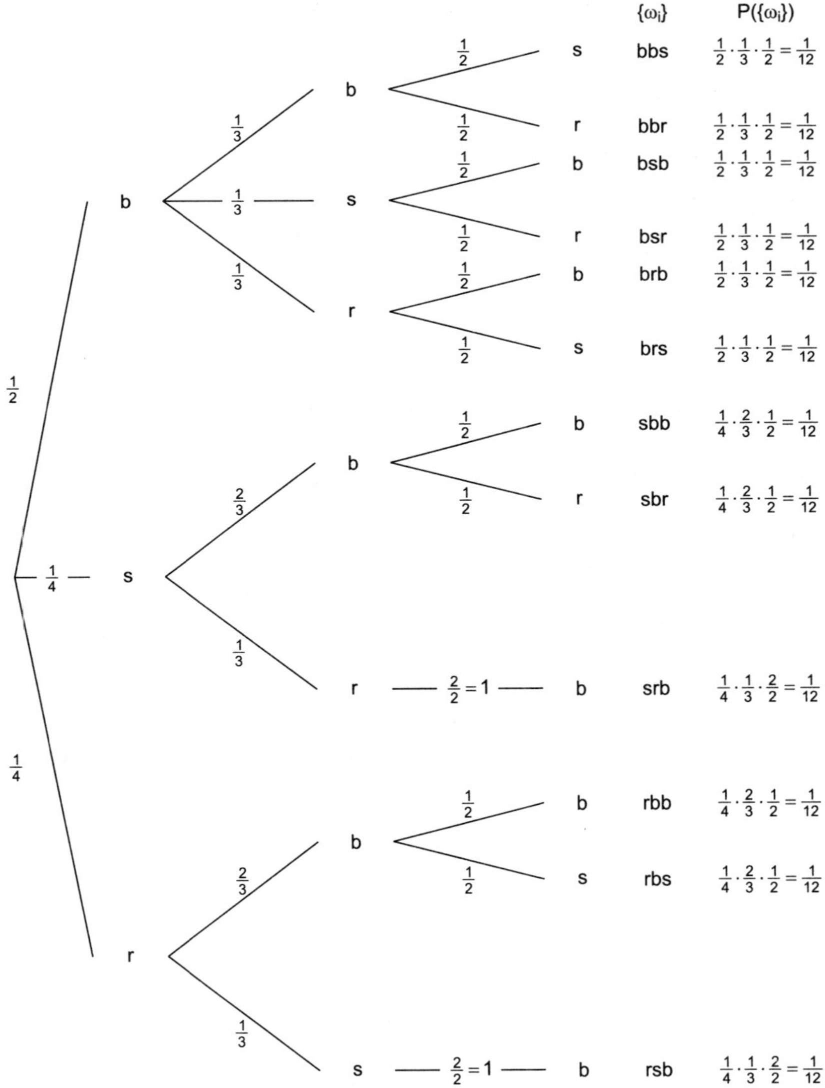

Alle 12 Elementarereignisse sind gleich wahrscheinlich, deswegen liegt ein Laplace-Experiment vor.

1.2 E_1: „Das dritte Model hat rote Haare."
In aufzählender Mengenschreibweise ist:
$E_1 = \{bbr; bsr; sbr\}$
Für die Wahrscheinlichkeit ergibt sich:
$P(E_1) = P(\{bbr\}) + P(\{bsr\}) + P(\{sbr\})$
$$P(E_1) = 3 \cdot \frac{1}{12} = \frac{1}{4}$$
E_2: „Das erste Model ist nicht blond."
In aufzählender Mengenschreibweise ist:
$E_2 = \{sbb; sbr; srb; rbb; rbs; rsb\}$
Für die Wahrscheinlichkeit ergibt sich:
$P(E_2) = P(\{sbb\}) + P(\{sbr\}) + P(\{srb\}) + P(\{rbb\}) + P(\{rbs\}) + P(\{rsb\})$
$$P(E_2) = 6 \cdot \frac{1}{12} = \frac{1}{2}$$
$E_3 = \overline{E_1 \cup \overline{E_2}}$
Mit dem De-Morgan-Gesetz der Mengenalgebra folgt:
$E_3 = \overline{E_1} \cap \overline{\overline{E_2}}$
Mit dem Satz des doppelten Komplements ergibt sich:
$E_3 = \overline{E_1} \cap E_2$
E_3: „Das dritte Model hat keine roten Haare und das erste Model ist nicht blond."
In aufzählender Mengenschreibweise ist:
$E_3 = \{sbb; srb; rbb; rbs; rsb\}$
Für die Wahrscheinlichkeit ergibt sich:
$P(E_3) = P(\{sbb\}) + P(\{srb\}) + P(\{rbb\}) + P(\{rbs\}) + P(\{rsb\})$
$$P(E_3) = 5 \cdot \frac{1}{12} = \frac{5}{12}$$

2.1 E_4: „Eva trägt kein Kleid der Marke V."
Das Zufallsexperiment kann als Bernoulli-Kette der Länge $n = 5$ mit dem Parameter $p = P(\overline{V}) = 1 - P(V) = 1 - \frac{1}{8} = \frac{7}{8}$ aufgefasst werden.
$$P(E_4) = B\left(5; \frac{7}{8}; 5\right)$$
$$P(E_4) = \binom{5}{5} \cdot \left(\frac{7}{8}\right)^5 \cdot \left(\frac{1}{8}\right)^0$$
$$P(E_4) = 1 \cdot \left(\frac{7}{8}\right)^5 \cdot 1$$
$P(E_4) \approx 0{,}5129$

E_5: „Eva trägt mehr als dreimal ein Kleid der Marke D."
Das Zufallsexperiment kann als Bernoulli-Kette der Länge $n = 5$ mit dem Parameter $p = P(D) = \frac{1}{4}$ aufgefasst werden.

$$P(E_5) = B\left(5; \frac{1}{4}; 4\right) + B\left(5; \frac{1}{4}; 5\right)$$

$$P(E_5) = \binom{5}{4} \cdot \left(\frac{1}{4}\right)^4 \cdot \left(\frac{3}{4}\right)^1 + \binom{5}{5} \cdot \left(\frac{1}{4}\right)^5 \cdot \left(\frac{3}{4}\right)^0$$

$$P(E_5) = 5 \cdot \left(\frac{1}{4}\right)^4 \cdot \frac{3}{4} + 1 \cdot \left(\frac{1}{4}\right)^5 \cdot 1$$

$$P(E_5) \approx 0{,}0156$$

E_6: „Eva trägt jeweils genau zwei Kleider der Marke A hintereinander und der Marke G hintereinander.“

Für die Wahrscheinlichkeit P(G) ergibt sich:

$$P(G) = 1 - (P(A) + P(D) + P(V))$$

$$P(G) = 1 - \left(\frac{1}{3} + \frac{1}{4} + \frac{1}{8}\right)$$

$$P(G) = \frac{7}{24}$$

Möglichkeiten, zwei Kleider der Marke A und der Marke G hintereinander zu tragen:

AAGGD	AAGGV
AADGG	AAVGG
DAAGG	VAAGG
GGAAD	GGAAV
GGDAA	GGVAA
DGGAA	VGGAA
6 Möglichkeiten	6 Möglichkeiten

$$P(E_6) = 6 \cdot \left(\frac{1}{3}\right)^2 \cdot \left(\frac{7}{24}\right)^2 \cdot \frac{1}{4} + 6 \cdot \left(\frac{1}{3}\right)^2 \cdot \left(\frac{7}{24}\right)^2 \cdot \frac{1}{8}$$ (Wahrscheinlichkeit für eine bestimmte Serie)

$$P(E_6) \approx 0{,}0213$$

2.2 Die Zufallsgröße X ist binomialverteilt nach $B\left(5; \frac{1}{3}\right)$.

Für den Erwartungswert $\mu = E(X)$ folgt:

$$\mu = n \cdot p$$

$$\mu = 5 \cdot \frac{1}{3} = \frac{5}{3}$$

Für die Standardabweichung σ ergibt sich:

$$\sigma = \sqrt{n \cdot p \cdot (1-p)}$$

$$\sigma = \sqrt{5 \cdot \frac{1}{3} \cdot \frac{2}{3}}$$

$$\sigma = \sqrt{\frac{10}{9}}$$

$$\sigma \approx 1{,}05$$

Die Zufallswerte liegen **innerhalb** der einfachen Standardabweichung um den Erwartungswert $\mu = E(X)$, wenn gilt:

$$|X - \mu| < \sigma$$

Somit:

$$\left|X-\frac{5}{3}\right|<1{,}05 \quad \Leftrightarrow$$

$$-1{,}05<X-\frac{5}{3}<1{,}05 \quad \Leftrightarrow$$

$$-1{,}05+\frac{5}{3}<X<1{,}05+\frac{5}{3} \quad \Leftrightarrow$$

$$0{,}62<X<2{,}72$$

$$\Rightarrow \quad P(|X-\mu|<\sigma)=P(0{,}62<X<2{,}72)$$

$$P(|X-\mu|<\sigma)=P(X=1)+P(X=2)$$

$$P(|X-\mu|<\sigma)=\binom{5}{1}\cdot\left(\frac{1}{3}\right)^1\cdot\left(\frac{2}{3}\right)^4+\binom{5}{2}\cdot\left(\frac{1}{3}\right)^2\cdot\left(\frac{2}{3}\right)^3$$

$$P(|X-\mu|<\sigma)\approx 0{,}6584$$

3 **Vierfeldertafel:** (absolute Häufigkeiten)

	M	$\overline{M}$	Σ
H	9	3	12
$\overline{H}$	9	3	12
Σ	18	6	24

= gegebene absolute Häufigkeiten

Vierfeldertafel: (relative Häufigkeiten)

	M	$\overline{M}$	Σ
H	$\frac{9}{24}=0{,}375$	$\frac{3}{24}=0{,}125$	$\frac{12}{24}=0{,}5$
$\overline{H}$	$\frac{9}{24}=0{,}375$	$\frac{3}{24}=0{,}125$	$\frac{12}{24}=0{,}5$
Σ	$\frac{18}{24}=0{,}75$	$\frac{6}{24}=0{,}25$	$\frac{24}{24}=1$

Es gilt:
$P(H\cap M)=0{,}375$
und
$P(H)\cdot P(M)=0{,}5\cdot 0{,}75=0{,}375$; d. h.,
$P(H)\cdot P(M)=P(H\cap M)$
$\Rightarrow$ Die Ereignisse H und M sind stochastisch unabhängig.

Interpretation im Sachzusammenhang
Die Hautreizungen an den Füßen sind unabhängig vom Tragen der Schuhe der Marke M.

4.1 Testgröße T: Anzahl der Zustimmungen für Eva bei 200 Befragten
T ist eine B(200; 0,6)-verteilte Zufallsgröße.

Testart: einseitiger (linksseitiger) Signifikanztest
Signifikanzniveau: $\alpha=5\ \%$

Nullhypothese	Gegenhypothese
H_0: $p = 0{,}6$	H_1: $p < 0{,}6$
Annahmebereich von H_0:	Ablehnungsbereich von H_0:
$A = \{k+1; \ldots; 200\}, k \in \mathbb{N}_0$	$\overline{A} = \{0; 1; 2; \ldots; k\}, k \in \mathbb{N}_0$

Entscheidungsregel: H_0 wird verworfen, wenn gilt:
$P(T \leq k) \leq 0{,}05 \quad \Leftrightarrow$

$F_{0,6}^{200}(k) \leq 0{,}05$

Mithilfe der Stochastik-Tabellen ergibt sich:

$k = 108$

Minimaler Annahmebereich von H_0:
$A = \{109; 110; \ldots; 200\}$

4.2 55 % von 200 befragten Personen ergibt:
$0{,}55 \cdot 200 = 110$

110 Personen der 200 Befragten entscheiden sich für Eva.

Wegen $110 \in A$ folgt:
Die Nullhypothese wird nicht abgelehnt und man geht davon aus, dass Eva eine Zustimmung von 60 % besitzt.

Der **Fehler 2. Art** besteht bei diesem Test darin, dass die Nullhypothese H_0 nicht abgelehnt wird, obwohl sie falsch ist, d. h., dass man annimmt, dass die Zustimmung für Eva mindestens 60 % beträgt, obwohl sie tatsächlich niedriger liegt.

Die Wahrscheinlichkeit für den Fehler 2. Art kann nicht berechnet werden, weil die Wahrscheinlichkeit der Gegenhypothese H_1 nicht bekannt ist.

5 **Stabdiagramm**

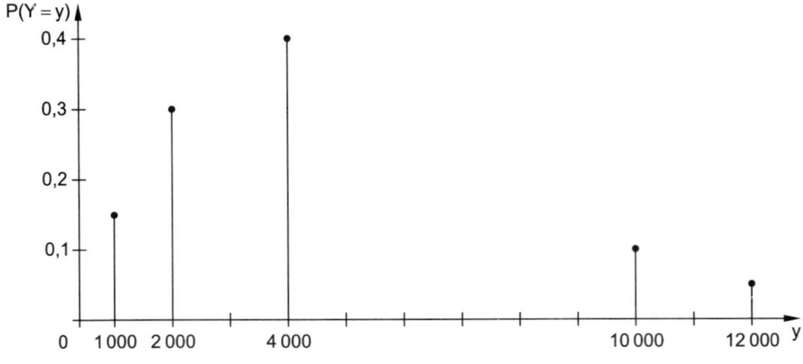

Für den Erwartungswert $\mu = E(Y)$ der Zufallsgröße Y gilt:

$E(Y) = 1\,000 \cdot 0{,}15 + 2\,000 \cdot 0{,}3 + 4\,000 \cdot 0{,}4 + 10\,000 \cdot 0{,}1 + 12\,000 \cdot 0{,}05$

$E(Y) = 3\,950$

$3\,540 \text{ €} < 3\,950 \text{ €}$

Auf lange Sicht ist die Ablehnung des festen Monatsgehalts für das Model günstiger.

Ein Onlineshop ist spezialisiert auf den Vertrieb von Gartengrills (mit Zubehör) an Endkunden. Relative Häufigkeiten werden als Wahrscheinlichkeiten interpretiert.

1.0 Bei einer „Frühlingsaktion" erhält jeder, der bei diesem Shop einen Grill bestellt, gratis einen von drei Zubehörartikeln. Der Kunde kann so zwischen einer Grillschürze (S), einer Reinigungsbürste (B) oder einer Grillzange (Z) auswählen. Erfahrungsgemäß entscheiden sich 50 % der Kunden für die Schürze, die übrigen wählen die Bürste bzw. die Zange. Im Folgenden wird die Wahl der Zubehörartikel für die nächsten beiden eingehenden Bestellungen zu dieser Frühlingsaktion als Zufallsexperiment betrachtet. Dabei ergibt sich, dass die Wahrscheinlichkeit für zweimal Reinigungsbürste 4 % beträgt.

1.1 Erstellen Sie ein vollständiges Baumdiagramm und bestimmen Sie die Wahrscheinlichkeiten aller 9 Elementarereignisse.
[Teilergebnis: 30 % wählen die Grillzange] (5 BE)

1.2 Gegeben seien folgende Ereignisse:
E_1: „Genau eine Schürze wird bestellt."
E_2: „Es wird keine Zange bestellt."

Geben Sie diese Ereignisse in aufzählender Mengenschreibweise an und überprüfen Sie beide Ereignisse auf Unvereinbarkeit. (4 BE)

2 In diesem Shop werden ausschließlich Holzkohle- und Gasgrills angeboten. Von 300 im letzten Monat verkauften Grills sind 80 Gasgrills. An Singlehaushalte gingen 30 Gasgrills. Größere Haushalte (zwei oder mehr Personen) haben in diesem Zeitraum 180 Holzkohlegrills gekauft.
Untersuchen Sie mithilfe einer Vierfeldertafel, ob der Kauf eines Gasgrills unabhängig von der Haushaltsgröße ist. (5 BE)

3 Von 1 500 Kunden, die bei diesem Shop bisher einen Holzkohlegrill bestellten, wählten 600 einen Kugelgrill (geschlossen nutzbar), die anderen entschieden sich für ein Modell ohne Deckel. Es werden zwölf Bestellungen eines Holzkohlegrills zufällig ausgewählt.
Ermitteln Sie die Wahrscheinlichkeit folgender Ereignisse:
E_3: „Genau fünf Kunden entschieden sich für einen Kugelgrill."
E_4: „Nur der erste und der zweite Kunde wählten ein Modell ohne Deckel."
E_5: „Mindestens zwei Kunden entschieden sich für einen Kugelgrill." (7 BE)

4 In dieser Saison ist der Gasgrill „Gourmet" neu im Sortiment. Von allen verkauften Gartengrills sind 5 % von diesem Typ. In der Versandabteilung müssen an einem späten Nachmittag noch zehn Gartengrills versandfertig verpackt werden. Ermitteln Sie, wie viele „Gourmet-Grills" mindestens noch auf Lager sein müssten, damit deren Anzahl mit einer Wahrscheinlichkeit von über 99 % für diesen Nachmittag noch ausreicht. (3 BE)

5 Der Hersteller der „Gourmet-Grills“ verspricht, dass im Schnitt 97 von 100 produzierten Grills einwandfrei sind. Der Geschäftsführer des Onlineshops hat aufgrund der bisherigen Reklamationen den Eindruck, dass die Qualität der Grills deutlich geringer ist (Gegenhypothese).
Der Geschäftsführer schlägt daher vor, die nächsten 200 auszuliefernden Grills zu testen. Sind darunter mindestens 192 Grills einwandfrei, so wird er seine Zweifel an der Qualität verwerfen.
Geben Sie zu diesem Test die Testgröße sowie die Nullhypothese an. Erläutern Sie kurz den Fehler 1. Art im Sachzusammenhang und berechnen Sie die Fehlerwahrscheinlichkeit. (6 BE)

6.0 Zu Werbezwecken legt der Onlineshop jeder Bestellung eines Holzkohlegrills einzeln verpackte Grillanzünder-Würfel bei. Die Zufallsgröße X gibt die Anzahl dieser Würfel an, die Kunden gemäß einer Online-Befragung pro „Start“ ihres Grills verbrauchen. Es ergibt sich folgende Wahrscheinlichkeitsverteilung mit den noch zu bestimmenden Parametern a, $b \in \mathbb{R}$:

x	0	1	2	3	4
$P(X=x)$	$a-0{,}85$	0,10	$a \cdot b$	2b	0,15

6.1 Bestimmen Sie die Parameter a und b, wenn bekannt ist, dass mit einer Wahrscheinlichkeit von 45 % maximal zwei Würfel verwendet werden.
[Teilergebnis: $b=0{,}20$] (4 BE)

6.2 Ermitteln Sie die Wahrscheinlichkeit dafür, dass die Anzahl der verbrauchten Würfel innerhalb der einfachen Standardabweichung um den Erwartungswert liegt. (6 BE)

(40 BE)

Tipps und Hinweise zur Lösung von Aufgabe S II

Teilaufgabe 1.1

- Es liegt ein zweistufiges Zufallsexperiment vor.
- Bestimmen Sie die Wahrscheinlichkeit $P(\{B\})$ mithilfe der 1. Pfadregel.
- Tragen Sie in ein Baumdiagramm die berechneten Wahrscheinlichkeiten ein.
- Ermitteln Sie mithilfe der Pfadregeln die gesuchten Wahrscheinlichkeiten der Elementarereignisse.

Teilaufgabe 1.2

- Die beiden Ereignisse E_1 und E_2 sind stochastisch unvereinbar genau dann, wenn $E_1 \cap E_2 = \{\}$.

Teilaufgabe 2

- Übertragen Sie die gegebenen absoluten Häufigkeiten in eine Vierfeldertafel und ergänzen Sie die fehlenden Werte.
- Berechnen Sie die relativen Häufigkeiten und tragen Sie diese Werte in eine Vierfeldertafel ein.
- Die beiden Ereignisse G und S sind stochastisch unabhängig, wenn die Produktregel $P(G \cap S) = P(G) \cdot P(S)$ erfüllt ist.

Teilaufgabe 3

- Es liegt eine Bernoulli-Kette vor. Machen Sie sich deren Länge und Trefferwahrscheinlichkeit klar.
- Verwenden Sie bei Ereignis E_3 die Formel für genau k Treffer.
- Bei Ereignis E_4 liegt eine bestimmte Serie vor.
- Verwenden Sie bei Ereignis E_5 den Ansatz $P(Z \geq 2)$.

Teilaufgabe 4

- Die Zufallsgröße Y ist binomialverteilt nach $B(10; 0{,}05)$.
- Bestimmen Sie mithilfe der kumulativen Tabelle den Randwert.

Teilaufgabe 5

- Der Ablehnungsbereich der Nullhypothese H_0 hat die Gestalt $\overline{A} = \{0; 1; \ldots; 191\}$.
- Der Fehler 1. Art besteht darin, dass die Nullhypothese H_0 abgelehnt wird, obwohl sie wahr ist.
- Für die Wahrscheinlichkeit des Fehlers 1. Art gilt $\alpha' = P(\overline{A})$.

Teilaufgabe 6.1

- Stellen Sie ein lineares Gleichungssystem mithilfe der Normierungsbedingung $\sum_{i=1}^{n} W(x_i) = 1$ und den weiteren Eigenschaften auf.

Teilaufgabe 6.2

- Ermitteln Sie den Erwartungswert μ der Zufallsgröße X.
- Bestimmen Sie mithilfe der Verschiebungsformel die Varianz und die Standardabweichung σ der Zufallsgröße X.
- Berechnen Sie daraus die gesuchte Wahrscheinlichkeit $P(|X-\mu|<\sigma)$.

Lösung

1.1 Die Entscheidung der Käufer ist ein zweistufiges Zufallsexperiment.

Es gilt:

$P(\{S\}) = 0,5$

und

$P(\{B\}) \cdot P(\{B\}) = 0,04 \quad \Leftrightarrow \quad$ (1. Pfadregel)

$(P(\{B\}))^2 = 0,04 \quad \Leftrightarrow$

$P(\{B\}) = \sqrt{0,04} = 0,2$

Somit ergibt sich:

$P(\{Z\}) = 1 - (P(\{S\}) + P(\{B\}))$

$P(\{Z\}) = 1 - (0,5 + 0,2) = 0,3$

Baumdiagramm

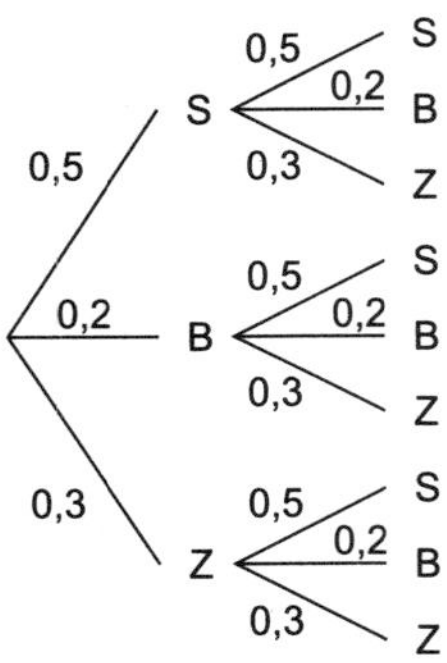

$\{\omega_i\}$	$P(\{\omega_i\})$
SS	$0,5 \cdot 0,5 = 0,25$
SB	$0,5 \cdot 0,2 = 0,10$
SZ	$0,5 \cdot 0,3 = 0,15$
BS	$0,2 \cdot 0,5 = 0,10$
BB	$0,2 \cdot 0,2 = 0,04$
BZ	$0,2 \cdot 0,3 = 0,06$
ZS	$0,3 \cdot 0,5 = 0,15$
ZB	$0,3 \cdot 0,2 = 0,06$
ZZ	$0,3 \cdot 0,3 = 0,09$

1.2 E_1: „Genau eine Schürze wird bestellt."
In aufzählender Mengenschreibweise ist:

$E_1 = \{SB; SZ; BS; ZS\}$

E_2: „Es wird keine Zange bestellt."
In aufzählender Mengenschreibweise ist:

$E_2 = \{SS; SB; BS; BB\}$

Es gilt:

$E_1 \cap E_2 = \{SB; BS\} \neq \{\}$

$\Rightarrow$ Die Ereignisse E_1 und E_2 sind vereinbar.

2 **Vierfeldertafel:** (absolute Häufigkeiten)

Ereignis G: Gasgrill
Ereignis S: Singlehaushalt

	S	$\overline{S}$	Σ
G	30	50	80
$\overline{G}$	40	180	220
Σ	70	230	300

[grau] = gegebene absolute Häufigkeiten

Vierfeldertafel: (relative Häufigkeiten)

	S	$\overline{S}$	Σ
G	$\frac{30}{300}=\frac{1}{10}$	$\frac{50}{300}=\frac{1}{6}$	$\frac{80}{300}=\frac{4}{15}$
$\overline{G}$	$\frac{40}{300}=\frac{2}{15}$	$\frac{180}{300}=\frac{3}{5}$	$\frac{220}{300}=\frac{11}{15}$
Σ	$\frac{70}{300}=\frac{7}{30}$	$\frac{230}{300}=\frac{23}{30}$	$\frac{300}{300}=1$

Es gilt:

$$P(G \cap S) = \frac{1}{10}$$

und

$$P(G) \cdot P(S) = \frac{4}{15} \cdot \frac{7}{30} = \frac{14}{225}\text{; d.h.,}$$

$$P(G \cap S) \neq P(G) \cdot P(S)$$

$\Rightarrow$ Die Ereignisse G und S sind stochastisch abhängig.

3 Das Zufallsexperiment kann als Bernoulli-Kette der Länge $n = 12$ mit dem Parameter $p = \frac{600}{1500} = 0{,}4$ (Kugelgrill) angesehen werden.

Die Zufallsgröße Z ist binomialverteilt nach B(12; 0,4).

E_3: „Genau fünf Kunden entscheiden sich für einen Kugelgrill."

$$P(E_3) = P(Z = 5) = B(12; 0{,}4; 5)$$

$$P(E_3) = \binom{12}{5} \cdot 0{,}4^5 \cdot 0{,}6^7$$

$$P(E_3) = 792 \cdot 0{,}4^5 \cdot 0{,}6^7$$

$$P(E_3) \approx 0{,}22703$$

E_4: „Nur der erste und der zweite Kunde wählten ein Modell ohne Deckel."

$P(E_4) = 0{,}6^2 \cdot 0{,}4^{10}$ (Wahrscheinlichkeit für eine bestimmte Serie)

$P(E_4) \approx 0{,}00004$

E_5: „Mindestens zwei Kunden entscheiden sich für einen Kugelgrill."

$$P(E_5) = P(Z \geq 2) = 1 - P(Z \leq 1)$$

$$P(E_5) = 1 - (P(Z = 0) + P(Z = 1))$$

$$P(E_5) = 1 - \left(\binom{12}{0} \cdot 0{,}4^0 \cdot 0{,}6^{12} + \binom{12}{1} \cdot 0{,}4^1 \cdot 0{,}6^{11}\right)$$

$$P(E_5) = 1 - (1 \cdot 1 \cdot 0{,}6^{12} + 12 \cdot 0{,}4 \cdot 0{,}6^{11})$$

$$P(E_5) \approx 0{,}98041$$

4 Zufallsgröße Y: „Anzahl der benötigten Gourmet-Grills."
Die Zufallsgröße Y ist binomialverteilt nach B(10; 0,05).

Es soll gelten:

$$P(Y \leq k) > 0{,}99$$

$$F_{0,05}^{10}(k) > 0{,}99$$

Mithilfe der Stochastik-Tabellen ergibt sich:

$$k \geq 3$$

Ergebnis: Es müssen mindestens drei Gourmet-Grills auf Lager sein.

5 Testgröße T: Anzahl der einwandfreien Gourmet-Grills unter 200

Nullhypothese: H_0: $p = 0{,}97$

Der **Fehler 1. Art** besteht darin, dass die Nullhypothese abgelehnt wird, obwohl sie wahr ist, d. h., dass man annimmt, dass der Anteil der einwandfreien Gourmet-Grills weniger als 97 % beträgt, obwohl dieser Anteil tatsächlich bei mindestens 97 % liegt.

Annahmebereich von H_0: $A = \{192; 193; \ldots; 200\}$

Ablehnungsbereich von H_0: $\overline{A} = \{0; 1; 2; \ldots; 191\}$

Wahrscheinlichkeit α' des Fehlers 1. Art:

$$\alpha' = P(\overline{A})$$

$$\alpha' = P(T \leq 191)$$

$$\alpha' = F_{0,97}^{200}(191)$$

Mit dem Tafelwerk der Stochastik ergibt sich:

$$\alpha' \approx 0{,}14960$$

6.1 Die Normierungsbedingung $\sum_{i=1}^{n} W(x_i) = 1$ und die Angaben führen zu folgenden Gleichungen:

I $\quad a - 0{,}85 + 0{,}10 + a \cdot b + 2b + 0{,}15 = 1 \quad \Leftrightarrow$

$$a + 2b + a \cdot b = 1{,}60$$

II $\quad a - 0{,}85 + 0{,}10 + a \cdot b = 0{,}45 \quad \Leftrightarrow$

$$a + a \cdot b = 1{,}20$$

Mit dem Additionsverfahren ergibt sich:

I – II: $2b = 0{,}40 \Leftrightarrow$

$b = 0{,}20$ eingesetzt in II ergibt

II' $a + a \cdot 0{,}20 = 1{,}20 \Leftrightarrow$

$1{,}20 \cdot a = 1{,}20 \Leftrightarrow$

$a = 1$

6.2 Mit den Werten von Teilaufgabe 6.1 ergibt sich folgende **Wahrscheinlichkeitsverteilung** der Zufallsgröße X:

x	0	1	2	3	4
P(X = x)	0,15	0,10	0,20	0,40	0,15

Für den Erwartungswert $\mu = E(X)$ der Zufallsgröße X gilt:

$E(X) = 0 \cdot 0{,}15 + 1 \cdot 0{,}10 + 2 \cdot 0{,}20 + 3 \cdot 0{,}40 + 4 \cdot 0{,}15$

$E(X) = 2{,}3$

Für die Varianz Var(X) der Zufallsgröße X gilt:

$\sigma^2 = Var(X) = E(X^2) - (E(X))^2$ (Verschiebungsformel)

$Var(X) = 0^2 \cdot 0{,}15 + 1^2 \cdot 0{,}10 + 2^2 \cdot 0{,}20 + 3^2 \cdot 0{,}40 + 4^2 \cdot 0{,}15 - 2{,}3^2$

$Var(X) = 1{,}61$

Für die Standardabweichung σ ergibt sich:

$\sigma = \sqrt{Var(X)}$

$\sigma = \sqrt{1{,}61}$

$\sigma \approx 1{,}27$

Die Zufallswerte liegen **innerhalb** der einfachen Standardabweichung um den Erwartungswert $\mu = E(X)$, wenn gilt:

$|X - \mu| < \sigma$

Somit:

$|X - 2{,}3| < 1{,}27 \Leftrightarrow$

$-1{,}27 < X - 2{,}3 < 1{,}27 \Leftrightarrow$

$-1{,}27 + 2{,}3 < X < 1{,}27 + 2{,}3 \Leftrightarrow$

$1{,}03 < X < 3{,}57$

$\Rightarrow$ $P(|X - \mu| < \sigma) = P(1{,}03 < X < 3{,}57)$

$P(|X - \mu| < \sigma) = P(X = 2) + P(X = 3)$

$P(|X - \mu| < \sigma) = 0{,}20 + 0{,}40 = 0{,}60$

Merkhilfe für Berufliche Oberschulen
Mathematik / Nichttechnik

Teil I: Stoffgebiete der Mittelstufe

Binomische Formeln

$(a+b)^2 = a^2 + 2ab + b^2$ | $(a+b)^3 = a^3 + 3a^2b + 3ab^2 + b^3$

$(a-b)^2 = a^2 - 2ab + b^2$ | $(a-b)^3 = a^3 - 3a^2b + 3ab^2 - b^3$

$(a+b)\cdot(a-b) = a^2 - b^2$ | $a^3 - b^3 = (a-b)\cdot(a^2 + ab + b^2)$

Absolutbetrag

$$|x| = \begin{cases} x & \text{für } x \geq 0 \\ -x & \text{für } x < 0 \end{cases}$$

Lösungsformel für die quadratische Gleichung $ax^2 + bx + c = 0$

$$x_{1/2} = \frac{-b \pm \sqrt{b^2 - 4ac}}{2a}$$

Potenzen und Wurzeln

$a^0 = 1$ $\quad$ $a^1 = a$

$a^{\frac{1}{n}} = \sqrt[n]{a}$ $\quad$ $a^{\frac{n}{m}} = \sqrt[m]{a^n}$ $\quad$ $a^{-x} = \frac{1}{a^x}$ $\quad$ $(a^x)^z = a^{x \cdot z}$

$a^x \cdot a^z = a^{x+z}$ $\quad$ $\frac{a^x}{a^z} = a^{x-z}$ $\quad$ $a^x \cdot b^x = (ab)^x$ $\quad$ $\frac{a^x}{b^x} = \left(\frac{a}{b}\right)^x$

$\sqrt{a} \cdot \sqrt{a} = a$ $\quad$ $\sqrt{a} \cdot \sqrt{b} = \sqrt{ab}$ $\quad$ $\frac{\sqrt{a}}{\sqrt{b}} = \sqrt{\frac{a}{b}}$

Geradengleichung

$y = m \cdot x + t$ (allgemeine Form)

$y = m \cdot (x - x_0) + y_0$ (Punkt-Steigungsform)

Parabelgleichung

$y = ax^2 + bx + c$ (allgemeine Form)

$y = a \cdot (x - x_S)^2 + y_S$ (Scheitelform)

$y = a \cdot (x - x_1) \cdot (x - x_2)$ (Linearfaktorform)

Logarithmen

$\log_b(a) = z \quad \Leftrightarrow \quad b^z = a$

$\log_b(uv) = \log_b(u) + \log_b(v)$ $\qquad$ $\log_b\left(\frac{u}{v}\right) = \log_b(u) - \log_b(v)$

$\log_b(u^z) = z \cdot \log_b(u)$ $\qquad$ $\log_c(a) = \frac{\log_b(a)}{\log_b(c)}$

Rechtwinkliges Dreieck

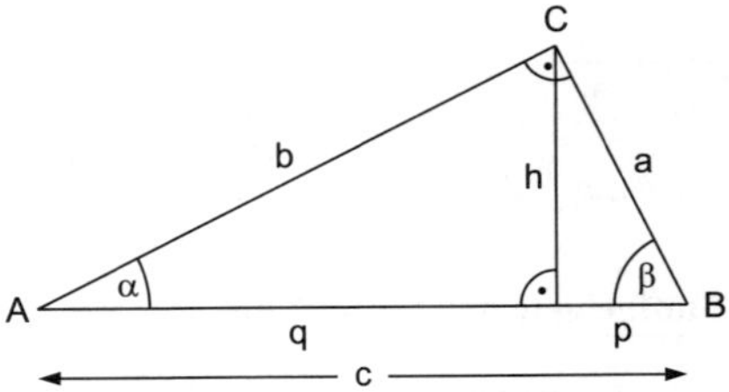

Pythagoras: $a^2 + b^2 = c^2$

Höhensatz: $h^2 = pq$

Kathetensatz: $a^2 = cp$; $b^2 = cq$

Sinus und Kosinus

- *nur im rechtwinkligen Dreieck (siehe oben):*

  $\sin\alpha = \frac{a}{c}$ $\qquad$ $\cos\alpha = \frac{b}{c}$ $\qquad$ $\tan\alpha = \frac{\sin\alpha}{\cos\alpha} = \frac{a}{b}$

- *allgemein:*

  $\sin(-\varphi) = -\sin\varphi$ $\qquad$ $\sin(90° - \varphi) = \cos\varphi$ $\qquad$ $(\sin\varphi)^2 + (\cos\varphi)^2 = 1$

  $\cos(-\varphi) = \cos\varphi$ $\qquad$ $\cos(90° - \varphi) = \sin\varphi$

Flächengeometrie

A: Flächeninhalt $\qquad$ **U:** Umfang

Allgemeines Dreieck: $A = \frac{1}{2} g h$

Kreis: $U = 2r\pi$; $A = r^2\pi$

Gleichseitiges Dreieck: $A = \frac{a^2}{4}\sqrt{3}$; $h = \frac{a}{2}\sqrt{3}$

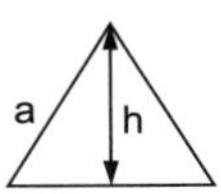

Trapez: $A = \frac{a+c}{2} h$

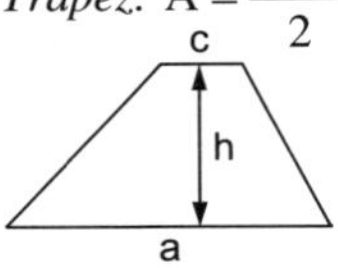

Raumgeometrie

V: Volumen $\qquad$ **M:** Mantelfläche

O: Oberfläche $\qquad$ **G:** Grundfläche

Prisma: $V = G h$

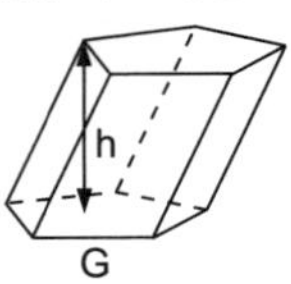

Pyramide: $V = \frac{1}{3} G h$

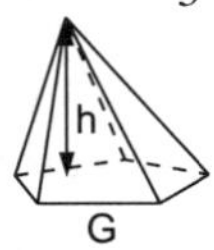

gerader Kreiszylinder: $V = r^2\pi h$; $M = 2r\pi h$

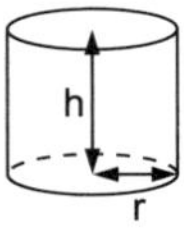

gerader Kreiskegel: $V = \frac{1}{3} r^2\pi h$; $M = r\pi m$

Kugel: $V = \frac{4}{3} r^3\pi$; $O = 4r^2\pi$

Symmetrie bezüglich des Koordinatensystems

$f(-x) = f(x)$ für alle $x \in D_f$ $\Leftrightarrow$ G_f ist achsensymmetrisch zur y-Achse (f heißt dann *gerade Funktion*)

$f(-x) = -f(x)$ für alle $x \in D_f$ $\Leftrightarrow$ G_f ist punktsymmetrisch zum Ursprung (f heißt dann *ungerade Funktion*)

Grenzwerte

$$\lim_{x \to +\infty} \frac{x^r}{e^x} = 0$$

$$\lim_{x \to +\infty} \frac{\ln x}{x^r} = 0; \quad \lim_{x \to 0} (x^r \cdot \ln x) = 0 \quad \textbf{(jeweils r > 0)}$$

Definition der Ableitung

Ableitung: $f'(x_0) = \lim\limits_{x \to x_0} \frac{f(x) - f(x_0)}{x - x_0}$, falls der Grenzwert existiert und endlich ist.

Schreibweisen: $f'(x) = y' = \frac{df(x)}{dx} = \frac{dy}{dx}$; $\frac{ds(t)}{dt} = \dot{s}(t)$

Ableitung der Grundfunktionen

$(x^r)' = r \cdot x^{r-1}$ $\quad$ $\left(\frac{1}{x^r}\right)' = -\frac{r}{x^{r+1}}$

$(e^x)' = e^x$ $\quad$ $(\ln x)' = \frac{1}{x}$

Ableitungsregeln

Summenregel: $f(x) = u(x) + v(x) \quad \Rightarrow \quad f'(x) = u'(x) + v'(x)$

Faktorregel: $f(x) = c \cdot u(x) \quad \Rightarrow \quad f'(x) = c \cdot u'(x)$

Produktregel: $f(x) = u(x) \cdot v(x) \quad \Rightarrow \quad f'(x) = u'(x) \cdot v(x) + u(x) \cdot v'(x)$

Quotientenregel: $f(x) = \frac{u(x)}{v(x)} \quad \Rightarrow \quad f'(x) = \frac{u'(x) \cdot v(x) - u(x) \cdot v'(x)}{[v(x)]^2}$

Kettenregel: $f(x) = u(v(x)) \quad \Rightarrow \quad f'(x) = u'(v(x)) \cdot v'(x)$

L'Hospitalsche Regeln

- Gilt $z(a) = n(a) = 0$ und existiert $\lim\limits_{x \to a} \frac{z'(x)}{n'(x)}$, so gilt $\lim\limits_{x \to a} \frac{z(x)}{n(x)} = \lim\limits_{x \to a} \frac{z'(x)}{n'(x)}$.
- Gilt $|z(x)| \to \infty$ und $|n(x)| \to \infty$ für $x \to a$ und existiert $\lim\limits_{x \to a} \frac{z'(x)}{n'(x)}$, so gilt $\lim\limits_{x \to a} \frac{z(x)}{n(x)} = \lim\limits_{x \to a} \frac{z'(x)}{n'(x)}$.
- Beide Regeln gelten in ähnlicher Weise auch für $|x| \to \infty$ (anstelle von $x \to a$).

Anwendung der Differenzialrechnung

- Gleichung der Tangente im Punkt $P(x_0 \mid f(x_0))$: $y = f'(x_0) \cdot (x - x_0) + f(x_0)$
- Monotoniekriterium:
  $f'(x) < 0$ im Intervall I $\Rightarrow$ f fällt streng monoton in I.
  $f'(x) > 0$ im Intervall I $\Rightarrow$ f steigt streng monoton in I.
- Art von Extremwerten (mithilfe der zweiten Ableitung):
  $f'(x_0) = 0$ und $f''(x_0) > 0$ $\Rightarrow$ f hat an der Stelle x_0 ein relatives Minimum.
  $f'(x_0) = 0$ und $f''(x_0) < 0$ $\Rightarrow$ f hat an der Stelle x_0 ein relatives Maximum.
- Graphenkrümmung:
  $f''(x) < 0$ im Intervall I $\Rightarrow$ G_f ist in I rechtsgekrümmt.
  $f''(x) > 0$ im Intervall I $\Rightarrow$ G_f ist in I linksgekrümmt.
- Wendepunkt:
  Ist $f''(x_0) = 0$ wechselt $f''(x)$ an der Stelle x_0 das Vorzeichen, so hat G_f an der Stelle x_0 einen Wendepunkt.
- Terrassenpunkt:
  Ist $f'(x_0) = 0$ und $f''(x_0) = 0$ und wechselt $f''(x)$ an der Stelle x_0 das Vorzeichen, so hat G_f an der Stelle x_0 einen Terrassenpunkt.

Berechnung bestimmter Integrale

$$\int_a^b f(x)\,dx = F(b) - F(a) = [F(x)]_a^b,$$ wobei F eine Stammfunktion von f ist.

Wichtige unbestimmte Integrale

$$\int x^r\,dx = \frac{x^{r+1}}{r+1} + C \quad (r \neq -1)$$

$$\int \frac{1}{x}\,dx = \ln|x| + C$$

$$\int e^x\,dx = e^x + C$$

$$\int \ln x\,dx = -x + x\ln x + C$$

$$\int \frac{f'(x)}{f(x)}\,dx = \ln|f(x)| + C$$

$$\int f'(x) \cdot e^{f(x)}\,dx = e^{f(x)} + C$$

$$\int f(ax+b)\,dx = \tfrac{1}{a}F(ax+b) + C,$$ wobei F Stammfunktion von f ist.

Uneigentliche Integrale:

$$\int_a^\infty f(x)\,dx := \lim_{b \to \infty} \int_a^b f(x)\,dx$$

Teil III: Wahrscheinlichkeitsrechnung

Gesetze der Mengenalgebra: $\overline{A} = \Omega \setminus A;\ A \cup \overline{A} = \Omega;\ A \cap \overline{A} = \{\ \};\ \overline{\overline{A}} = A;\ A \setminus B = A \cap \overline{B}$

Gesetze von De Morgan: $\overline{A \cap B} = \overline{A} \cup \overline{B};\ \overline{A \cup B} = \overline{A} \cap \overline{B}$

Unvereinbarkeit: $A \cap B = \{\ \}$

Ereigniswahrscheinlichkeiten: $P(\{\ \}) = 0;\ P(\Omega) = 1;\ P(\overline{A}) = 1 - P(A)$

Satz von Sylvester: $P(A \cup B) = P(A) + P(B) - P(A \cap B)$

Unabhängigkeit von zwei Ereignissen: $P(A \cap B) = P(A) \cdot P(B)$

Fakultät: $n! = n \cdot (n-1) \cdot (n-2) \cdot \ldots \cdot 2 \cdot 1$
Anzahl der Möglichkeiten, n unterscheidbare Elemente in einer Reihe anzuordnen.

Binomialkoeffizient: $\binom{n}{k} = \frac{n!}{k! \cdot (n-k)!} = \frac{n \cdot (n-1) \cdot \ldots \cdot (n-k+1)}{k!}$
Anzahl der Möglichkeiten, aus einer Menge mit n Elementen Teilmengen mit k Elementen zu bilden.

Laplace-Experiment: Alle Elementarereignisse des zugehörigen Ergebnisraumes sind gleich wahrscheinlich.
Es gilt dann: $P(A) = \frac{|A|}{|\Omega|}$

Zufallsgrößen – Erwartungswert, Varianz, Standardabweichung
Die Zufallsgröße X nehme die Werte $x_1, x_2, \ldots, x_n$ jeweils mit den Wahrscheinlichkeiten $p_1, p_2, \ldots, p_n$ an. Dann gilt:

- **Erwartungswert:**

$$\mu = E(X) = \sum_{i=1}^{n} x_i \cdot p_i = x_1 \cdot p_1 + x_2 \cdot p_2 + \ldots + x_n \cdot p_n$$

- **Varianz:**

$$Var(X) = \sum_{i=1}^{n} (x_i - \mu)^2 \cdot p_i = (x_1 - \mu)^2 \cdot p_1 + (x_2 - \mu)^2 \cdot p_2 + \ldots + (x_n + \mu)^2 \cdot p_n$$

- **Verschiebungsregel:**
  $Var(X) = E(X^2) - \mu^2$
- **Standardabweichung:**
  $\sigma = \sqrt{Var(X)}$

Binomialverteilung
Die Zufallsgröße X beschreibe die Anzahl der Treffer in einer Bernoulli-Kette der Länge n mit Trefferwahrscheinlichkeit p.
Dann heißt die zugehörige Wahrscheinlichkeitsverteilung *Binomialverteilung.*
X heiß binomialverteilt, genauer B(n; p)-verteilt.

Ist die Zufallsgröße X binomialverteilt nach B(n; p), so gilt:

$P(X = k) = B(n; p; k) = \binom{n}{k} \cdot p^k \cdot (1-p)^{n-k}$ für $k = 0, 1, \ldots, n$

mit dem Erwartungswert $E(X) = n \cdot p$ und Varianz $Var(X) = n \cdot p \cdot (1-p)$

Hypothesentest
Beim Testen der Nullhypothese H_0 im Signifikanztest können zwei Fehler auftreten:

Fehler 1. Art: H_0 wird abgelehnt, obwohl sie wahr ist.

Fehler 2. Art: H_0 wird angenommen, obwohl sie falsch ist.

Als *Signifikanzniveau* α des Tests bezeichnet man die größtmögliche noch akzeptierte Wahrscheinlichkeit des Fehlers 1. Art.

Teil IV: Lineare Algebra und Analytische Geometrie

Multiplikation einer Matrix mit einem Vektor

$$\begin{pmatrix} a_{11} & a_{12} & a_{13} \\ a_{21} & a_{22} & a_{23} \\ a_{31} & a_{32} & a_{33} \end{pmatrix} \cdot \begin{pmatrix} v_1 \\ v_2 \\ v_3 \end{pmatrix} = \begin{pmatrix} a_{11} \cdot v_1 + a_{12} \cdot v_2 + a_{13} \cdot v_3 \\ a_{21} \cdot v_1 + a_{22} \cdot v_2 + a_{23} \cdot v_3 \\ a_{31} \cdot v_1 + a_{32} \cdot v_2 + a_{33} \cdot v_3 \end{pmatrix}$$

Leontief-Modell:
$(E - A) \cdot \vec{x} = \vec{y}$

Lineare Unabhängigkeit

Drei Vektoren $\vec{a}$, $\vec{b}$ und $\vec{c} \in \mathbb{R}^3$ sind genau dann linear unabhängig, wenn die Gleichung $\lambda\vec{a} + \mu\vec{b} + \nu\vec{c} = \vec{0}$ nur mit $\lambda = \mu = \nu = 0$ lösbar ist.

Gerade im $\mathbb{R}^2$ und im $\mathbb{R}^3$
- Punkt-Richtungsform: g: $\vec{x} = \vec{a} + \lambda \cdot \vec{u}$
- Zwei-Punkte-Form: g: $\vec{x} = \vec{a} + \lambda \cdot (\vec{b} - \vec{a})$

Ebene im $\mathbb{R}^3$
Parameterformen
- Punkt-Richtungsform: E: $\vec{x} = \vec{a} + \lambda \cdot \vec{u} + \mu \cdot \vec{v}$
- Drei-Punkte-Form: E: $\vec{x} = \vec{a} + \lambda \cdot (\vec{b} - \vec{a}) + \mu \cdot (\vec{c} - \vec{a})$

Parameterfreie Formen
- Koordinatenform: E: $ax_1 + bx_2 + cx_3 + d = 0$
- Achsenabschnittsform: E: $\frac{x_1}{s} + \frac{x_2}{t} + \frac{x_3}{u} = 1$

  Festlegung durch die Achsenschnittpunkte $S(s|0|0)$, $T(0|t|0)$ und $U(0|0|u)$.

Erfolgreich durch die Abschlussprüfung mit den STARK-Reihen

Abschlussprüfung

Anhand von Original-Aufgaben die Prüfungssituation trainieren. Schülergerechte Lösungen helfen bei der Leistungskontrolle.

Training

Unterrichtsrelevantes Wissen schülergerecht präsentiert. Übungsaufgaben mit Lösungen sichern den Lernerfolg.

Klassenarbeiten

Praxisnahe Übungen für eine gezielte Vorbereitung auf Klassenarbeiten.

Stark in Klassenarbeiten

Schülergerechtes Training wichtiger Themenbereiche für mehr Lernerfolg und bessere Noten.

Kompakt-Wissen

Kompakte Darstellung des prüfungsrelevanten Wissens zum schnellen Nachschlagen und Wiederholen.

Und vieles mehr auf www.stark-verlag.de

(Bitte blättern Sie um)